Kotlin 實戰手冊

Title : Kotlin in Action, 1st Edition
Author : Dmitry Jemerov, Svetlana Isakova
ISBN : 978-1-617293-29-0

目錄

前言 xiii
序........ xv
致謝 xvii
關於本書........ xix
關於作者........ xxii
關於封面插圖 xxiii

Part 1　Kotlin 簡介........ 1

1　Kotlin：它是什麼以及為什麼要學它........ 3

1.1　品嚐 Kotlin 3
1.2　Kotlin 的主要特徵 4
　1.2.1　目標平台：伺服器端、Android、Java 能執行的任何地方........ 4
　1.2.2　靜態型態 5
　1.2.3　函式程式設計與物件導向 6
　1.2.4　免費及開源 8
1.3　Kotlin 應用領域........ 8
　1.3.1　伺服器端的 Kotlin........ 8
　1.3.2　Android 上的 Kotlin 10
1.4　Kotlin 的哲學 11
　1.4.1　務實 11
　1.4.2　簡潔 11

1.4.3 安全 12
1.4.4 互用性 13
1.5 使用 Kotlin 工具 14
1.5.1 編譯 Kotlin 程式碼 14
1.5.2 IntelliJ IDEA 和 Android Studio 的插件 15
1.5.3 交談式 shell 16
1.5.4 Eclipse 插件 16
1.5.5 線上 playground 16
1.5.6 Java-to-Kotlin 轉換器 16
1.6 總結 17

2 Kotlin 的基礎 19

2.1 基本元素：函式和變數 20
2.1.1 Hello, world! 20
2.1.2 函式 20
2.1.3 變數 22
2.1.4 更簡單的字串格式：字串樣板 24
2.2 類別和屬性 25
2.2.1 屬性 26
2.2.2 客製化存取器 28
2.2.3 Kotlin 程式碼布局：目錄和套件 28
2.3 表示和處理選擇：列舉和 when 30
2.3.1 宣告列舉類別 31
2.3.2 使用 when 來處理列舉類別 31
2.3.3 使用 when 於任意物件 33
2.3.4 使用沒有參數的 when 34
2.3.5 智慧轉型：結合型態檢查及轉型 34
2.3.6 重構：將 if 替換為 when 36
2.3.7 作為 if 和 when 分支的區塊 37
2.4 迭代事物：while 和 for 迴圈 38
2.4.1 while 迴圈 39

2.4.2 迭代數字：區間和級數 39
2.4.3 迭代映射 40
2.4.4 使用 in 來檢查集合和區間的成員 42
2.5 Kotlin 的例外 43
2.5.1 try、catch、finally 44
2.5.2 作為表示式的 try 45
2.6 總結 46

3 定義和呼叫函式 49

3.1 建立 Kotlin 的聚集 50
3.2 建立方便呼叫的函式 51
3.2.1 命名參數 52
3.2.2 預設參數值 53
3.2.3 擺脱靜態公用程式類別：頂層函式和屬性 55
3.3 將方法加入其他人的類別：繼承函式和屬性 57
3.3.1 導入和繼承函式 58
3.3.2 從 Java 呼叫繼承函式 59
3.3.3 作為繼承的公用程式函式 59
3.3.4 沒有覆寫繼承函式 60
3.3.5 繼承屬性 62
3.4 使用聚集：可變參數、中序呼叫和支援函式庫 63
3.4.1 繼承 Java Collections API 63
3.4.2 vararg：接收任意數量參數的函式 64
3.4.3 使用對：中序呼叫和解構宣告 65
3.5 使用字串和正規表示式 66
3.5.1 分割字串 67
3.5.2 正規表示式和三引號的字串 68
3.5.3 多行三引號字串 69
3.6 使程式碼整潔：區域函式和繼承 70
3.7 總結 73

4 類別、物件和介面 75

4.1 定義類別層次結構 76
- 4.1.1 Kotlin 的介面 76
- 4.1.2 open、final 和 abstract 修飾符：預設是最終 79
- 4.1.3 可見性修飾符：預設為 public 81
- 4.1.4 內部和巢狀類別：預設為巢狀 83
- 4.1.5 sealed 類別：定義受限類別的層次結構 85

4.2 用非預設的建構函式或屬性宣告一個類別 87
- 4.2.1 初始化類別：主要建構函式和初始器區塊 87
- 4.2.2 次要建構函式：以不同的方式初始化父類別 90
- 4.2.3 實作在介面宣告的屬性 92
- 4.2.4 從 getter 或 setter 存取一個支援欄位 93
- 4.2.5 更改存取器可見性 94

4.3 編譯器產生的方法：資料類別和類別委託 95
- 4.3.1 通用物件方法 96
- 4.3.2 資料類別：自動產生的通用方法實作 98
- 4.3.3 類別委託：使用「by」關鍵字 100

4.4 「object」關鍵字：宣告一個類別並建立一個實例 102
- 4.4.1 物件宣告：單例變得簡單 102
- 4.4.2 伴生物件：工廠方法和靜態成員的所在 105
- 4.4.3 伴生物件當作一般物件 107
- 4.4.4 物件表示式：匿名的內部類別被改寫 109

4.5 總結 111

5 lambda 113

5.1 lambda 表示式和成員引用 114
- 5.1.1 lambda 簡介：將程式碼作為函式參數 114
- 5.1.2 lambda 和集合 115
- 5.1.3 lambda 表示式的語法 116
- 5.1.4 在範圍內存取變數 120

5.1.5 成員引用 122
5.2 集合的功能性 API 124
5.2.1 要點：filter 和 map 124
5.2.2 all、any、count 和 find：將謂語應用於集合 126
5.2.3 groupBy：將列表轉換為群組的映射 127
5.2.4 flatMap 和 flatten：處理巢狀集合中的元素 128
5.3 惰性集合操作：序列 130
5.3.1 執行順序操作：中介和最終操作 131
5.3.2 建立序列 133
5.4 使用 Java 函式介面 134
5.4.1 將 lambda 作為參數傳遞給 Java 方法 136
5.4.2 SAM 建構式：將 lambda 顯式轉換為函式介面 138
5.5 有接收器的 lambda：with 和 apply 139
5.5.1 with 函式 139
5.5.2 apply 函式 142
5.6 總結 143

6 **Kotlin 的型態系統 145**

6.1 可空性 145
6.1.1 可為空的型態 146
6.1.2 型態的意義 148
6.1.3 安全呼叫運算子：「?.」 149
6.1.4 Elvis 運算子：「?:」 151
6.1.5 安全轉型：「as?」 152
6.1.6 非空斷言：「!!」 154
6.1.7 let 函式 155
6.1.8 後初始化的屬性 157
6.1.9 可為空的型態的延伸 159
6.1.10 型態參數的可空性 160
6.1.11 可空性和 Java 161

6.2 原始和其他基本型態 165
6.2.1 原始型態：Int、Boolean 等 165
6.2.2 可空的原始型態：Int?、Boolean? 等等 166
6.2.3 數字轉換 168
6.2.4 「Any」和「Any?」：根型態 170
6.2.5 單元型態：Kotlin 的「void」 170
6.2.6 Nothing 型態：這個函式永不回傳 171
6.3 聚集和陣列 172
6.3.1 可空性和聚集 172
6.3.2 唯讀和可變聚集 175
6.3.3 Kotlin 的聚集和 Java 176
6.3.4 作為平台型態的聚集 179
6.3.5 物件和原始型態的陣列 181
6.4 總結 184

Part 2 擁抱 Kotlin 185

7 運算子多載和其他慣例 187

7.1 多載算術運算子 188
7.1.1 多載二元算術運算子 188
7.1.2 多載複合指派運算子 191
7.1.3 多載單元運算子 193
7.2 多載比較運算子 194
7.2.1 等於運算子：equals 194
7.2.2 排序運算子：compareTo 195
7.3 用於聚集和範圍的慣例 197
7.3.1 藉由索引存取元素：get 和 set 197
7.3.2 in 慣例 199
7.3.3 rangeTo 慣例 199
7.3.4 for 迴圈的 iterator 慣例 200

7.4 解構宣告和元件函式 201
7.4.1 解構宣告和迴圈 203
7.5 重複使用屬性存取器邏輯：委託屬性 204
7.5.1 委託屬性：基本概念 204
7.5.2 使用委託屬性：惰性初始化和 by lazy() 205
7.5.3 實作委託屬性 207
7.5.4 委託屬性轉換規則 211
7.5.5 在映射中儲存屬性值 212
7.5.6 架構內的委託屬性 213
7.6 總結 214

8 高階函式：lambda 作為參數和回傳值 217

8.1 宣告高階函式 218
8.1.1 函式型態 218
8.1.2 呼叫函式作為參數傳遞 220
8.1.3 使用來自 Java 的函式型態 221
8.1.4 帶有函式型態的參數的預設值和空值 222
8.1.5 從函式回傳函式 224
8.1.6 透過 lambda 刪除重複 226
8.2 inline 函式：消除 lambda 的成本 228
8.2.1 inline 如何運作 229
8.2.2 inline 函式的限制 231
8.2.3 inline 聚集操作 232
8.2.4 決定何時將 inline 函式宣告為函式 233
8.2.5 使用 inline 的 lambda 表示式進行資源管理 234
8.3 高階函式的控制流程 235
8.3.1 在 lambda 中回傳敘述：從封閉函式回傳 235
8.3.2 從 lambda 回傳：回傳一個標籤 237
8.3.3 匿名函式：預設區域回傳 238
8.4 總結 240

9 **泛型 241**

9.1 泛型參數 242

9.1.1 泛型函式和屬性 243

9.1.2 宣告泛型類別 244

9.1.3 型態參數限制 245

9.1.4 使型態參數非空 247

9.2 執行時的泛型：刪除和指定的型態參數 248

9.2.1 執行時的泛型：型態檢查和強制轉型 249

9.2.2 宣告有具體化型態參數的函式 251

9.2.3 用具體化型態參數替換類別參考 253

9.2.4 對泛型型態參數的限制 255

9.3 差異：泛型和子型態 255

9.3.1 為什麼存在差異：將一個參數傳遞給一個函式 256

9.3.2 類別、型態和子型態 257

9.3.3 共變：保留子型態關係 259

9.3.4 反變：逆轉子型態的關係 263

9.3.5 使用處可變性：指定型態出現的可變性 265

9.3.6 星型投影：使用 * 而不是型態引數 268

9.4 總結 272

10 **註釋和反射 275**

10.1 宣告和應用註釋 276

10.1.1 應用註釋 276

10.1.2 註釋標的 277

10.1.3 使用註釋來自訂 JSON 序列化 279

10.1.4 宣告註釋 281

10.1.5 詮釋註釋：控制註釋的處理方式 282

10.1.6 作為註釋參數的類別 283

10.1.7 泛型類別作為註釋參數 285

10.2 反射：在執行時檢查 Kotlin 物件 286
10.2.1 Kotlin 反射 API：KClass、KCallable、KFunction 和 KProperty 287
10.2.2 使用反射實作物件序列化 290
10.2.3 使用註釋自訂序列化..292
10.2.4 JSON 解析和物件反序列化..295
10.2.5 最後的反序列化步驟：callBy() 和使用反射建立物件 300
10.3 總結...303

11 特定域語言框架 305

11.1 從 API 到 DSL 306
11.1.1 特定域語言的概念...307
11.1.2 內部 DSL..308
11.1.3 DSL 的結構 309
11.1.4 用內部 DSL 建置 HTML 310
11.2 建置結構化的 API：在 DSL 中使用接收器的 lambda 312
11.2.1 帶有接收器和延伸函式型態的 lambda 312
11.2.2 在 HTML 建置器中使用帶有接收器的 lambda...................316
11.2.3 Kotlin 建置器：支援抽象和重複使用 320
11.3 使用「invoke」公約的更靈活的巢狀區塊......................................323
11.3.1 invoke 公約：可作為函式呼叫的物件 323
11.3.2 invoke 公約及函式型態 324
11.3.3 DSL 的 invoke 公約：在 Gradle 中宣告相依性關係 325
11.4 實踐 Kotlin DSL 327
11.4.1 鏈接中序呼叫：測試框架中的「should」 327
11.4.2 在原始型態上定義延伸：處理日期.....................................329
11.4.3 成員延伸函式：用於 SQL 的內部 DSL 330
11.4.4 Anko：動態建立 Android UI...333
11.5 總結...335

A 建置 Kotlin 專案 337

A.1 用 Gradle 建置 Kotlin 程式碼 337

A.1.1 使用 Gradle 建置 Kotlin Android 應用程式 338

A.1.2 建置使用註釋處理的專案 339

A.2 用 Maven 建置 Kotlin 專案 339

A.3 用 Ant 建置 Kotlin 程式碼 340

B 記錄 Kotlin 程式碼 341

B.1 撰寫 Kotlin 文件註解 341

B.2 產生 API 文件 342

C Kotlin 的生態 345

C.1 測試 345

C.2 相依性注入 346

C.3 JSON 序列化 346

C.4 HTTP 客戶端 346

C.5 網頁應用程式 346

C.6 資料庫存取 347

C.7 實用公用程式和資料結構 347

C.8 桌面應用程式設計 348

前言

當我在 2010 年春季首次拜訪 JetBrains 時，我相信世界上不需要另一個通用的程式語言。我認為現有的 JVM 語言已經夠好了，而且理性的人怎麼還會去建立一種新的語言呢？在大約一個小時的討論大規模程式碼庫中的產品之後，我被說服了，後來成為 Kotlin 部分的第一個想法，是在白板上勾勒出的。我很快就加入了 JetBrains，並負責領導語言的設計和編譯器的工作。

超過六年後的今天，我們已經發表了第二個版本。團隊超過了 30 人，有數千名活躍的使用者，我們仍然擁有比我更容易處理更多令人興奮的設計想法。但不要擔心，這些想法在進入語言之前，必須透過相當徹底的測試。我們希望未來的 Kotlin 仍然適合編成一本大小合理的書。

學習程式語言是一項令人興奮，且往往是非常有價值的工作。如果這是你的第一個語言，那麼你就透過它學習程式的全新世界。如果不是，它會讓你用新的術語思考熟悉的事物，從而更深入地理解它們，並在更高的抽象層次上理解它們。本書主要針對後一類讀者，那些已經熟悉 Java 的讀者。

從頭開始設計一門語言本身可能是一項具有挑戰性的任務，但使其與另一種語言良好地搭配是另一回事，其中包含許多憤怒的食人魔，以及一些陰沉的地下城（如果你不相信，可以問問 Bjarne Stroustrup，他是 C++ 的建立者）。Java 互用性（也就是 Java 和 Kotlin 如何混合互相呼叫）是 Kotlin 的基石之一，本書非常重視它。互用性對於逐漸將 Kotlin 引入現有 Java 程式碼非常重要。即使從 scratch 編寫一個新專案，也必須將該語言與該平台結合起來，並將其所有函式庫用 Java 編寫。

在寫這篇文章的時候，我們正在開發兩個新的目標平台：Kotlin 現在執行在 JavaScript 虛擬機，以實現全端 Web 開發，以及它將很快能夠直接編譯為原生程式碼，無需執行任何虛擬機。因此，雖然本書是以 JVM 為導向的，但從裡面學到的大部分內容，都可以應用於其他執行環境。

作者從早期就一直是 Kotlin 團隊的成員，所以他們非常熟悉此語言及其內部。他們在有關 Kotlin 的會議報告、研討會和課程方面的經驗，使他們能夠提供很好的解釋，來預測常見的問題和可能的陷阱。本書解釋了語言特性背後的高級概念，並提供了所有必要的細節。

我希望你會喜歡我們的語言和本書。正如我經常在我們的社群文章中所說：**祝你有個美好的 *Kotlin* 體驗！**

ANDREY BRESLAV
在 JETBRAINS 的 KOTLIN 首席設計師

序

Kotlin 的想法是在 2010 年 JetBrains 中構思的。那時，JetBrains 是許多語言（包括 Java、C#、JavaScript、Python、Ruby 和 PHP）的開發工具的建立供應商。作為我們旗艦產品的 Java IDE IntelliJ IDEA 還包含 Groovy 和 Scala 插件。

為這種多樣化的語言建置工具的經驗，使我們對語言設計空間整體有了獨特的理解和視角。而基於 IntelliJ 平台的 IDE，包括 IntelliJ IDEA，仍在使用 Java 開發。我們對在 .NET 團隊中使用 C# 開發的同事感到有些嫉妒，C# 是一種現代、功能強大且快速發展的語言。但是我們沒有看到任何可以用來代替 Java 的語言。

我們對這種語言的要求是什麼？第一個也是最明顯的是靜態型態。我們不知道有什麼其他的方法可以在多年的時間裡，開發出一種數百萬行的程式碼庫，而且不會發瘋。其次，我們需要完全相容現有的 Java 程式碼。該程式碼庫對於 JetBrains 來說是非常寶貴的資產，我們不能因為互用性的困難而失去它或貶低它。第三，我們不希望在工具品質方面接受任何妥協。JetBrains 作為一家公司來說，開發人員的生產力是最重要的價值，且出色的工具對於實現這一目標至關重要。最後，我們需要一種易於學習和推理的語言。

當看到我們公司尚未滿足的需求時，我們知道還有其他公司處於類似的情況，我們希望我們的解決方案，能在 JetBrains 公司之外找到很多使用者。考慮到這一點，於是決定開始建立一種新語言的專案：Kotlin。碰巧這個專案花費的時間比我們預期的要長，Kotlin 1.0 在第一次提交到版本函式庫後五年多了。但現在我們可以肯定，這個語言已經找到了他的群眾，並留在這裡。

Kotlin 以俄羅斯聖彼得堡附近的一座島嶼命名的，Kotlin 開發團隊大部分位於這座島。在使用島名時，我們遵循了由 Java 和 Ceylon 建立的先例，但我們決定尋找離家更近的東西。（英文名稱通常發音為「cot-lin」，而不是「coat-lin」或「caught-lin」。）

隨著語言接近發表，我們意識到有一本關於 Kotlin 的書的價值，這本書由參與制定語言設計決策的人編寫，並且可以自信地解釋為什麼 Kotlin 中的事物就是這樣。本書是這項努力的結果，我們希望它能幫助你學習和理解 Kotlin 語言。祝你好運，願你永遠快樂地開發程式！

致謝

首先，我們要感謝 Sergey Dmitriev 和 Max Shafirov 相信新語言的想法，並決定投入 JetBrains。沒有他們，這個語言和這本書都不會存在。

特別要感謝 Andrey Breslav，他是設計一種讓人可以很高興撰寫程式語言的主要人物。儘管必須領導不斷增長的 Kotlin 團隊，Andrey 能夠給予我們很多有用的回應，非常感謝他。另外你可以放心，這本書收到了首席語言設計師的贊同，並同意撰寫前言。

非常感謝 Manning 的團隊，他指導我們完成了本書的編寫過程，並幫助我們編寫了文字可讀性高和結構良好的文章，特別是我們的開發編輯 Dan Maharry，儘管我們的日程安排非常忙碌，他還是勇於抽出時與我們討論，還有 Michael Stephens、Helen Stergius、Kevin Sullivan、Tiffany Taylor、Elizabeth Martin 和 Marija Tudor。我們的技術評論員 Brent Watson 和 Igor Wojda 的回應意見也是非常寶貴的，以及在開發過程中閱讀手稿的評論者的評論：Alessandro Campeis、Amit Lamba、Angelo Costa、Boris Vasile、Brendan Grainger、Calvin Fernandes、Christopher Bailey、Christopher Bortz、Conor Redmond、Dylan Scott、Filip Pravica、Jason Lee、Justin Lee、Kevin Orr、Nicolas Frankel、Paweł Gajda、Ronald Tischliar 和 Tim Lavers。也感謝所有在 MEAP 計劃和本書論壇上提出回應意見的人；我們根據你的意見改進了本書的內文。

非常感謝整個 Kotlin 團隊，他們在我們寫這本書的整個過程中，不得不聽每天的報告，比如「又一部分完成了！」。我們要感謝幫助我們規劃本書的同事們，並對其草稿提供了回應意見，尤其是 Ilya Ryzhenkov、Hadi Hariri、Michael Glukhikh 和 Ilya Gorbunov。我們還要感謝我們的朋友：Lev Serebryakov、Pavel Nikolaev 和 Alisa Afonina，他們不僅支持我們，而且還必須閱讀文章並提供回應意見（有時在度假期間的滑雪勝地）。

最後，要感謝我們的家人和貓，他們讓這個世界變得更美好。

關於本書

《*Kotlin* 實戰手冊》向你介紹 Kotlin 程式語言，以及如何使用它來建構在 Java 虛擬機和 Android 上執行的應用程式。它從語言的基本特徵開始，繼續涵蓋 Kotlin 更獨特的方面，如支援建置高級抽象和特定域語言。本書非常重視將 Kotlin 與現有的 Java 專案結合在一起，並幫助你將 Kotlin 引入當前的工作環境。

這本書涵蓋了 Kotlin 1.0。Kotlin 1.1 與本書的撰寫同步進行，並且在可能的情況下，我們已經提到了 1.1 中所做的更改。但是由於在撰寫本文時新版本仍在進行中，因此我們無法提供完整的敘述。有關新功能和修正的持續更新，請參閱 https://kotlinlang.org 上的線上文件。

誰應該讀這本書

本書主要是聚焦在具有一定 Java 經驗的開發人員。Kotlin 以 Java 的許多概念和技術為基礎，本書致力於透過你現有的知識幫助你快速掌握。如果你只是在學習 Java，或者如果你對其他程式語言（如 C# 或 JavaScript）有經驗，則可能需要引用其他資訊來源，以了解 Kotlin 與 JVM 交互的更複雜的方面，但是你仍然可以透過本書學習 Kotlin。我們關注的是整個 Kotlin 語言，而不是針對特定領域的問題，因此本書對於伺服器端開發人員、Android 開發人員，以及其他建構以 JVM 專案為目標的其他人同樣有用。

本書架構

本書分為兩部分。第 1 部分解釋如何開始將 Kotlin 與現有的函式庫和 API 結合使用：

- 第 1 章講述 Kotlin 的關鍵目標、價值和應用領域，並展示執行 Kotlin 程式碼的可能方法。

- 第 2 章解釋任何 Kotlin 程式的基本元素，包括控制結構、變數和函式宣告。
- 第 3 章詳細介紹如何在 Kotlin 中宣告函式，並介紹繼承函式和屬性的概念。
- 第 4 章關注類別宣告，並介紹資料類別和伴生物件的概念。
- 第 5 章介紹在 Kotlin 中使用 lambda，並使用 lambda 展示許多 Kotlin 標準函式庫函式。
- 第 6 章介紹 Kotlin 型態系統，特別聚焦在可空性和聚集的主題上。

第 2 部分教你如何在 Kotlin 中建置自己的 API 和抽象，並且涵蓋該語言的一些更深層的特性：

- 第 7 章討論了慣例原則，它給具有特定名稱的方法和屬性賦予了特殊的含意，並介紹委託屬性的概念。
- 第 8 章展示如何宣告更高階的函式—函式，它們接受其他函式和參數或回傳它們。它還介紹行內函式的概念。
- 第 9 章深入探討 Kotlin 中的泛型主題，從基本語法開始，進入更高級的領域，如實體型態參數和可變性。
- 第 10 章介紹註解和反映的使用，並以 JKid 為中心，JKid 是一個小型、真實的 JSON 序列化函式庫，它大量使用到這些概念。
- 第 11 章介紹特定域語言的概念，介紹 Kotlin 的建置工具，並提供許多 DSL 範例。

還有三個附錄。附錄 A 解釋了如何使用 Gradle、Maven 和 Ant 建置 Kotlin 程式碼。附錄 B 著重於編寫文件註解，並為 Kotlin 模組產生 API 文件。附錄 C 是探索 Kotlin 生態系統，並尋找最新線上資訊的指南。

完整看完本書的效果最好，但也可以閱覽你感興趣主題的特定章節，並在遇到陌生概念時遵循交叉引用。

程式碼慣例和下載

本書使用以下編排慣例：

- **斜體**字體用於介紹新術語，中文字則以**黑體**表示。
- 定寬字體用於表示程式碼範例，以及函式名稱、類別和其他標識符號。
- 程式碼註解伴隨許多程式碼範例，並突顯重要概念。

本書中的許多程式碼範例顯示程式碼和其輸出。在這些情況下，我們在產生輸出的程式碼行前加上 >>>，輸出本身顯示為：

```
>>> println("Hello World")
Hello World
```

其中一些範例是完整的可執行程式，而另一些則是用於說明某些概念的片段，可能包含遺漏（用 ... 表示）或語法錯誤（在本書中或範例中描述）。可執行範例請至 http://books.gotop.com.tw/v_ACL052500 下載。本書中的範例還預裝到 http://try.kotlinlang.org 的線上環境中，你只需從瀏覽器中直接點擊幾下，即可執行任何範例。

其他線上資源

Kotlin 擁有一個活躍的線上社群，所以如果有問題或想與其他 Kotlin 使用者聊天，可以使用以下資源：

- **官方 *Kotlin* 論壇**——http://discuss.kotlinlang.org
- *Slack chat*——http://kotlinlang.slack.com
  （可以在 http://kotlinslackin.herokuapp.com 上獲得邀請）
- *Kotlin tag on Stack Overflow*——http://stackoverflow.com/questions/tagged/kotlin
- *Kotlin Reddit*——www.reddit.com/r/Kotlin

關於作者

DMITRY JEMEROV 自 2003 年以來一直與 JetBrains 合作，並參與了許多產品的開發，包括 IntelliJ IDEA、PyCharm 和 WebStorm。他是 Kotlin 的最早貢獻者之一，建立了 Kotlin 的 JVM 位元組碼產生器的初始版本，並在世界各地的活動中為 Kotlin 提供了許多展示。現在他領導著開發 Kotlin IntelliJ IDEA 插件的團隊。

SVETLANA ISAKOVA 自 2011 年起成為 Kotlin 團隊的一員。她致力於編譯器的型態推斷和多載解析子系統。現在她是一名技術傳播者，在會議上談論 Kotlin 並為 Kotlin 開設線上課程。

關於封面插圖

本書封面上的插圖為「1764 年 Valday 的俄國女士的服飾」。Valday 鎮位於莫斯科和聖彼得堡之間的諾夫哥羅德州地區。此圖取材於 Thomas Jefferys 的「**古代與現代的各種不同國籍的禮服集**」，於 1757 年至 1772 年間在倫敦出版。標題頁標明這些是手工著色的銅版畫，用阿拉伯樹膠加強。Thomas Jefferys（1719-1771）被稱為「喬治國王三世的地理學家」。他是英國製圖師，乃當時的領先地圖供應商。他為政府和其他官方機構刻製和印製地圖，並製作了廣泛的商業地圖和地圖集，尤其是北美的地圖和地圖集。作為地圖製作人的工作，引發了他對所調查和繪製的當地著裝習俗的興趣；這些展示在這個四卷收藏中。

在十八世紀，對遠方的土地和旅行的迷戀是一種相對較新的現象，而像這樣的收藏品很受歡迎，它把遊客和紙醉金迷的旅行者，介紹給其他國家的居民。Jefferys 的書中多樣的繪畫形象，生動地描述幾個世紀前世界各國的獨特性和個性。著裝規範已經發生了變化，一次又一次富有的地區和國家的多樣性消失了。現在很難將一個大陸的居民與另一個大陸的居民區分開來。也許，試圖樂觀地看待它，我們已經將文化和視覺多樣性，交換為更多樣化的個人生活，或者更多樣化和更有趣的知識和技術生活。

在一個很難分辨出一本電腦書籍的時代，Manning 用書籍封面來慶祝電腦商業的發明和創新，這本書的封面是三個世紀前的豐富多彩的民族服飾，藉由 Jefferys 的照片重現。

Part 1

Kotlin 簡介

本書這一部分的目標是讓你有效率地使用現有 API 來編寫 Kotlin 程式碼。在第 1 章，將介紹 Kotlin 的一般特性。在第 2-4 章，將學習最基本的 Java 程式概念，如敘述、函式、類別和型態，如何映射到 Kotlin 程式碼中，以及 Kotlin 如何豐富它們，使得在撰寫程式的過程更加愉快。你能依靠你現有的 Java 知識、IDE 的輔助功能，和 Java-to-Kotlin 轉換器等工具來加快上手時間。在第 5 章，將了解 lambdas 如何幫助你有效地解決一些最常見的程式問題，如集合的運作。最後，在第 6 章，將會熟悉 Kotlin 的關鍵特性之一：支援處理 `null` 值。

1 Kotlin：它是什麼以及為什麼要學它

本章涵蓋：

- Kotlin 的基本介紹
- Kotlin 的主要特點
- 對 Android 和伺服器端開發的可能性
- Kotlin 與其他語言有什麼區別
- 編寫並執行 Kotlin 程式碼

什麼是 Kotlin ？這是一種針對 Java 平台的新程式語言。Kotlin 具有簡潔、安全、務實的特性，且專注於與 Java 程式碼的互用性（interoperability）。現今幾乎到處都可以使用 Java：對伺服器端的開發、Android 的應用程式（apps） 等等。Kotlin 可與所有現有的 Java 函式庫和框架一起使用，並且執行的效能與 Java 相同。在本章中，我們將詳細探討 Kotlin 的主要特徵。

1.1 品嚐 Kotlin

我們先從一個小範例來展示 Kotlin 的面貌。此範例定義一個 `Person` 類別、建立一個人的集合（collection）、找到最年長的那一個人，並印出結果。即使在這一小段程式碼中，你也可以看到 Kotlin 的許多有趣的特性；我們已經明確指出了其中的一些特性，所以稍後可以在書中輕鬆找到它們。程式碼會簡要地加以說明，若有什麼不清楚的話，請不要擔心，稍後還會詳細討論它。

如果想嘗試執行這個範例，最簡單的方式是使用 http://try.kotl.in 的線上 playground。輸入範例，接著點擊 Run 按鈕，便會執行程式碼。

範例程式 1.1　淺嚐 Kotlin

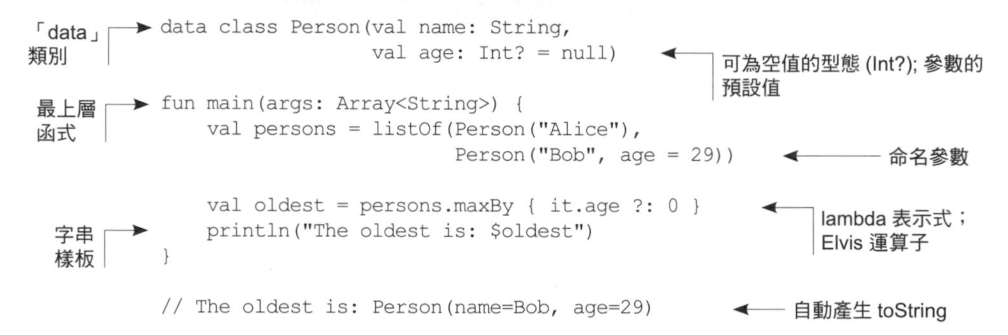


```
data class Person(val name: String,
                  val age: Int? = null)

fun main(args: Array<String>) {
    val persons = listOf(Person("Alice"),
                         Person("Bob", age = 29))

    val oldest = persons.maxBy { it.age ?: 0 }
    println("The oldest is: $oldest")
}

// The oldest is: Person(name=Bob, age=29)
```

宣告一個具有兩個屬性（name 和 age）的簡單資料類別。age 屬性預設值為 null（如果沒有指定）。在建立 people 列表時，省略了 Alice 的年齡，因此，將會使用預設值 null。接著使用 maxBy 函式，尋找列表中最年長的人。傳給函式的 lambda 表示式接受一個參數，並將 it 作為該參數的預設名稱。如果 age 為 null，*Elvis* **運算子**（?:）將回傳 0。由於 Alice 的年齡沒有被規定，所以 Elvis 運算子將其替換為 0，最後 Bob 得到最年長的獎項。

你喜歡你所看到的嗎？請繼續閱讀以了解更多，並成為一位 Kotlin 的專家。我們希望不久的將來，你會在自己的專案中用到 Kotlin 的程式碼，不僅只有在本書中。

1.2　Kotlin 的主要特徵

你可能對 Kotlin 是什麼樣的語言，已經有了初步的想法。現在來更詳細地來檢視它的關鍵屬性。首先，看看可以用 Kotlin 建立什麼樣的應用程式。

1.2.1　目標平台：伺服器端、Android、Java 能執行的任何地方

Kotlin 的主要目標是提供一個更簡潔、更高效率、更安全的 Java 替代品，適用於當今使用 Java 的任何環境。Java 是一種非常流行的語言，從智慧卡（Java Card 技術）到由 Google、Twitter、LinkedIn，以及其他網路公司營運的資料中心都使用

Java。在這大多數的地方，使用 Kotlin 可以幫助開發人員用更少的程式碼和更少的煩惱來實現目標。

使用 Kotlin 最常見的領域是：

- 建構伺服器端的程式碼（通常是網頁的後台）
- 建構在 Android 上執行的 APP

但是 Kotlin 也可以在其他情況下使用。例如，可以使用 Intel Multi-OS Engine（https://software.intel.com/zh-cn/multi-os-engine）在 iOS 設備上執行 Kotlin 程式碼。要建構電腦的應用程式，可以將 Kotlin、TornadoFX（https://github.com/edvin/tornadofx）和 JavaFX 一起使用。[1]

除 Java 之外，Kotlin 可以被編譯為 JavaScript，允許在瀏覽器中執行 Kotlin 程式碼。但截至撰寫本文時，JavaScript 仍持續支援在 JetBrains 上進行探索和原型化，所以它不在本書的討論範圍之內，其他平台也正在考慮未來的 Kotlin 版本。

如你所見，Kotlin 的應用非常廣泛。Kotlin 不關注單個領域，也不涉及當今軟體開發人員面臨的單一型態的挑戰。相反地，它為整個開發過程，提供了全面的生產力改善。它也提供了支援特定領域或程式規範的函式庫完美整合。接下來看看 Kotlin 作為一種程式語言的關鍵特性。

1.2.2 靜態型態

就像 Java 一樣，Kotlin 是一個**靜態型態**（*statically typed*）的程式語言。這意味著程式中每個表示式的型態，在編譯時都是已知的，編譯器可以驗證你正在擷取的物件上存在的方法和欄位。

這與 Groovy 和 JRuby 在 JVM 上表示的**動態型態**（*dynamically typed*）程式語言形成了明顯的對比。這些語言允許你定義可以儲存或回傳任何型態資料的變數和函式，並在執行時解析引用的方法和欄位。此允許更短的程式碼和建立資料結構時有更大的靈活性。但缺點是編譯期間無法檢測拼寫錯誤等問題，並可能導致執行時的錯誤。

1 "JavaFX: Getting Started with JavaFX," Oracle, http://mng.bz/500y.

另一方面，與 Java 相比，Kotlin 不要求在程式碼中明確指定每個變數的型態。在許多情況下，變數的型態可以從上下文自動判定，從而可以省略型態宣告。下面是最簡單的例子：

```
val x = 1
```

宣告了一個變數，因為它是用一個整數值初始化，所以 Kotlin 自動判定它的型態是 Int。編譯器根據上下文確定型態的能力稱為**型態推論**（*type inference*）。

以下是靜態型態的一些好處：

- **效能**——呼叫方法更快，因為不需要在執行時找出需要呼叫的方法。
- **可靠性**——編譯器驗證程式的正確性，所以執行時崩潰的可能性較小。
- **可維護性**——使用不熟悉的程式碼更容易，因為可以看到程式碼與哪種物件一起執行。
- **工具支援**——靜態語賦予可靠的重構、精確的程式碼實作和其他 IDE 功能。

由於 Kotlin 支援型態推論，靜態語言大多數的不便消失了，因為不需要明確地宣告型態。

如果看看 Kotlin 型態系統的細節，會發現很多熟悉的概念。類別、介面和泛型的工作方式與 Java 非常相似。因此雖然有些知識是新的，但大部分的 Java 知識都能夠輕鬆轉移到 Kotlin。

其中最重要的是 Kotlin 對**可空型態**的支援，它允許你在編譯時透過檢測可能的 null 指標例外來編寫更可靠的程式。本章後面我們將回到可空的型態，並在第 6 章詳細討論它們。

Kotlin 型態系統中的另一個新功能是支援**函式型態**。為了看看這是什麼，讓我們來看看函式程式設計的主要思想，看看它在 Kotlin 中的支援。

1.2.3 函式程式設計與物件導向

作為一名 Java 開發人員，你毫無疑問熟悉物件導向的核心概念，但函式程式設計對你來說可能是新的。函式程式設計的關鍵概念如下：

- **一流的功能**——使用函式（行為）作為值。可以將它們儲存在變數中，將它們作為參數傳遞，或者從其他函式中回傳。

- **不變性**——使用不可變的物件，這保證了他們的狀態建立後不能改變。
- **沒有副作用**——可以使用純函式，在給定相同的輸入的情況下回傳相同的結果，不修改其他物件的狀態或與外界互動。

可以從函式程式設計中獲得什麼好處？首先是**簡潔**（*conciseness*）。函式程式設計與其命令式程式碼相比，可以更加優雅和簡潔，因為使用函式作為值，可以為你提供更多的萃取（abstraction）能力，從而避免程式碼的重複。

假設有兩個相似的程式碼片段來實現類似的工作（例如在一個集合中尋找配對的元素），但細節不同（如何檢測配對元素）。我們可以輕鬆地將邏輯的公用部分提取到函式中，並將不同的部分作為參數傳遞。這些參數本身就是函式，但是可以使用稱為 *lambda* **表示式**（*lambda expressions*）的匿名函式之簡潔語法來表示它們：

```
fun findAlice() = findPerson { it.name == "Alice" }
fun findBob() = findPerson { it.name == "Bob" }
```

findPerson() 包含尋找一個人的一般邏輯

大括號中的程式碼標示需要尋找的特定人物

函式程式設計的第二個好處是**安全的多執行緒**（*safe multithreading*）。多執行緒程式中最大的錯誤來源之一，就是修改多執行緒中的相同資料而沒有正確的同步。如果使用不可變資料結構和純函式，則可以確保不會發生這種不安全的修改，並且不需要提出複雜的同步方案。

最後，函式程式設計意味著**更容易測試**（*easier testing*）。沒有副作用的函式可以獨立地進行測試，而不需要大量的設置程式碼來建構他們所依賴的整個環境。

一般來說，函式程式設計可以用在任何程式語言，包括 Java，其中很多部分被提倡為良好的程式風格。但並不是所有的語言都提供輕鬆使用它所需的語法和函式庫；例如，這種支援在 Java 8 之前的版本中大部分都是缺少的。Kotlin 具有豐富的功能，可以從一開始就支援函式程式設計。這些包括以下內容：

- **函式型態**（*function type*），允許函式接收其他函式作為參數或回傳其他函式
- *lambda* **表示式**（*lambda expression*），讓你用最少的樣板傳遞程式碼區塊
- **資料類別**（*data class*），為建立不可變值的物件提供簡潔的語法
- 標準函式庫中豐富的 *API*，用於處理函式程式設計中的物件和集合

Kotlin 讓你的程式是函式程式設計，不需要強制它。當你需要它的時候，可以使用可變資料，編寫有副作用的函式而不用跳過任何額外的限制。當然，使用基於介面和類別層次結構的框架與 Java 一樣簡單。在 Kotlin 中編寫程式碼時，可以將物件導向和函式程式設計方式結合起來，並使用最適合解決問題的工具。

1.2.4 免費及開源

包括編譯器、函式庫和所有相關工具的 Kotlin 語言完全是開源的（open source），而且免費地用於任何目的。它在 Apache 2 許可下使用；在 GitHub（http://github.com/jetbrains/kotlin）上公開發表，歡迎社群貢獻。還可以選擇三種開源 IDE 來開發 Kotlin 應用程式： IntelliJ IDEA Community Edition、Android Studio，以及 Eclipse 皆完全支援。（當然，IntelliJ IDEA Ultimate 也可以。）

現在你已經了解 Kotlin 是什麼樣的語言，讓我們來看看 Kotlin 在特定實際應用中的優勢。

1.3 Kotlin 應用領域

正如我們前面提到的，Kotlin 可以使用的兩個主要領域是伺服器端和 Android 程式的開發。讓我們依次看看這些領域，了解為什麼 Kotlin 適合他們。

1.3.1 伺服器端的 Kotlin

伺服器端編程是一個相當廣泛的概念。它包含以下所有型態的應用程式：

- 將 HTML 頁面回傳給瀏覽器的 Web 應用程式
- 透過 HTTP 公開 JSON API 的行動應用程式的後台
- 透過 RPC 協議與其他微服務（microservices）進行通信的微服務

開發人員已經使用 Java 建構了這些應用程式多年，並累積了大量的框架和技術用來幫助建構它們。這樣的應用通常不是單獨的開發或從頭開始的，幾乎總是有一個現有的系統正在被擴展、改進或取代，新的程式碼必須與系統的現有部分結合在一起，而這些部分可能是在多年前寫的。

Kotlin 在這個環境中的巨大優勢，是它與現有 Java 程式碼的無縫互用性。無論是在編寫新的組件，還是將現有服務的程式碼移植到 Kotlin 中，Kotlin 都是合適的。當需要在 Kotlin 中繼承 Java 類別或以某種方式註釋方法和欄位時，不會遇到問題。

而且好處是系統的程式碼會更緊湊、更可靠、更容易維護。

與此同時，Kotlin 為開發這樣的系統提供了許多新技術。例如，對 Builder 樣式的支援，使你可以使用簡潔的語法建立任何物件圖，同時保留語言中的全套萃取和程式碼重用工具。

該功能最簡單的範例之一，就是 HTML 產生函式庫，它可以用一個簡潔和完全型態安全的解決方案來替換外部樣板語言。下面是一個例子：

```
fun renderPersonList(persons: Collection<Person>) =
    createHTML().table {
        for (person in persons) {
            tr {
                td { +person.name }
                td { +person.age }
            }
        }
    }
}
```

一般的 Kotlin 迴圈

對映到 HTML 標籤的函式

可以輕鬆地將對映到 HTML 標記的函式和標準 Kotlin 語言結構組合起來。不再需要使用單獨的樣板語言、使用單獨的語法學習，只是在產生 HTML 頁面時使用迴圈。

另一個案例是持久性的框架，它使用 Kotlin 簡潔俐落的 DSL 。例如，Exposed 框架（https://github.com/jetbrains/exposed）提供了一個易於閱讀的 DSL，用於描述 SQL 資料庫的結構，完全可從 Kotlin 程式碼執行查詢，並進行完整型態檢查。下面是一個小範例，展示了可以做什麼：

```
object CountryTable : IdTable() {
    val name = varchar("name", 250).uniqueIndex()
    val iso = varchar("iso", 2).uniqueIndex()
}

class Country(id: EntityID) : Entity(id) {
    var name: String by CountryTable.name
    var iso: String by CountryTable.iso
}

val russia = Country.find {
    CountryTable.iso.eq("ru")
}.first()

println(russia.name)
```

描述資料庫中的表格

建立一個對應於資料庫實體的類別

可以使用純 Kotlin 程式碼查詢此資料庫

我們將在本書後面的第 7.5 節和第 11 章中更詳細地介紹這些技術。

1.3.2 Android 上的 Kotlin

典型的行動應用程式（mobile application）與典型的企業應用程式有很大不同。它要小得多、少依賴與現有程式碼函式庫的整合，而且通常需要快速發布，同時確保在各種設備上的執行是可靠的。Kotlin 正好適用於這類專案。

Kotlin 的語言特性與支援 Android 框架的特定編譯器插件相結合，將 Android 開發變成了更高效和更愉快的體驗。常見的開發任務，比如將監聽器加到控制元件，或將布局元素綁定到欄位，可以用更少的程式碼來完成，或者根本沒程式碼（編譯器會為你產生）。由 Kotlin 團隊建構的 Anko 函式庫（https://github.com/kotlin/anko），透過在許多標準的 Android API 上加入適用於 Kotlin 的轉接器，進一步提高了體驗。

下面是一個簡單的 Anko 範例，只是為了讓你了解使用 Kotlin 開發 Android 的感覺而已。可以把這段程式碼放在 `Activity` 中，簡單的 Android 應用程式就準備好了！

```
verticalLayout {
    val name = editText()
    button("Say Hello") {
        onClick { toast("Hello, ${name.text}!") }
    }
}
```

建立一個簡單的文字欄位

當點擊它時，這個按鈕就會顯示文字欄位的值

簡潔的 API 用於附加監聽器並顯示 toast

使用 Kotlin 的另一大優勢是更好的應用可靠性。如果有開發 Android 應用程式的經驗，那麼無疑會對「Unfortunately, Process Has Stopped」這個對話框感到非常熟悉。當應用程式拋出一個未處理的例外（通常是 `NullPointerException`）時，就會顯示此對話框。Kotlin 的型態系統，對 `null` 的精確跟蹤，使 `NullPointerException` 的問題更加緊迫。在 Java 中導致 `NullPointerException` 的大部分程式碼都無法在 Kotlin 中編譯，以保在應用程式到達使用者之前修復錯誤。

同時，因為 Kotlin 完全相容 Java 6，所以它的使用不會引入任何新的相容性問題。你將受益於 Kotlin 的所有新語言功能，即使使用者不執行最新版本的 Android，使用者仍然可以在自己的設備上執行應用程式。

就效能而言，使用 Kotlin 也不會帶來任何不利之處。由 Kotlin 編譯器產生的程式碼與一般的 Java 程式碼一樣有效率地執行。Kotlin 使用的執行時間相當短，因此編譯後的應用程式套件的大小不會增加很多。而當你使用 lambdas 時，許多 Kotlin 標準函式庫函式將內嵌（inline）它們。內嵌 lambdas 確保不會建立新的物件，並且應用程式不會受到額外的 GC 暫停的影響。

考慮到 Kotlin 與 Java 相比的優勢，現在讓我們看看 Kotlin 的哲學——辨別 Kotlin 與針對 JVM 的其他現代語言的主要特徵。

1.4 Kotlin 的哲學

當我們談論 Kotlin 時，我們喜歡說這是一個注重互用性的務實、簡潔、安全的語言。這些詞的意思是什麼？現在來看看它們。

1.4.1 務實

務實（*pragmatic*）對我們來說意味著是簡單的事情：Kotlin 是一種旨在解決現實世界問題的實用語言。其設計基於多年建立大型系統的實務經驗，其功能被選擇來解決許多軟體開發人員遇到的使用情況。而且，JetBrains 和社群內的開發者已經使用 Kotlin 的早期版本好幾年了，他們的回饋已經形成了這個語言的發布版本。這使我們有信心說，Kotlin 可以幫助解決實際專案中的問題。

Kotlin 也不是一門研究性的語言。我們不是試圖提高程式設計語言的藝術層次，而是在電腦科學領域探索創新思維。相反地，只要有可能，我們就依靠已經出現在其他程式語言中的功能和解決方案，並且已經證明是成功的。這樣可以減少語言的複雜性，讓你可以依靠熟悉的概念輕鬆學習。

另外，Kotlin 不強制使用任何特定的編程風格或範例。當你開始學習這語言時，可以使用 Java 經驗中熟悉的風格和技巧。稍後，將逐漸發現 Kotlin 更強大的功能，並學習將它們應用於自己的程式碼中，使其更加簡潔和上手。

Kotlin 實用主義的另一個方面是對工具的關注。一個聰明的開發環境對於開發人員的生產力來說，就像一個好語言一樣的重要和基本；因此，將 IDE 支援作為事後考慮是不可取的。就 Kotlin 而言，IntelliJ IDEA 插件是與編譯器同步開發的，而且語言特性總是以工具為基礎而設計的。

IDE 支援也在幫助你發現 Kotlin 的功能方面發揮重要作用。在很多情況下，這些工具會自動檢測可以被更簡潔的結構所取代的通用程式碼樣式，並為你修復程式碼。透過研究自動修復所使用的語言功能，可以學習在自己的程式碼中應用這些功能。

1.4.2 簡潔

開發人員閱讀現有程式碼比編寫新程式碼花更多時間是眾所皆知的。想像一下，你是團隊的一份子負責開發一個大專案，當需要添加一個新功能或修復一個 bug 時，你的第一步是什麼？先尋找需要更改的程式碼的確切部分，接著才能執行修復。你會需要讀很多程式碼來找出要做的事情。這段程式碼可能是最近由你的同事、或不再從事這個專案的人、或是你很早以前寫的，只有了解了周圍的程式碼之後，才能進行必要的修改。

程式碼越簡單，越簡潔，就能越快理解到底發生了什麼事。當然，好的設計和有意義的變數名稱在這裡有著重要的作用。但語言的選擇及其**簡潔**程度也很重要。如果語言的語法清楚地表達了你讀的程式碼的意圖，並且不需要用規定如何完成意圖的樣板來模糊它，那麼這個語言是簡潔的。

在 Kotlin，我們努力確保你編寫的所有程式碼都具有意義，而不僅僅是滿足程式碼結構要求。很多標準的 Java 樣板，比如 getter、setter，以及為欄位分配構造函式參數的邏輯都隱含在 Kotlin 中，並且不會混淆你的程式碼。

不必要冗長程式碼的另一個原因，是必須編寫明確的程式碼來執行一般的任務，例如在集合中尋找元素。就像很多其他現代語言一樣，Kotlin 有一個豐富的標準函式庫，可以讓你用函式庫方法呼叫來替代這些冗長、重複的程式碼區段。Kotlin 對 lambda 表示式的支援，使得可能輕鬆地將小區塊程式碼傳遞給函式庫函式。這樣可以將所有通用部分封裝在函式庫中，並且只保留使用者程式碼中唯一、特定於任務的部分。

同時，Kotlin 不會試圖將程式碼萎縮到最少的字元。例如，即使 Kotlin 支援運算子重載，使用者也不能定義他們自己的運算子。因此，函式庫開發者不能用神秘的標點符號替換方法名稱。單字通常比標點符號更容易閱讀、更容易找到文件。

簡潔的程式碼可以省下許多輸入的時間，更重要的是縮短了閱讀的時間，這可以提高工作效率、更快地完成工作。

1.4.3 安全

一般來說，當我們說程式語言是**安全**的，其意思是它的設計可以防止程式中某些型態的錯誤。當然，沒有辦法保證沒有錯誤，沒有一種語言可以防止所有可能產生的錯誤。另外，防止錯誤通常需要付出代價，需要為編譯器提供關於程式預期操作的更多資訊，以便編譯器可以驗證該資訊與程式的功能是否相符。正因為如此，所獲得的安全等級與需要更詳細的解釋所造成生產效率的降低，這之間總是存在一個折衷點。

而使用 Kotlin，我們已經試著達到比 Java 更高的安全等級，且總體成本更低。在 JVM 上執行已經提供了很多安全保證：例如，記憶體安全、防止緩衝區溢出，以及由錯誤使用動態分配的記憶體引起的其他問題。作為 JVM 上的靜態語言，Kotlin 還可以確保應用程式的型態安全。這比使用 Java 的成本更低：不必指定所有的型態宣告，因為在多數的情況下，編譯器會自動推論其型態。

Kotlin 也不止於此，更多的錯誤可以透過在編譯時檢查出來，而不是在執行時產生錯誤。最重要的是，Kotlin 努力從程式中刪除 `NullPointerException`。Kotlin 的型態系統跟蹤值可以和不可以為 `null`，並禁止在執行時導致 `NullPointerException` 例外的操作。為此所需的額外成本是非常小的：標記一個型態是可以為空只需一個在最後加上一個問號的字元即可：

```
val s: String? = null          ← 可能是 null
val s2: String = ""            ← 可能不是 null
```

另外，Kotlin 提供了許多簡便的方式來處理可空的資料，這有助於減少應用程式崩潰。

Kotlin 幫助避免的另一種例外型態是 `ClassCastException`。當你把一個物件轉換成一個型態，而沒有先檢查它是否具有正確的型態時，就會發生這種狀況。在 Java 中，開發人員經常會忽略檢查，因為型態名稱必須在檢查和之後的轉型（cast）間重複執行。另一方面，在 Kotlin 中，檢查和轉型組合成一個單一的操作：一旦檢查了型態，可以引用該型態的成員，而不需要任何額外的轉型。因此，沒有理由跳過檢查，也就沒有機會犯錯。下面是一個範例：

```
if (value is String)                  ← 檢查型態
    println(value.toUpperCase())      ← 使用型態的方法
```

1.4.4 互用性

關於互用性，第一個擔心可能是「可以使用現有的函式庫嗎？」對於 Kotlin 來說，答案是「絕對可以」。無論函式庫要求你使用哪種型態的 API，都可以使用 Kotlin 進行操作。可以呼叫 Java 方法、繼承 Java 類別並實現介面、將 Java 註釋應用於你的 Kotlin 類別，等等。

與其他一些 JVM 語言不同，Kotlin 進一步提高了互用性，使得從 Java 呼叫 Kotlin 程式碼變得毫不費力。不需要任何技巧：Kotlin 類別和方法可以像正規的 Java 類別和方法一樣被呼叫。這給你在專案中的任何位置混合使用 Java 和 Kotlin 程式碼，提供了極大的靈活性。當在 Java 專案中開始採用 Kotlin 時，你可以在程式碼函式庫中的任何一個類別上，執行 Java-to-Kotlin 轉換器，其餘程式碼將繼續編譯和工作，無需做任何修改。無論轉換的類別作用為何，這都會有效。

Kotlin 關注互用性的另一個領域是，盡可能使用現有的 Java 函式庫。例如，Kotlin 沒有自己的集合函式庫。它完全依賴於 Java 標準函式庫類別，並將它們繼承為更多的功能，以便在 Kotlin 中更方便地使用。（我們將在第 3.3 節更詳細地介紹這一機制。）這意味著從 Kotlin 呼叫 Java API 時，不需要包裝或轉換物件，反之亦然。Kotlin 提供的所有 API 豐富功能都是免費提供的。

Kotlin 工具還提供對跨語言專案的全面支援。它可以編譯 Java 和 Kotlin 檔案的任意組合，而不管它們如何相互依賴。IDE 功能也可以跨語言工作，使你可以：

- 在 Java 和 Kotlin 檔案之間自由導覽
- 除錯混合語言專案，並在使用不同語言編寫的程式碼之間進行切換
- 重構 Java 方法，並在正確更新的 Kotlin 程式碼中使用它們，反之亦然

希望現在我們已經說服你試著用用看 Kotlin。而要怎麼開始使用它？在下一節，將討論編譯和執行 Kotlin 程式碼的過程，無論是用命令行介面，還是使用不同的工具。

1.5 使用 Kotlin 工具

就像 Java 一樣，Kotlin 是一種編譯語言。意味著在執行 Kotlin 程式碼之前需要編譯它。讓我們來討論一下編譯的過程，接著看看為你做好的不同工具。如果需要更多關於設置環境的資訊，請參閱 Kotlin 網站（https://kotlinlang.org/docs/tutorials）上的「Tutorials」部分。

1.5.1 編譯 Kotlin 程式碼

Kotlin 程式碼通常儲存在副檔名為 .kt 的檔案中。Kotlin 編譯器像 Java 編譯器一樣，分析程式碼，並產生 .class 檔案。產生的 .class 檔案隨後使用運作應用程式型態的標準過程，進行打包和執行。在最簡單的情況下，可以使用 `kotlinc` 命令從命令行編譯程式碼，並使用 `java` 命令來執行程式碼：

```
kotlinc <source file or directory> -include-runtime -d <jar name>
java -jar <jar name>
```

圖 1.1 顯示了 Kotlin 建構過程的精簡描述。

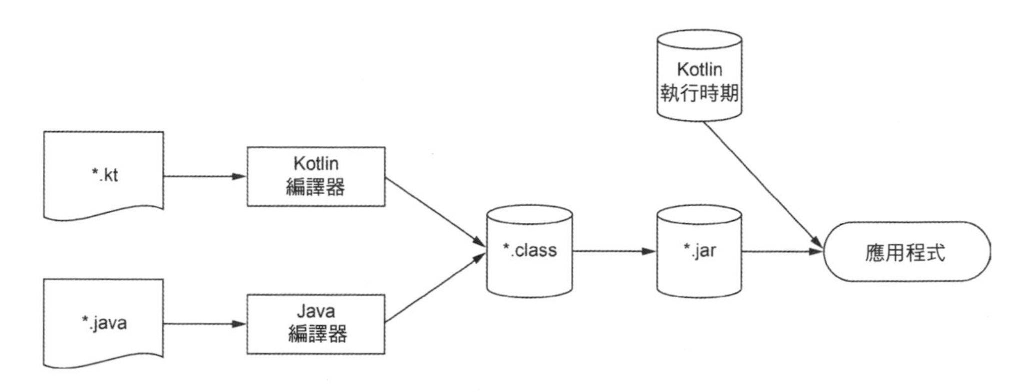

圖 1.1　Kotlin 建構過程

使用 Kotlin 編譯器編譯的程式碼取決於 ***Kotlin* 執行時期函式庫**。它包含 Kotlin 自己的標準函式庫類別的定義，以及 Kotlin 為標準 Java API 加入的繼承。執行時期函式庫需要與應用程式一起配置。

在大多數的實際案例中，會使用 Maven、Gradle 或 Ant 等建構的系統來編譯程式碼。Kotlin 與上述這些建構系統相容，在附錄 A 將討論它們的詳細資訊。這些建構系統還支援將 Kotlin 和 Java 組合在同一程式碼函式庫中的混合語言專案。另外，Maven 和 Gradle 負責載入 Kotlin 執行時期函式庫隸屬，做為你的應用程式。

1.5.2 IntelliJ IDEA 和 Android Studio 的插件

Kotlin 的 IntelliJ IDEA 插件（plug-in）與語言並行開發，是 Kotlin 最全面的開發環境。它成熟穩定，為開發 Kotlin 提供了一套完整的工具。

IntelliJ IDEA 15 及後續版本包含了 Kotlin 插件，因此不需要其他設定。可以使用免費的開源 IntelliJ IDEA Community Edition 或 IntelliJ IDEA Ultimate。在 New Project 對話框中選擇 Kotlin，就可以開始了。

如果使用 Android Studio，則可以從插件管理器安裝 Kotlin 插件。在「Settings」中，選擇「Plugins」，接著點擊「Install JetBrains Plugin」按鈕，並從列表中選擇「Kotlin」。

1.5.3 交談式 shell

如果想快速嘗試 Kotlin 的片段程式碼，可使用交談式 shell（即所謂的 *REPL*）來完成。在 REPL 中，可以逐行輸入 Kotlin 程式碼，並立即查看其執行結果。要啟動 REPL，可以執行不帶參數的 `kotlinc` 命令，或者使用 IntelliJ IDEA 插件中相對應的選項。

1.5.4 Eclipse 插件

如果是 Eclipse 的使用者，也可以選擇在 IDE 中使用 Kotlin。Kotlin Eclipse 插件提供了重要的 IDE 功能，例如導航和程式碼的完成。Eclipse Marketplace 中提供了該插件。要安裝它，請選擇 Help > Eclipse Marketplace 選項，並在列表中搜尋 Kotlin。

1.5.5 線上 playground

嘗試 Kotlin 最簡單的方法不需要任何安裝或配置。在 http://try.kotl.in，可以找到一個線上 playground，在那裡可以撰寫、編譯和執行小型的 Kotlin 程式。playground 上有程式碼範例，展示了 Kotlin 的特性，包括本書的所有範例，以及一系列交談式學習 Kotlin 的練習。

1.5.6 Java-to-Kotlin 轉換器

加快新語言的學習速度永遠不會輕鬆。幸運的是，已經建立了一個很好的小捷徑，讓你可以依靠現有的 Java 知識來加快學習和使用速度。這個工具是 Java-to-Kotlin 自動轉換器。

在學習 Kotlin 的初期，記不得確切的語法時，轉換器可以很快速地幫助你表達相對的語法。可以用 Java 編寫相應的片段，將其複製到 Kotlin 檔案中，轉換器會自動翻譯成 Kotlin 程式碼。結果可能並不會是慣用的寫法，但它會是能夠執行的程式碼，並且能夠在你的工作中取得進展。

該轉換器也非常適合將 Kotlin 引入到現有的 Java 專案中。當需要寫一個新的類別時，可以一開始就在 Kotlin 中完成。但是，如果需要對現有類別進行重大更改，則可能還需要在此過程中使用 Kotlin。這就是轉換器的作用，首先將類別轉換為 Kotlin，然後使用現代語言的所有優點加以改善。

在 IntelliJ IDEA 中使用轉換器非常簡單。可以將 Java 程式碼片段複製到 Kotlin 檔案中，或者在需要轉換整個檔案時，呼叫「Convert Java File to Kotlin File」操作，該轉換器可以在 Eclipse 和線上使用。

1.6 總結

- Kotlin 是靜態語言的，並且支援型態推論，允許它維持正確性和效能，同時保有簡潔的程式碼。
- Kotlin 支援物件和函式程式設計的風格，透過一流的函式實現更高層次的萃取，並利用支援不可變的值來簡化測試和多執行緒的開發。
- 它適用於伺服器端的應用程式，完全支援現在所有的 Java 框架，並提供用於一般工作（如 HTML 產生和持久性）的新工具。
- 它也適用於 Android，這要歸功於緊密的執行時期，針對 Android API 的特殊編譯器支援，以及為 Android 常見開發任務提供 Kotlin 友好功能的豐富函式庫。
- 免費且開源，並完全支援主要的 IDE 和建構系統。
- Kotlin 務實、安全、簡潔和互用性，這意味著它專注於為常見的問題使用經過驗證的解決方案，防止出現常見的錯誤，如 `NullPointerException`，並支援簡潔易讀的程式碼，提供與 Java 無限制的整合。

Kotlin 的基礎

本章涵蓋：

- 宣告函式、變數、類別、列舉、屬性
- Kotlin 的控制結構
- 智慧轉型
- 例外處理

在本章節中，將學到如何在 Kotlin 中宣告任何程式的基本元素：變數、函式和類別。在這個過程中，你會熟悉 Kotlin 的屬性概念。

你將學到如何在 Kotlin 中使用不同的控制結構。它們大部分與你所熟悉的 Java 結構類似，但在某些重要方面有所加強。

我們將介紹**智慧轉型**的概念，它將類別檢查和轉換組合成一個操作。最後，我們將討論異常處理。在本章結尾部分，將能夠使用該語言的基本知識來撰寫能夠執行的 Kotlin 程式碼，即使它不是最常用的程式碼。

2.1 基本元素：函式和變數

此節將介紹組成每個 Kotlin 程式的基本元素：函式和變數。你會看到 Kotlin 如何省略許多型態的宣告，以及它如何鼓勵你使用不可變的資料，而不是可變的資料。

2.1.1 Hello, world!

讓我們從經典的例子開始：印出 "Hello, world!" 的程式。在 Kotlin 中，這只是一個函式：

範例程式 2.1 Kotlin 的 "Hello World!"

```
fun main(args: Array<String>) {
    println("Hello, world!")
}
```

在這個簡單的程式碼片段中，可以觀察到哪些功能和語法？看看這個範例程式：

- 關鍵字 `fun` 用來宣告函式。使用 Kotlin 來撰寫程式確實十分有趣。
- 參數型態寫在它的名稱後面，之後會看到這也應用在變數宣告上。
- 函式也可以在檔案的上層宣告；不一定要放在類別中。
- Array 只是類別。不同於 Java，Kotlin 沒有一個特別的語法來宣告陣列型態。
- 用 `println` 來代替 `System.out.println`。Kotlin 的標準函式庫提供許多簡潔的語法，用來包裝標準 Java 函式庫的函式，`println` 就是其中之一。
- 就像其他現代的程式語言一樣，可以忽略每一行後面的分號。

到目前為止還挺好的！之後我們會更深入的探討這些主題。現在，讓我們來看看宣告函式的語法。

2.1.2 函式

你已經看到了如何宣告不用回傳任何值的函式，但在一個有意義結果的函式中，應該在哪裡置入回傳型態？可以猜測它應該在參數列表之後的某處：

```
fun max(a: Int, b: Int): Int {
    return if (a > b) a else b
}

>>> println(max(1, 2))
2
```

函式宣告以關鍵字 fun 開頭，後面跟著函式名稱：max。緊跟在後的是括號中的參數列表。回傳型態在參數列表之後，用冒號分隔。

圖 2.1 展示了函式的基本結構。要注意在 Kotlin 中，if 是一個帶有結果值的表示式，就像 Java 的三元運算子：(a > b) ? a : b。

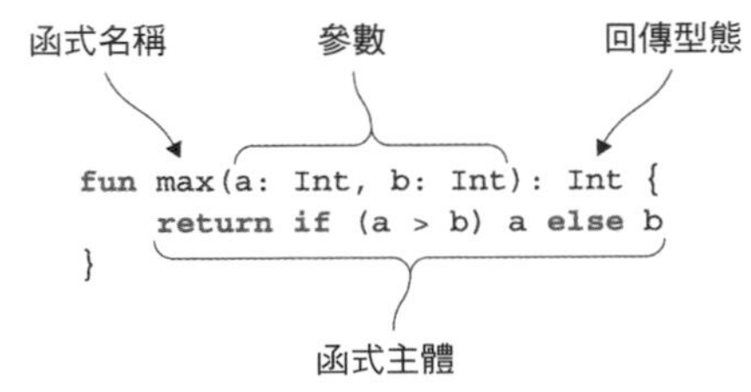

圖 2.1　Kotlin 函式宣告

敘述和表示式

在 Kotlin 中，if 是表示式，而非敘述。敘述和表示式之間的差異在於，表示式有值，可以用在另一個表示式之中，而敘述總是在其封閉塊中的最上層元素，並沒有自己的值。在 Java 中，所有的控制結構都是敘述。在 Kotlin 中，多數的控制結構，除了迴圈（for、do、do/while）外，其餘皆是表示式。將控制結構與其他表示式相結合的能力，可以讓你簡潔地表達許多常見的模式，這樣的做法在本書稍後就可以看到。

另一方面，指派是 Java 中的表示式，而在 Kotlin 中卻是敘述。這有助於避免比較和指派之間的混淆，這也是常見的錯誤原因。

表示式主體

可以進一步簡化前面的功能。由於它的主體由單一表示式組成，因此可以將該表示式當作函式的整個主體，刪除大括號和 return 敘述：

```
fun max(a: Int, b: Int): Int = if (a > b) a else b
```

如果一個函式是用大括號寫成的，我們說這個函式有一個**區塊主體**（*block body*）。如果它直接回傳一個表示式，則它有一個**表示式主體**（*expression body*）。

INTELLIJ IDEA
提示 >>> IntelliJ IDEA 提供意圖在這兩種函式形式之間進行轉換的動作：「轉換為表示式主體」和「轉換為區塊主體」。

表示式主體的函式可以經常在 Kotlin 程式碼中找到。這種風格不僅用於簡單的單行函式，還用於評估單個更複雜表示式（如 if、when 或 try）的函式。當我們討論 when 結構時，在本章後面將會看到這樣的函式。

可以更多地簡化 max 函式並省略回傳型態：

```
fun max(a: Int, b: Int) = if (a > b) a else b
```

為什麼有這些沒有回傳型態宣告的函式呢？作為一種靜態的語言，Kotlin 不需要每個表示式在編譯時都有一個型態嗎？事實上，每個變數和每個表示式都有一個型態，每個函式都有一個回傳型態。但對於表示式主體函式，編譯器可以分析用作函式主體的表示式，並將其型態用作函式回傳型態，即便它沒有明確地寫出來。這種型態的分析通常稱為**型態推斷**（*type inference*）。

請注意，只有具有表示式主體的函式才允許省略回傳型態。對於具有回傳值的區塊主體的函式，必須指定回傳型態並明確地寫出 return 敘述。這是一個非常合理的選擇。一個真實世界的函式通常很長，可以包含多個 return 敘述；明確寫出回傳型態和 return 敘述，可以幫助快速掌握可以回傳的內容。我們來看下一個宣告變數的語法。

2.1.3 變數

在 Java 中，用一個型態來啟動一個變數宣告。這不適用於 Kotlin，因為它可以讓你從許多變數宣告中省略型態。因此，在 Kotlin 中，從一個關鍵字開始，你可以（不做也沒關係）把型態放在變數名稱後面。我們來宣告兩個變數：

```
val question =
    "The Ultimate Question of Life, the Universe, and Everything"

val answer = 42
```

這個例子省略了型態宣告，但是如果想要的話，也可以明確指定型態：

```
val answer: Int = 42
```

就像使用表示式主體函式一樣，如果不指定型態，編譯器將分析初始化表示式，並將其型態用作變數型態。在這種情況下，初始值 42 具有 Int 型態，所以變數將具有相同的型態。

如果使用浮點常數，則變數將具有 Double 型態：

```
val yearsToCompute = 7.5e6          ← 7.5 × 10^6 = 7500000.0
```

數值型態在第 6.2 節中有更深入的介紹。

如果變數沒有初始值，則需要明確指定其型態：

```
val answer: Int
answer = 42
```

若不提供有關可以指派給此變數的值的資訊，則編譯器無法推斷該型態。

可變與不可變變數

有兩個關鍵字來宣告一個變數：

- val（從 *value* 演變而來）——不變的參考。用 val 宣告的變數在初始化後就不能重新指派。它對應於 Java 中的最終變數。
- var（從 *variable* 演變而來）——可變的參考。這個變數的值可以改變。這個宣告對應於一個常規的（非最終的）Java 變數。

預設情況下，在 Kotlin 中宣告所有變數，應該盡量使用 val 關鍵字 。僅在必要時將其更改為 var。使用不可變參考、不可變物件和沒有副作用的函式使程式碼更貼近功能風格。我們在第 1 章中簡要介紹了它的優點，將在第 5 章回到這個話題。

val 變數在執行定義區塊的過程中，必須被初始化一次。但是如果編譯器可以確保只執行其中一個初始化敘述，則可以根據某些條件，使用不同的值對其進行初始化：

```
val message: String
if (canPerformOperation()) {
    message = "Success"
    // ... perform the operation
}
else {
    message = "Failed"
}
```

請注意，即使 val 參考本身是不可變的，也不能改變，它指向的物件可能是可變的。例如，以下程式碼是完全有效的：

宣告一個不可變的參考

```
val languages = arrayListOf("Java")
languages.add("Kotlin")
```

改變指向參考的物件

在第 6 章中，我們將更詳細地討論可變和不可變物件。

即使 var 關鍵字允許一個變數改變它的值，但它的型態是固定的。例如，以下程式碼不能編譯：

```
var answer = 42
answer = "no answer"
```

錯誤：不同型態

在字串文字上有一個錯誤，因為它的型態（String）而不是預期的（Int）。編譯器僅從初始化程式中推斷變數型態，並在確定型態後不考慮後續指派。

如果需要在變數中儲存不同型態的值，則必須手動將該值轉換或強制為正確的型態。我們將在第 6.2.3 節討論原始型態轉換。

現在已經知道如何定義變數了，現在是時候看到一些新的技巧來引用這些變數的值。

2.1.4 更簡單的字串格式：字串樣板

回到打開本節的「Hello World」範例。以下是傳統練習的下一步，利用 Kotlin 的名字來迎接人們：

範例程式 2.2 使用字串樣板

```
fun main(args: Array<String>) {
    val name = if (args.size > 0) args[0] else "Kotlin"
    println("Hello, $name!")
}
```

印出「Hello, Kotlin」，而如果傳遞「Bob」作為參數，則印出「Hello, Bob」

這個例子引入了一個叫做**字串樣板**（*string templates*）的特性。在程式碼中，宣告一個變數 name，然後在下面的字串中使用它。像許多腳本語言（scripting language）一樣，Kotlin 允許經由將 $ 字元放在變數名前面，來引用字串中的局部變數。這相當於 Java 的字串連接（"Hello, " + name + "!"），但更緊湊，效率也更高[2]。當然，表示式是靜態的，如果試圖引用一個不存在的變數，程式碼將不會被編譯。

2 編譯後的程式碼會建立一個 StringBuilder，並為其加入常數部分和變數值。

如果需要在字串中包含 $ 字元，則可以將其轉義：println ("\$x")，印出 $x，不將 x 解釋為變數引用。

不限於簡單的變數名稱；也可以使用更複雜的表示式。只要在表示式加上大括號：

```
fun main(args: Array<String>) {
    if (args.size > 0) {
        println("Hello, ${args[0]}!")
    }
}
```

使用 ${} 語法插入 args 數組的第一個元素

也可以在雙引號內加入雙引號，只要它們在表示式內：

```
fun main(args: Array<String>) {
    println("Hello, ${if (args.size > 0) args[0] else "someone"}!")
}
```

稍後在第 3.5 節中，將再回到字串，並更深入地探討可以用它們做什麼。

現在你已知道如何宣告函式和變數。讓我們再更進一步，看看類別。而這一次，將使用 Java-to-Kotlin 轉換器來幫助開始使用新的語言功能。

2.2 類別和屬性

對於物件導向程式語言，你可能並不陌生，並且熟悉**類別**（*class*）的抽象概念。Kotlin 在這方面的概念，對你來說非常熟悉，但是會發現許多常見的工作，可以用更少的程式碼來完成。本節將介紹宣告類別的基本語法。我們將在第 4 章再詳細介紹。

首先，讓我們看看一個簡單的 JavaBean Person 類別，到目前為止只包含一個屬性 name。

範例程式 2.3　簡單的 Java 類別 Person

```
/* Java */
public class Person {
    private final String name;

    public Person(String name) {
        this.name = name;
    }

    public String getName() {
        return name;
    }
}
```

在 Java 中，建構函式（constructor）主體通常包含完全重複的程式碼：它將參數指派給具有相對應名稱的欄位。在 Kotlin 中，這個邏輯可以用很多的樣板來表示。

在第 1.5.6 節中，我們介紹了 Java-to-Kotlin 轉換器：一種用 Kotlin 程式碼自動替換 Java 程式碼的工具。讓我們實際使用轉換器，並將 Person 類轉換為 Kotlin 的形式。

範例程式 2.4 將 Person 類別轉換為符合 Kotlin 的形式

```
class Person(val name: String)
```

看起來不錯，不是嗎？如果已經接觸過另一種現代的 JVM 語言，可能會看到類似的東西。這種型態的類別（只包含資料，但不包含程式碼）通常被稱為**值物件**（*value objects*），有許多語言提供了簡明的語法來宣告它們。

請注意，在從 Java 到 Kotlin 的轉換過程中，修飾子 public 消失了。因為在 Kotlin 中，public 是預設的，所以可以忽略它。

2.2.1 屬性

你已經知道，類別的概念是將資料和處理該資料的程式碼封裝到一個實體中。在 Java 中，資料儲存在通常是私有的欄位中。如果你需要讓這個類別的使用者存取這個資料，需要提供**存取器的方法**（*accessor method*）：一個 getter 和一個 setter。在 Person 類中看到了這個例子。setter 還可以包含用於驗證傳遞值的附加邏輯，傳送有關更改的通知等。

在 Java 中，欄位和其存取器的組合通常被稱為**屬性**（*property*），許多框架大量使用該概念。在 Kotlin 中，屬性是一流的語言特性，它完全取代了欄位和存取器的方法。在類別中宣告屬性方式與宣告變數相同，皆使用 val 和 var 關鍵字。宣告為 val 的屬性是唯讀的，而 var 屬性是可變的，可以更改。

範例程式 2.5 在類別中宣告一個可變屬性

```
class Person(
    val name: String,        <- 唯讀屬性：產生一個欄位和一個微不足道的 getter
    var isMarried: Boolean   <- 可寫入屬性：一個欄位、getter、setter
)
```

基本上，當宣告一個屬性時，你宣告了對應的存取器（一個唯讀屬性的 getter、和一個可寫入的 getter 和 setter）。預設情況下，存取器的實作是很簡單的：建立一個欄位來儲存該值，getter 和 setter 回傳並更新其值。但是如果你想，你可以宣告一個客製化存取器，使用不同的邏輯來計算或更新屬性值。

範例程式 2.5 中的 `Person` 類別的簡潔宣告，隱藏了與原始 Java 程式碼相同的底層實作：它是一個具有私有欄位的類別，它在建構函式中初始化，並且利用對應的 getter 存取。這意味著不管這個類別是在哪裡宣告的，都可以用同樣的方法從 Java 和 Kotlin 中使用它，使用上看起來完全相同。以下是如何使用來自 Java 的 `Person`。

範例程式 2.6　使用 Java 的 **Person** 類別

```
/* Java */
>>> Person person = new Person("Bob", true);
>>> System.out.println(person.getName());
Bob
>>> System.out.println(person.isMarried());
true
```

請注意，在 Java 和 Kotlin 中定義 `Person` 時，這看起來是一樣的。Kotlin 的屬性 `name` 揭露於 Java，稱為 `getName` 的 getter 方法。getter 和 setter 命名規則有一個例外：如果屬性名稱以 `is` 開頭，則不會為 getter 添加額外的前導，並且在 setter 名稱中將 `is` 替換為 `set`。因此，從 Java 你是呼叫 `isMarried()`。

如果將範例程式 2.6 轉換為 Kotlin，則會得到以下結果。

範例程式 2.7　使用 Kotlin 的 **Person** 類別

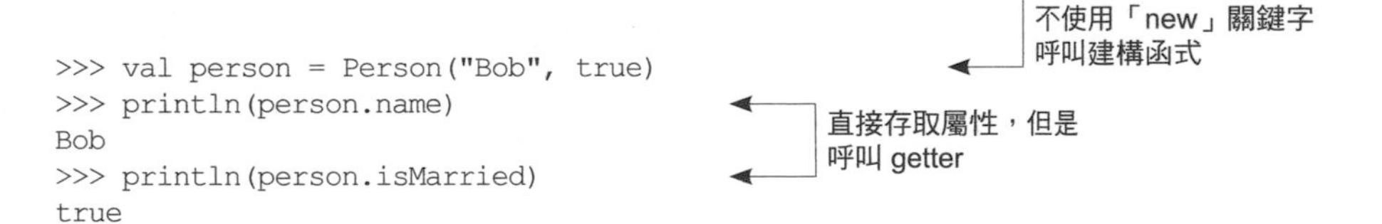
不使用「new」關鍵字
呼叫建構函式
直接存取屬性，但是
呼叫 getter

```
>>> val person = Person("Bob", true)
>>> println(person.name)
Bob
>>> println(person.isMarried)
true
```

現在，不呼叫 getter，而是直接引用屬性。邏輯維持不變，但程式碼更為簡潔。可變屬性的 setter 執行方式相同：在 Java 中，使用 `person.setMarried (false)` 表示離婚；在 Kotlin，可以使用 `person.isMarried = false`。

提示 >>> 還可以使用 Kotlin 屬性語法給 Java 來定義類別。在 Java 類別的 getter 可以視為 Kotlin 的 `val` 屬性存取，getter / setter 對可以視為 `var` 屬性存取。舉例來說，如果 Java 類別定義了名為 `getName` 和 `setName` 的方法，則可以將其作為名稱的屬性進行存取。如果它定義了 `isMarried` 和 `setMarried` 方法，則對應的 Kotlin 屬性名稱是 `isMarried`。

在大多數情況下，該屬性具有對應的伴隨欄位，用於儲存屬性值。但是，如果可以即時計算值（例如從其他屬性），則可以使用客製化的 getter 來表示該值。

2.2.2 客製化存取器

本節將介紹如何編寫屬性存取器的客製化實作。假設宣告一個判斷它是否為正方形的矩形。不需要將該資訊作為單獨的欄位儲存，因為我們可以檢查高度是否等於寬度。

```
class Rectangle(val height: Int, val width: Int) {
    val isSquare: Boolean
        get() {                                    宣告屬性
            return height == width                 getter
        }
}
```

屬性 isSquare 不需要一個欄位來儲存它的值。它只提供了一個客製化的 getter，每次存取屬性時都會計算該值。

請注意，不必使用大括號的完整語法；也可以寫成 get() = height == width。這種屬性的呼叫保持不變：

```
>>> val rectangle = Rectangle(41, 43)
>>> println(rectangle.isSquare)
false
```

如果需要從 Java 存取此屬性，則像以前一樣呼叫 isSquare 方法。

你可能會問，最好是宣告一個沒有參數的函式，還是一個帶有客製化 getter 的屬性。兩種選擇都是相似的：實作或性能沒有區別。它們只在可讀性上有所不同。一般來說，如果描述一個類別的特性（屬性），你應該宣告它是一個屬性。

在第 4 章中，將介紹更多使用類別和屬性的範例，並查看明確宣告建構函式的語法。如果你嫌這段期間太冗長，可以隨時使用 Java-to-Kotlin 轉換器。現在，讓我們來簡要地考察 Kotlin 程式碼在硬碟上的組織方式，然後再討論其他語言的特性。

2.2.3 Kotlin 程式碼布局：目錄和套件

Java 將所有類別組織成套件，而 Kotlin 也有類似於 Java 套件的概念。每個 Kotlin 檔案在開始時都可以有一個**套件**敘述，檔案中定義的所有宣告（類別、函式和屬性）都將放在該套件中。如果它們在同一個套件中，在其他檔案中定義的宣告可以直接使用；如果它們在一個不同的套件裡，則需要被載入。和 Java 一樣，import 敘述放在檔案的開頭，並使用 import 關鍵字。下面是一個例子，顯示了套件宣告和載入敘述的語法。

範例程式 2.8　把類別和函式宣告放在一個套件裡

```
package geometry.shapes                 // 宣告套件

import java.util.Random                 // 載入標準 Java 函式庫類別

class Rectangle(val height: Int, val width: Int) {
    val isSquare: Boolean
        get() = height == width
}

fun createRandomRectangle(): Rectangle {
    val random = Random()
    return Rectangle(random.nextInt(), random.nextInt())
}
```

Kotlin 不會區分載入類別和函式，它允許使用 import 關鍵字載入任何型態的宣告。你可以根據名稱載入上層函式。

範例程式 2.9　從其他套件載入函式

```
package geometry.example

import geometry.shapes.createRandomRectangle      // 由名稱載入函式

fun main(args: Array<String>) {

    println(createRandomRectangle().isSquare)     // 印出「true」的次數非常少
}
```

也可以經由在套件名稱後面加上 .* 來載入在特定套件中定義的所有宣告。請注意，此**星號載入**（*star import*）不僅會使套件中定義的類別可見，而且還會使上層的函式和屬性可見。在範例程式 2.9 中，撰寫 `import geometry.shapes.*` 取代明確的載入，這樣程式碼也能正確編譯。

在 Java 中，將類別置入與套件結構相匹配的檔案和目錄結構中。例如，如果你有一個名為具有多個類別形狀的套件，則需要將每個類別置入具有匹配名稱的單獨檔案中，並將這些檔案儲存在也稱為形狀的目錄中。圖 2.2 展示了幾何套件及其子套件在 Java 的組織方式。假定 createRandomRectangle 函式位於一個單獨的類 RectangleUtil 中。

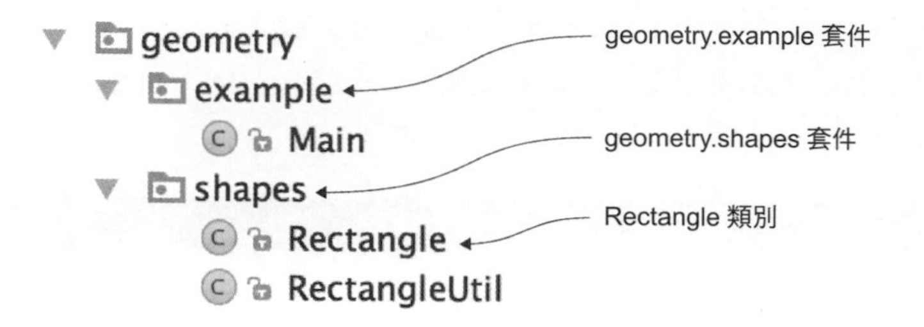

圖 2.2 在 Java 中，目錄層次結構重複了套件層次結構

在 Kotlin 中，可以將多個類別放在同一個檔案中，並為該檔案選擇任何名稱。Kotlin 對硬碟上的檔案布局也沒有任何限制；你可以使用任何目錄結構來組織檔案。舉例來說，可以在 shapes.kt 檔案中定義套件 `geometry.shapes` 的所有內容，並將該檔案放置在 geometry 資料夾中，而不建立於單獨的 shapes 資料夾（請參閱圖 2.3）。

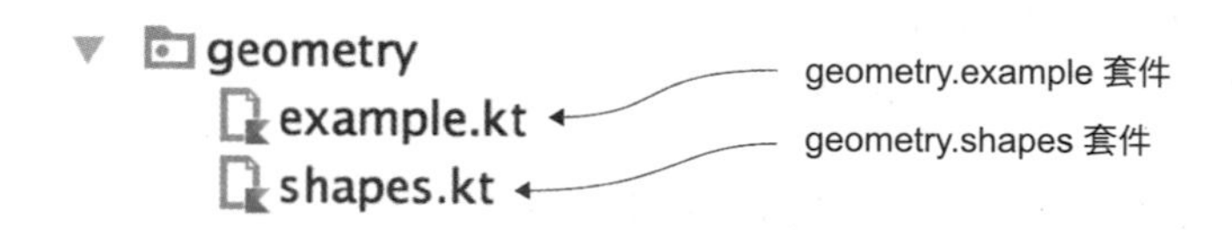

圖 2.3 套件層次結構不需要遵循目錄層次結構

然而在大多數情況下，遵循 Java 的目錄布局，並根據套件結構將檔案組織到目錄中仍然是一個好習慣。在 Kotlin 與 Java 混合的項目中，堅持這種結構尤為重要，因為這樣做可以讓你在不引發任何意外的情況下，逐漸遷移程式碼。但是，你應該會毫不猶豫地把多個類別放到同一個檔案中，特別是如果類別很小的話（在 Kotlin 裡，它們通常是這樣）。

現在知道程式是如何構建的，讓我們繼續學習基本概念，並看看 Kotlin 的控制結構。

2.3 表示和處理選擇：列舉和 when

在本節中，我們將討論 `when` 結構。它可以被認為是 Java 中的 `switch` 結構的替代品，但它更強大、更經常使用。過程中，我們會提供一個例子，說明 Kotlin 中的列舉，並討論**智慧轉型**（*smart cast*）的概念。

2.3.1 宣告列舉類別

讓我們開始在這本書中添加一些想像的明亮圖畫，並看看一些顏色的列舉。

範例程式 2.10 宣告一個簡單的列舉類別

```
enum class Color {
        RED, ORANGE, YELLOW, GREEN, BLUE, INDIGO, VIOLET
}
```

當 Kotlin 宣告使用比對應的 Java 更多的關鍵字時，這是一個罕見的情況：`enum class` 與 Java 中的 `enum` 相比。在 Kotlin 中，`enum` 是一個所謂的**軟關鍵字**（*soft keyword*）：它在 `class` 前有特殊的含意，但是可以在其他地方用作常規名稱。另一方面，`class` 仍然是一個關鍵字，你將繼續宣告名為 `clazz` 或 `aClass` 的變數。

就像在 Java 中一樣，列舉不是值列表：你可以在列舉類別上宣告屬性和方法。下面會說明它是如何做的。

範例程式 2.11 宣告含有屬性的列舉類別

```
enum class Color(
        val r: Int, val g: Int, val b: Int          ← 宣告列舉常數的屬性
) {
    RED(255, 0, 0), ORANGE(255, 165, 0),            ← 指定每個常數建立時的屬性值
    YELLOW(255, 255, 0), GREEN(0, 255, 0), BLUE(0, 0, 255),
    INDIGO(75, 0, 130), VIOLET(238, 130, 238);      ← 在這裡需要分號

    fun rgb() = (r * 256 + g) * 256 + b             ← 在列舉類別定義一個方法
}
>>> println(Color.BLUE.rgb())
255
```

列舉常數使用相同的建構函式和屬性宣告語法，正如你以前在常規類別中看到的那樣。當宣告每個列舉常數時，需要提供該常數的屬性值。請注意，此範例顯示了 Kotlin 語法中，唯一需要使用分號的位置：如果在列舉類別中定義了任何方法，則分號會將列舉常數列表從方法定義中分離出來。現在來看看一些處理程式碼中的列舉常數的方法。

2.3.2 使用 when 來處理列舉類別

還記得孩子們如何使用助記詞來記憶彩虹的顏色嗎？下面是一個範例：「Richard Of York Gave Battle In Vain!」。想像一下，你需要一個函式來為你提供每種顏色的助

記符（你不想把這些資訊儲存在列舉中）。在 Java 中，可以使用 switch 敘述來實作此目的，而對應的 Kotlin 建構函式是 when。

就像 if，when 是一個回傳值的表示式，那麼可以用一個表示式主體來寫一個函式，來直接回傳 when 表示式。當我們在本章開頭討論函式時，我們承諾了一個帶有表示式主體的多行函式範例，下面就是這個例子。

範例程式 2.12　使用 when 來選擇正確的列舉值

```
fun getMnemonic(color: Color) =
    when (color) {
        Color.RED -> "Richard"
        Color.ORANGE -> "Of"
        Color.YELLOW -> "York"
        Color.GREEN -> "Gave"
        Color.BLUE -> "Battle"
        Color.INDIGO -> "In"
        Color.VIOLET -> "Vain"
    }

>>> println(getMnemonic(Color.BLUE))
Battle
```

直接回傳「when」表示式

如果 color 等於列舉常數，回傳其對應的字串

程式碼找到對應於傳遞 color 值的分支。與 Java 不同，不需要在每個分支中，編寫 break 敘述（缺少 break 通常是 Java 程式碼中，發生錯誤的原因）。如果配對成功，則只執行對應的分支。如果用逗號分隔它們，也可以在同一分支中組合多個值。

範例程式 2.13　結合選項在 when 分支

```
fun getWarmth(color: Color) = when(color) {
    Color.RED, Color.ORANGE, Color.YELLOW -> "warm"
    Color.GREEN -> "neutral"
    Color.BLUE, Color.INDIGO, Color.VIOLET -> "cold"
}

>>> println(getWarmth(Color.ORANGE))
warm
```

這些範例使用列舉常數的全名，指定 Color 列舉類別的名稱。可以經由載入常數值來簡化程式碼。

範例程式 2.14　載入列舉常數不透過限定詞的存取

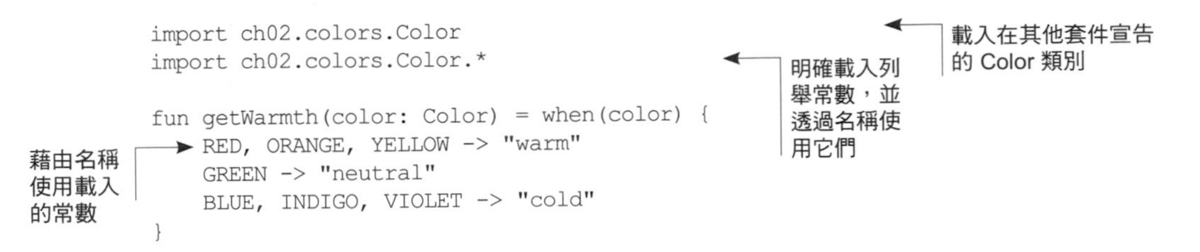

```
import ch02.colors.Color
import ch02.colors.Color.*

fun getWarmth(color: Color) = when(color) {
    RED, ORANGE, YELLOW -> "warm"
    GREEN -> "neutral"
    BLUE, INDIGO, VIOLET -> "cold"
}
```

載入在其他套件宣告的 Color 類別
明確載入列舉常數，並透過名稱使用它們
藉由名稱使用載入的常數

2.3.3　使用 when 於任意物件

Kotlin 中的 when 結構比 Java 的 switch 更強大。不同於 switch，它要求你使用常數（列舉常數、字串或數字文字）來作為分支條件，而 when 允許任何物件。如果顏色可以混合在這個小調色板中，讓我們撰寫一個混合兩種顏色的函式。不會有太多的選擇，你可以很容易地列舉它們。

範例程式 2.15　在 when 分支中使用不同物件

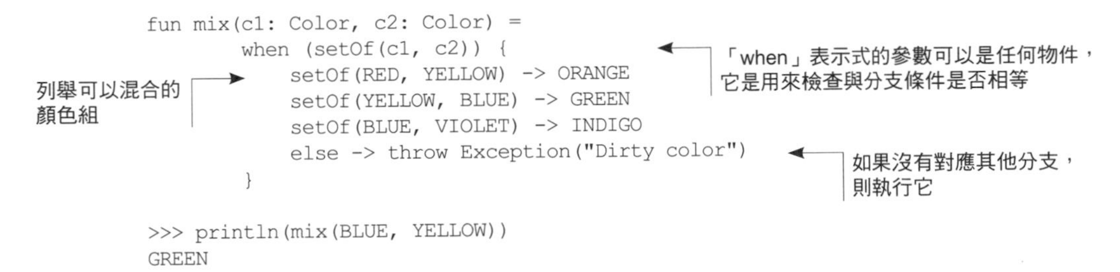

```
fun mix(c1: Color, c2: Color) =
        when (setOf(c1, c2)) {
            setOf(RED, YELLOW) -> ORANGE
            setOf(YELLOW, BLUE) -> GREEN
            setOf(BLUE, VIOLET) -> INDIGO
            else -> throw Exception("Dirty color")
        }
```

「when」表示式的參數可以是任何物件，它是用來檢查與分支條件是否相等
列舉可以混合的顏色組
如果沒有對應其他分支，則執行它

```
>>> println(mix(BLUE, YELLOW))
GREEN
```

如果顏色 c1 和 c2 是 RED 和 YELLOW（反之亦然），混合它們的結果是 ORANGE，依此類推。為了實作這點，使用集合來比較。Kotlin 標準函式庫包含一個函式 setOf，它建立一個包含指定為其參數的物件的 Set。一個**集合**（*set*）是項目順序無關緊要的聚集；如果它們包含相同的項目，則兩組是相等的。因此，如果集合 setOf(c1, c2) 和 setOf(RED, YELLOW) 相等，則意味著 c1 是 RED，並且 c2 是 YELLOW，反之亦然，這正是你想要檢查的。

when 表示式匹配所有分支的參數，直到滿足某個分支條件。因此，檢查 setOf(c1, c2) 是否相等：首先使用 setOf(RED, YELLOW)，然後使用其他顏色集合，一個接另一個。如果其他分支條件都不滿足，則執行 else 分支。

能夠使用任何表示式作為分支條件時，可以在許多情況下編寫簡潔優美的程式碼。在這個例子中，條件是一個相等性檢查；接下來，你會看到條件可能會是任何布林表示式。

2.3.4 使用沒有參數的 when

可能已經注意到，範例程式 2.15 的效率不高。每次呼叫此函式時，都會建立多個 Set 實例，而這些實例僅用於檢查兩個給定顏色，是否與其他兩種顏色相配對。通常這不是問題，但是如果經常呼叫函式，那麼值得用不同的方式重寫程式碼以避免建立垃圾。可以經由使用不帶參數的 when 表示式來完成此項任務。程式碼的可讀性會較差，但這是為了獲得更好的性能而付出的代價。

範例程式 2.16 沒有參數的 when

```
fun mixOptimized(c1: Color, c2: Color) =
    when {
        (c1 == RED && c2 == YELLOW) ||
        (c1 == YELLOW && c2 == RED) ->
            ORANGE

        (c1 == YELLOW && c2 == BLUE) ||
        (c1 == BLUE && c2 == YELLOW) ->
            GREEN

        (c1 == BLUE && c2 == VIOLET) ||
        (c1 == VIOLET && c2 == BLUE) ->
            INDIGO

        else -> throw Exception("Dirty color")
    }
>>> println(mixOptimized(BLUE, YELLOW))
GREEN
```

不帶參數的「when」

如果沒有為 when 表示式提供參數，分支條件是任何布林表示式。mixOptimized 功能與之前的混合功能完全相同，它的優點是它不用建立任何額外的物件，但代價是難以閱讀。

讓我們繼續看看**智慧轉型**融入 when 結構的例子。

2.3.5 智慧轉型：結合型態檢查及轉型

作為本節的範例，將編寫一個計算簡單運算式（如 (1 + 2) + 4 的函式。表示式將只僅包含一種型態的運算：兩個數字的和。其他運算（減法、乘法、除法）也可以用類似的方法來實作，你可以把它當作一個練習。

首先，如何編寫表示式？將它們儲存在一個樹狀結構中，其中每個節點是一個和（Sum） 或一個數字（Num）。Num 總是一個樹葉節點，而 Sum 節點會有兩個子節點，做為 sum 運算的參數。以下列表顯示了用於對表示式進行編碼的類別之簡單結構：稱為 Expr 的介面和實作它的兩個類別 Num 和 Sum。請注意，Expr 介面不會宣告任何方法。它被用作標記介面，為不同型態的表示式，提供一個通用型態。為了標記類別實作了一個介面，可以使用冒號（:）後面加上介面名稱：

範例程式 2.17　表示式類層次結構

```
interface Expr
class Num(val value: Int) : Expr
class Sum(val left: Expr, val right: Expr) : Expr
```

簡單的值物件類別，具有一個屬性值，實作 Expr 介面

Sum 運算的參數可以是任何 Expr：Num 或其他 Sum

Sum 儲存對 Expr 型態的 left、right 參數的引用；在這個小範例中，它們可以是 Num 或 Sum。要儲存前面提到的表示式 (1 + 2)+4，可以建立一個物件 Sum(Sum(Num(1), Num(2)), Num(4))。圖 2.4 顯示了它的樹狀結構。

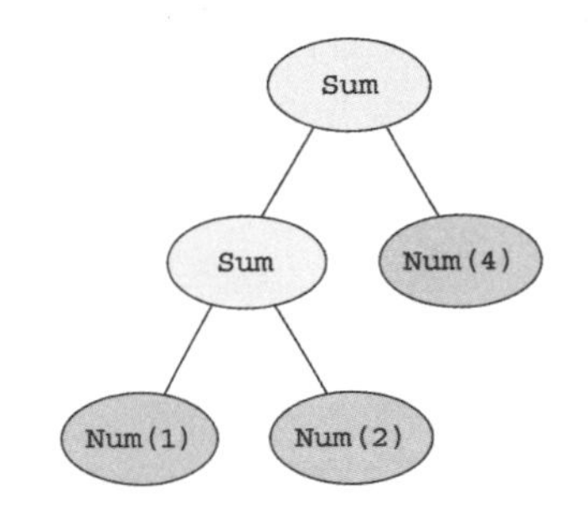

圖 2.4 表示式 **Sum(Sum(Num(1), Num(2)), Num(4))** 的圖像

現在讓我們看看如何計算表示式的值。估算範例表示式應回傳 7：

```
>>> println (eval(Sum(Sum(Num(1), Num(2)), Num (4))))
7
```

Expr 介面有兩個實作，所以必須嘗試兩個選項來估算一個表示式的結果值：

- 如果表示式是一個數字，則回傳對應的值。
- 如果是和，則必須估算左右表示式，並回傳它們的總和。

首先，我們用一般的 Java 方式編寫的這個函式，然後將它重構成 Kotlin 的形式。在 Java 中，可能會使用一系列 if 敘述來檢查選項，所以讓我們在 Kotlin 中使用相同的方法。

範例程式 2.18　用 if 串聯估算表示式

```
fun eval(e: Expr): Int {
    if (e is Num) {
        val n = e as Num
        return n.value
    }
```

這個明確的轉型為 Num 是多餘的

```
    if (e is Sum) {
        return eval(e.right) + eval(e.left)     ← 這個變數 e 是個智慧轉型
    }
    throw IllegalArgumentException("Unknown expression")
}
>>> println(eval(Sum(Sum(Num(1), Num(2)), Num(4))))
7
```

在 Kotlin 中，經由使用 is 檢查來檢查變數是否屬於某種型態。如果您用過 C# 撰寫程式，應該對這個符號會很熟悉。is 檢查與 Java 中的 instanceof 類似。但在 Java 中，如果已經檢查到變數具有某種型態，並需要存取該型態的成員，則需要在 instanceof 檢查之後，加上一個明顯的的轉換。當初始變數被多次使用時，通常會將轉換結果儲存在一個單獨的變數中。在 Kotlin 中，編譯器會為你做這個工作。如果檢查某個型態的變數，則不需要在之後進行轉型；可以使用它作為你檢查的型態。實際上，編譯器會為你執行強制轉型，我們將其稱為**智慧轉型**（*smart cast*）。

```
if (e is Sum) {
    return eval(e.right) + eval(e.left)
}
```

圖 2.5 IDE 使用背景顏色突出顯示智慧轉型

在 eval 函式中，檢查變數 e 是否具有 Num 型態之後，編譯器將其解釋為 Num 變數。接著，可以存取 Num 的 value 屬性，而無需強制轉型：e.value。Sum 的 right、left 屬性也是如此：在對應的上下文中只寫入 e.right 和 e.left。在 IDE 中，這些智慧轉型的值被背景顏色強調，所以很容易掌握這個值是否被預先檢查過。請參閱圖 2.5。

只有在檢查後變數不能改變時，智慧轉型才能正常工作。當使用具有類別屬性的智慧轉型（如本例中）時，屬性必須是 val，並且不能具有客製化存取器。否則，將無法驗證對該屬性的每次存取都會回傳相同的值。對特定型態的明確轉型經由 as 關鍵字表示：

```
val n = e as Num
```

現在讓我們來看看如何將 eval 函式重構成一個更習慣的 Kotlin 風格。

2.3.6 重構：將 if 替換為 when

Kotlin 中的 if 與 Java 中的 if 有什麼區別？你已經看到了不同。在本章的開頭，看到在 Java 中有一個三元運算子的上下文中使用 if 表達式：if (a > b) a else b 像 Java 的 a > b ? a : b 一樣。在 Kotlin 中，沒有三元運算子，因為與 Java 不同，if 表示式回傳一個值。這意味著你可以重寫 eval 函式，使用表示式主體語法，刪除 return 敘述和大括號，並使用 if 表示式作為函式主體。

範例程式 2.19　使用回傳值的 if 表示式

```
fun eval(e: Expr): Int =
    if (e is Num) {
        e.value
    } else if (e is Sum) {
        eval(e.right) + eval(e.left)
    } else {
        throw IllegalArgumentException("Unknown expression")
    }

>>> println(eval(Sum(Num(1), Num(2))))
3
```

如果 if 分支中只有一個表示式，則大括號是可忽略的。如果一個 if 分支是一個區塊，那麼最後一個表示式會被回傳。

讓我們更深入地研究這段程式碼，並用 when 來重寫它。

範例程式 2.20　使用 when 取代 if 串聯

```
fun eval(e: Expr): Int =
    when (e) {
        is Num ->
            e.value
        is Sum ->
            eval(e.right) + eval(e.left)
        else ->
            throw IllegalArgumentException("Unknown expression")
    }
```

在此應用智慧轉型

檢查參數型態的「when」分支

之前看到 when 表示式不限於檢查值是否相等。在這裡使用了不同的分支形式，允許檢查 when 參數值的型態。就像範例程式 2.19 中的 if 例子一樣，型態檢查會應用一個智慧轉型，所以可以存取 Num 和 Sum 的成員而不需要額外的轉型。

比較 eval 函式的最後兩個 Kotlin 版本，並考慮如何在自己的程式碼中替換 if 表示式的序列。當分支邏輯很複雜時，可以使用區塊表示式作為分支主體。讓我們看看這是如何運作的。

2.3.7　作為 if 和 when 分支的區塊

如果 if 和 when 有區塊作為分支。在這種情況下，區塊中的最後一個表示式就是結果。如果想添加日誌到範例函式，可以在區塊中完成，並回傳最後一個值。

範例程式 2.21　在分支中使用 when 複合動作

```
fun evalWithLogging(e: Expr): Int =
    when (e) {
        is Num -> {
            println("num: ${e.value}")
            e.value            ← 這是區塊中的最後一個表示式，如果
        }                        e 是 Num 型態，則回傳該表示式
        is Sum -> {
            val left = evalWithLogging(e.left)
            val right = evalWithLogging(e.right)
            println("sum: $left + $right")      如果 e 是 Sum 型態，
        left + right                         ← 則回傳該表示式
    }
    else -> throw IllegalArgumentException("Unknown expression")
}
```

現在可以查看由 evalWithLogging 函式按照計算順序印出的日誌，：

```
>>> println(evalWithLogging(Sum(Sum(Num(1), Num(2)), Num(4))))
num: 1
num: 2
sum: 1 + 2
num: 4
sum: 3 + 4
7
```

規則「區塊中的最後一個表示式就是結果」適用於所有可以使用區塊，並預期結果的情況。正如在本章最後所看到的，同樣的規則適用於 try 主體和 catch 敘述，第 5 章將會討論它在 lambda 表示式中的應用，但正如我們在第 2.2 節中所提到的，這個規則並不適用於一般函式。函式可以是一個不是區塊的表示式主體，或者有一個明確帶有 return 敘述的區塊主體。

已經熟悉了 Kotlin 在眾多方面選擇正確東西的方法。現在是看看如何迭代的好時機。

2.4　迭代事物：while 和 for 迴圈

在本章討論的所有功能中，Kotlin 中的迭代可能與 Java 最為相似。while 迴圈與 Java 中的 while 迴圈相同，所以在本節的開始部分僅作簡短的介紹。for 迴圈僅以一種形式存在，相當於 Java 的 for-each 迴圈。它格式如 C# 所使用的，為 for <item> in <elements>。這個迴圈的最常見的應用是迭代集合，就像在 Java 中一樣。我們將探討在其他迴圈場景中，要如何使用。

2.4.1 while 迴圈

Kotlin 有 while 和 do-while 迴圈，它們的語法與 Java 中所對應的迴圈沒有差別：

```
while (condition) {        ← 當條件成立時，
    /*...*/                   主體被執行
}

do {
    /*...*/                   第一次無條件執行主體。
} while (condition)     ←   之後，則在條件成立時執行
```

Kotlin 並沒有給這些簡單的迴圈帶來新的東西，所以我們不會花太多時間在這。讓我們繼續討論 for 迴圈的各種用法。

2.4.2 迭代數字：區間和級數

正如剛剛提到的那樣，在 Kotlin 中沒有 Java 的 for 迴圈規則，如初始化一個變數、在迴圈中的每一步更新它的值、當值達到一定的界限時退出迴圈。為了替換這種最常見的迴圈形式，Kotlin 使用了**區間**（*range*）的概念。

區間基本上只是兩個值之間的間隔，通常是數字：開始和結束。這裡使用 .. 運算子來編寫：

```
val oneToTen = 1..10
```

請注意，Kotlin 中的區間是**封閉**或**包含**，意味著第二個值始終是區間的一部分。

可以用整數區間做的最基本的事情是迭代所有的值。如果可以迭代一個區間內的所有值，那麼這個區間被稱為一個**級數**（*progression*）。

我們使用整數區間來玩 Fizz-Buzz 遊戲。玩家輪流增加計數，用 *fizz* 代替任何可被 3 整除的數字，而用 *buzz* 代替可被 5 整除的數字。如果一個數字是 3 和 5 的倍數，則會說「FizzBuzz」。

以下範例程式印出從 1 到 100 的正確答案。注意要如何用沒有參數的 when 表示式，來檢查可能的條件。

範例程式 2.22　使用 when 來實作 Fizz-Buzz 遊戲

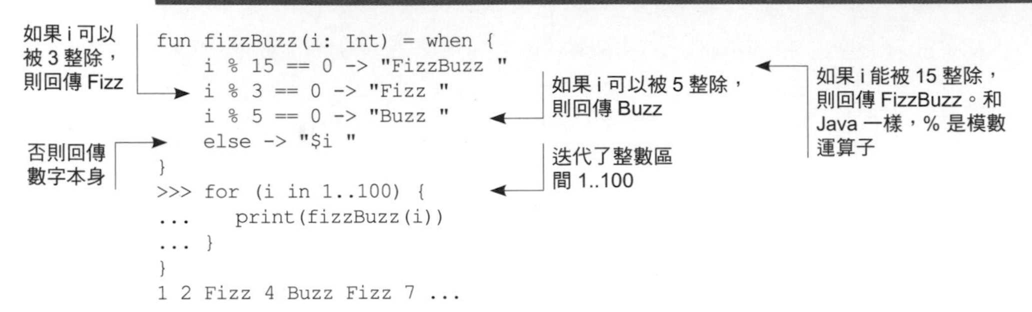
如果 i 可以被 3 整除，則回傳 Fizz
否則回傳數字本身
fun fizzBuzz(i: Int) = when {
i % 15 == 0 -> "FizzBuzz "
i % 3 == 0 -> "Fizz "
i % 5 == 0 -> "Buzz "
else -> "$i "
}
>>> for (i in 1..100) {
... print(fizzBuzz(i))
... }
}
1 2 Fizz 4 Buzz Fizz 7 ...
如果 i 可以被 5 整除，則回傳 Buzz
迭代了整數區間 1..100
如果 i 能被 15 整除，則回傳 FizzBuzz。和 Java 一樣，% 是模數運算子

假設厭倦了這些規則，並且想把事情弄複雜一點。可以從 100 開始倒數，而且只包含偶數。

範例程式 2.23　用一個步驟迭代一個區間

```
>>> for (i in 100 downTo 1 step 2) {
...     print(fizzBuzz(i))
... }
Buzz 98 Fizz 94 92 FizzBuzz 88 ...
```

現在，正在迭代一個有一個 *step* 的級數，從而可以跳過一些數字。這個步驟也可能是負的，在這種情況下，級數是向後而不是向前。在這個例子中，`100 downTo 1` 是一個向後的級數（step -1）。然後，`step` 將階數的絕對值更改為 2，同時保持方向（實際上，將階數設置為 -2）。

正如前面提到的，.. 語法總是建立一個包含結束點（右邊的值 ..）的區間。在許多情況下，迭代半封閉區間（不包括指定的終點）會更方便。要建立這樣一個區間，請使用 `until` 函式。例如，`for (x in 0 until size)` 等於 `for (x in 0..size-1)`，但它更清楚地表達了這個想法。之後在第 3.4.3 節中，將學習到更多關於 `downTo`、`step` 和 `until` 這些語法的範例。

可以看到如何使用區間和級數來幫助應對 FizzBuzz 遊戲的進階規則。現在來看看使用 `for` 迴圈的其他範例。

2.4.3　迭代映射

我們已經提到使用 `for ... in` 迴圈的最常見的場景是迭代一個集合。這和 Java 中的一樣，所以不會多做描述。現在來看看如何迭代映射（map）。

作為一個例子，我們將看一個印出字元的二進位表示法的小程式。將這些二進位表示法儲存在映射中（僅用於說明目的）。下面的程式碼建立一個映射，並用一些字母的二進位表示法充填映射，然後印出映射的內容。

範例程式 2.24 初始化且迭代映射

```
val binaryReps = TreeMap<Char, String>()   ← 使用 TreeMap，以便對鍵值進行排序

for (c in 'A'..'F') {                          ← 使用一系列字元迭代從 A 到 F 的字元
    val binary = Integer.toBinaryString(c.toInt())   ← 將 ASCII 碼轉換為二進位
    binaryReps[c] = binary                     ← 經由 c 將值儲存在映射中
}

for ((letter, binary) in binaryReps) {       ← 迭代映射，將映射鍵值和值指派給兩個變數
    println("$letter = $binary")
}
```

建立區間的 .. 語法不僅適用於數字，也適用於字元。在這裡，可以使用它迭代從 *A* 到 *F* 的所有字元。

範例程式 2.24 顯示了 `for` 迴圈允許解開（unpack）正在迭代的集合的元素（在這種情況下，是映射中的鍵 / 值對的集合）。將解開後的結果儲存在兩個單獨的變數中：`letter` 接收鍵值，`binary` 接收值。稍後在第 7.4.1 節中，將會了解更多關於這個解開語法的內容。

範例程式 2.24 中使用的另一個很好的技巧是，經由鍵值來獲取和更新映射值的簡寫語法。可以使用 `map[key]` 讀取值，並使用 `map[key] = value` 來設置它們，而不是呼叫 `get` 和 `put`。程式碼

```
binaryReps[c] = binary
```

相當於它的 Java 版本：

```
binaryReps.put(c, binary)
```

輸出類似於以下結果（已經安排在兩列）：

```
A = 1000001    D = 1000100
B = 1000010    E = 1000101
C = 1000011    F = 1000110
```

可以使用相同的解套件語法來迭代集合，同時追蹤目前項目的索引值。不需要建立一個單獨的變數來儲存以及手動增加索引值：

```
val list = arrayListOf("10", "11", "1001")
for ((index, element) in list.withIndex()) {    ◄── 迭代帶有索引值的集合
    println("$index: $element")
}
```

程式碼印出所期望的結果：

```
0: 10
1: 11
2: 1001
```

我們將在下一章深入討論 withIndex。

你已經了解如何使用 in 關鍵字迭代區間或一集合。也可以用來檢查一個值是否屬於區間或一集合。

2.4.4 使用 in 來檢查集合和區間的成員

可以使用 in 運算子來檢查值是否在區間內，或者是與它相反的 !in，來檢查值是否不在區間內。以下是如何使用它來檢查字元是否屬於某個字元區間。

範例程式 2.25 使用 in 檢查區間成員

```
fun isLetter(c: Char) = c in 'a'..'z' || c in 'A'..'Z'
fun isNotDigit(c: Char) = c !in '0'..'9'

>>> println(isLetter('q'))
true
>>> println(isNotDigit('x'))
true
```

這種檢查字元是否為字母的技術看起來很簡單。雖然不明顯，但沒有任何棘手的事情發生：檢查字元的程式碼仍然是在，程式碼第一個字母和最後一個字母之間的某處。但是這個邏輯簡明地隱藏在標準函式庫的區間類別實作裡：

```
c in 'a'..'z'    ◄── 轉換為 a <= c && c <= z
```

in 和 !in 運算子也能在 when 表示式中應用。

範例程式 2.26　使用 in 檢查 when 分支

```
fun recognize(c: Char) = when (c) {
      in '0'..'9' -> "It's a digit!"
      in 'a'..'z', in 'A'..'Z' -> "It's a letter!"
      else -> "I don't know…"
}
>>> println(recognize('8'))
It's a digit!
```

檢查值是否在 0 到 9 的區間內

可以組合多個區間

區間也不限於字元。如果有任何支援比較實例的類別（經由實作 java.lang.Comparable 介面），則可以建立該型態的物件區間。如果有這樣一個區間，你無法列舉區間內的所有物件。試想一下，例如你能列舉「Java」和「Kotlin」之間的所有字串嗎？你不能。但是仍然可以使用 in 運算子來檢查另一個物件是否屬於該區間：

```
>>> println("Kotlin" in "Java".."Scala")
true
```

與 "Java" <= "Kotlin" && "Kotlin" <= "Scala" 相同

請注意，字串在這裡按字母順序進行比較，因為這是 String 類別實作 Comparable 介面的方式。

在集合中也能使用 in 檢查：

```
>>> println("Kotlin" in setOf("Java", "Scala"))
false
```

這個集合不包含字串「Kotlin」

稍後在第 7.3.2 節中，將看到如何使用區間和級數來處理自己的資料型態，以及你可以使用 in 檢查哪些物件。

本章還有一組 Java 敘述：處理例外的敘述。

2.5　Kotlin 的例外

Kotlin 中的例外處理類似於 Java 和其他語言中的例外處理。一個函式可以用正常的方式完成，或者在發生錯誤時丟出例外。函式呼叫者可以捕獲這個例外並處理它；如果沒有，這個例外就會重新進入堆疊。

Kotlin 中例外處理敘述的基本形式與 Java 相似。以一種不奇怪的方式丟出例外：

```
if (percentage !in 0..100) {
      throw IllegalArgumentException(
            "A percentage value must be between 0 and 100: $percentage")
}
```

與所有其他類別一樣，不必使用關鍵字 new 來建立例外的實例。

與 Java 不同，在 Kotlin 中，throw 結構是一個表示式，可以用作其他表示式的一部分：

```
val percentage =
    if (number in 0..100)
        number
    else
        throw IllegalArgumentException(        ← 「throw」是一表示式
            "A percentage value must be between 0 and 100: $number")
```

在這個例子中，如果條件滿足，程式正常執行，變數 percentage 用 number 初始化。否則，丟出一個例外，並且該變數不被初始化。我們將在第 6.2.6 節中討論作為其他表示式一部分的 throw 技術細節。

2.5.1 try、catch、finally

就像在 Java 中一樣，可以使用帶有 catch 和 finally 敘述的 try 結構來處理例外。可以在以下範例程式中看到它，它從給定檔案中讀取一行，嘗試將其解析為數字，並回傳數字，如果該行不是有效數字，則回傳 null。

範例程式 2.27　在 Java 中使用 try

```
fun readNumber(reader: BufferedReader): Int? {     ← 不必明確指定就可以從此函式丟出的例外
    try {
        val line = reader.readLine()
        return Integer.parseInt(line)
    }
    catch (e: NumberFormatException) {             ← 例外型態在右側
        return null
    }
    finally {                                      ← 「finally」和 Java 的一樣
        reader.close()
    }
}

>>> val reader = BufferedReader(StringReader("239"))
>>> println(readNumber(reader))
239
```

與 Java 最大的區別在於 throws 子句在程式碼中不存在了：如果你用 Java 編寫這個函式，可以在函式宣告之後，寫出 throws IOException。而你也需要這樣做，因為 IOException 是一個**檢查過的例外**。在 Java 中，這是一個需要明確處理的例外。必須宣告你的函式可以丟出的所有檢查過的例外，如果呼叫另一個函式，你需要處理它的檢查例外，或者宣告你的函式也可以丟出例外。

就像許多其他現代 JVM 語言一樣，Kotlin 不區分檢查過和未檢查過的例外。不指定函式丟出的例外，可能會也可能不會處理任何例外。這個設計決定是基於在 Java 中使用檢查例外的做法。經驗顯示，Java 規則通常需要大量無意義的程式碼來重新丟出或忽略例外，規則並不能始終如一地保護你免受可能發生的錯誤影響。

舉例來說，在範例程式 2.27 中，`NumberFormatException` 不是一個檢查過的例外。因此，Java 編譯器不會強制你去捕捉它，你可以很容易地在執行時看到例外發生。這是很不幸的，因為無效的輸入資料是很常見的情況，應該要適度地處理。同時，`BufferedReader.close` 方法可以丟出 `IOException`，這是一個檢查過的例外，需要被處理。如果關閉一個資料流失敗，大多數程式不能採取任何有意義的行動，所以需要從 `close` 方法捕獲例外的程式碼。

那麼 Java 7 的 `try-with-resources` 呢？Kotlin 對此沒有任何特殊的語法。它被實作為一個函式庫函式。在第 8.2.5 節中，你會看到它是如何使用的。

2.5.2 作為表示式的 try

為了看到 Java 和 Kotlin 之間的另一個顯著差異，讓我們稍微修改一下這個例子。讓我們刪除最後一節（因為已經看到了這是如何執行的），並加入一些程式碼，來印出從檔案中讀取的數字。

範例程式 2.28 使用作為表示式的 `try`

```
fun readNumber(reader: BufferedReader) {
    val number = try {
        Integer.parseInt(reader.readLine())      ← 成為「try」表示式的值
    } catch (e: NumberFormatException) {
        return
    }

    println(number)
}

>>> val reader = BufferedReader(StringReader("not a number"))
>>> readNumber(reader)      ← 不會印出任何東西
```

Kotlin 中的 `try` 關鍵字就像 `if` 和 `when` 一樣引入一個表示式，並且可以將它的值指派給一個變數。而與 `if` 不同的是，總是需要用大括號把敘述主體括起來。正如在其他敘述中一樣，如果主體包含多個表示式，則整個 `try` 表示式的值就是最後一個表示式的值。

這個例子在 catch 中放置了一個 return 敘述，所以這個函式的執行不會在 catch 之後繼續。如果想繼續執行，catch 子句還需要有一個值，這個值將是其中最後一個表示式的值。以下是它如何執行的範例。

範例程式 2.29 在 catch 中回傳值

```
fun readNumber(reader: BufferedReader) {
    val number = try
        { Integer.parseInt(reader.readLine(
        ))                                          ← 當沒有例外發生時使用此值
    } catch (e: NumberFormatException) {
        null                                        ← 在出現例外的情況下使用 null
    }

    println(number)
}

>>> val reader = BufferedReader(StringReader("not a number"))
>>> readNumber(reader)
null  ← 一個例外被丟出，所以函式印出「null」
```

如果 try 程式碼區塊正常執行，區塊中的最後一個表示式就是結果。如果捕獲到例外，則對應的 catch 中，最後一個表示式就是結果。在範例程式 2.29 中，如果捕獲到一個 NumberFormatException，結果值為 null。

在這個時候，如果覺得不耐煩，可以用類似於 Java 程式碼的方式，開始在 Kotlin 編寫程式。當閱讀本書時，將繼續學習如何改變你習慣的思考方式，並全力使用這個新語言。

2.6 總結

- fun 關鍵字用於宣告一個函式。val 和 var 關鍵字分別用於宣告唯讀和可變變數。
- 字串樣板可以幫助避免嘈雜的字串串聯。用 $ 前導變數名稱或用 ${} 包圍表示式，將其值插入到字串中。
- 在 Kotlin 中，值 - 物件（value-object）類別以簡潔的方式表達。
- 熟悉的 if 現在是一個帶有回傳值的表示式。
- when 表示式類似於在 Java 的 switch，但功能更為強大。

- 在檢查變數具有特定型態後，不必明確地轉換變數：編譯器會使用智慧轉型自動轉換型態。
- `for`、`while` 和 `do-while` 迴圈與 Java 中的迴圈類似，但 `for` 迴圈現在更方便，特別是當需要使用索引值來迭代映射或集合時。
- 可以使用 `1..5` 這樣簡潔的語法來建立一個區間。區間和級數允許 Kotlin 在 `for` 迴圈中使用統一的語法和抽象集合，還可以與 `in` 和 `!in` 運算子一起使用，以檢查值是否在區間內。
- Kotlin 中的例外處理與 Java 中的例外處理非常相似，只是 Kotlin 不會要求你宣告經由函式丟出的例外。

3 定義和呼叫函式

本章涵蓋：

- 用於處理聚集、字串和正規表示式的函式
- 使用命名參數、預設參數值和中序呼叫語法
- 透過繼承函式和屬性使 Java 函式庫適用於 Kotlin
- 用頂層和區域函式和屬性結構程式碼

到目前為止，使用 Kotlin 的方法與使用 Java 的方法相當一致。你已經了解如何將熟悉的概念從 Java 轉化為 Kotlin，以及 Kotlin 如何使它們更加簡潔和可讀性。

在本章中，將看到 Kotlin 如何改善每個程式的關鍵元素之一：宣告和呼叫函式。我們還將研究透過使用繼承函式，使 Java 函式庫適用於 Kotlin，從而能夠在混合語言的專案中，使用到 Kotlin 的全部優點。

為了讓我們的討論更有用且較不抽象，我們將把 Kotlin 聚集（collection）、字串和正規表示式作為我們的問題。首先來看看如何在 Kotlin 中建立聚集。

3.1 建立 Kotlin 的聚集

在使用聚集之前，需要學習如何建立它們。第 2.3.3 節中，碰到了建立一個新集合（set）的方式：使用 setOf 函式，並用它建立一組顏色。但現在，讓我們使用簡單的數字：

```
val set = hashSetOf(1, 7, 53)
```

可以用類似的方式建立一個串列（list）或映射（map）：

```
val list = arrayListOf(1, 7, 53)
val map = hashMapOf(1 to "one", 7 to "seven", 53 to "fifty-three")
```

請注意，to 不是一個特殊的建構，而是一個正常的函式。我們稍後會在本章回來談到它。

能猜到這裡建立的物件的類別嗎？執行下面的例子來看看是什麼：

```
>>> println(set.javaClass)
class java.util.HashSet

>>> println(list.javaClass)
class java.util.ArrayList

>>> println(map.javaClass)
class java.util.HashMap
```

Kotlin 的 javaClass 相當於 Java 的 getClass()

如你所見，Kotlin 使用標準的 Java 聚集類別。這對 Java 開發人員來說是個好消息：Kotlin 沒有自己的聚集類別。所有關於 Java 聚集的現有知識，在 Kotlin 仍然適用。

為什麼沒有 Kotlin 的聚集？因為使用標準 Java 聚集，使得與 Java 程式碼交互作用變得更加容易。當從 Kotlin 呼叫 Java 函式時，不需要以某種方式轉換聚集，反之亦然。

儘管 Kotlin 的聚集與 Java 的完全一樣，但在 Kotlin 中可以做到更多的事情。舉例來說，可以獲取串列中的最後一個元素，或者在數字集合中找到最大值：

```
>>> val strings = listOf("first", "second", "fourteenth")

>>> println(strings.last())
fourteenth

>>> val numbers = setOf(1, 14, 2)
```

```
>>> println(numbers.max())
14
```

在本章中，我們將詳細探討它如何運作，以及 Java 類別的所有新方法的來源。

在之後的章節中，當開始討論 lambda 表示式時，會看到更多關於聚集的資訊，但是將繼續使用相同的標準 Java 聚集類別。在第 6.3 節中，將學習如何在 Kotlin 型態系統中表示 Java 聚集類別。

在討論神奇的 `last` 和 `max` 函式如何在 Java 聚集上運作之前，讓我們先來看看一些用於宣告函式的新概念。

3.2　建立方便呼叫的函式

現在已經知道如何建立元素的聚集，我們就直接來做一件事：印出聚集內容。如果這看起來過於簡單，別擔心，之後將會看到一些重要的概念。

Java 聚集有一個預設的 `toString` 實作，但其輸出格式是固定的，因此不一定會符合你的需求：

```
>>> val list = listOf(1, 2, 3)
>>> println(list)                  ←— 呼叫 toString()
[1, 2, 3]
```

試想一下，你需要用分號分隔元素，並用括號括起來，而不是預設實作使用的括號：`(1; 2; 3)`。為了解決這個問題，Java 專案使用 Guava 和 Apache Commons 等第三方函式庫，或者重新實作專案內部的邏輯。在 Kotlin 中，處理一函式是標準函式庫的一部分。

在本節中，你將自己實作此函式，將從一個簡單的實作開始，不使用 Kotlin 的公用程式來簡化宣告函式，然後將用更習慣的方式來覆寫它。

接下來顯示的 `joinToString` 函式將聚集的元素附加到 `StringBuilder`，它們之間有一個分隔符號，開頭為前序，結尾為後序。

範例程式 3.1　`joinToString()` 的初始實作

```
fun <T> joinToString(
        collection: Collection<T>,
        separator: String,
        prefix: String,
        postfix: String
): String {
```

```
    val result = StringBuilder(prefix)

    for ((index, element) in collection.withIndex()) {
        if (index > 0) result.append(separator)      ◀── 不要在第一個元素之前
        result.append(element)                            附加分隔符號
    }

    result.append(postfix)
    return result.toString()
}
```

這函式是通用的：它能用在包含任何型態的元素聚集上。泛型的語法與 Java 類似。（在第 9 章中，將更詳細討論有關泛型的主題。）

讓我們來驗證這個函式的原理：

```
>>> val list = listOf(1, 2, 3)
>>> println(joinToString(list, "; ", "(", ")"))
(1; 2; 3)
```

實作沒有問題。接下來我們將關注宣告的部分：該怎樣改善冗長的函式呼叫？也許可以避免每次呼叫函式時都要傳遞四個參數。現在來看看能做什麼。

3.2.1 命名參數

要解決的第一個問題是函式呼叫的可讀性。舉例來說，看下面的 `joinToString` 呼叫：

```
joinToString(collection, " ", " ", ".")
```

能辨識出這些字串對應的參數嗎？元素是由空格還是點分隔的？如果不看函式的簽章（signature），這些問題很難回答。也許你記得，又或者 IDE 可以提示你，但是在呼叫程式碼中，它並不明顯。

這個問題在布林標誌中特別常見。為了解決這個問題，一些 Java 程式風格建議使用列舉，而不是使用布林值。甚至會要求在註解中，明確指定參數名稱，如下面的範例所示：

```
/* Java */
joinToString(collection, /* separator */ " ", /* prefix */ " ",
    /* postfix */ ".");
```

而使用 Kotlin，可以做得更好：

```
joinToString(collection, separator = " ", prefix = " ", postfix = ".")
```

當呼叫 Kotlin 撰寫的函式時，可以指定傳遞給函式的一些參數名稱。如果在呼叫中指定參數名稱，則還應指定所有參數名稱，以避免混淆。

提示 >>> 如果重新命名正在呼叫的函式參數，IntelliJ IDEA 可以保持寫入的參數名稱為最新的。只需確保使用 Rename 或 Change Signature，而不是手動編輯參數名稱。

警告 >>> 不幸的是，當呼叫 Java 撰寫的方法時，不能使用命名參數，包括 JDK 和 Android 框架中的方法。支援將參數名稱儲存在 .class 檔案中作為可選功能，僅從 Java 8 開始，而 Kotlin 與 Java 6 保持相容，因此編譯器無法識別呼叫中使用的參數名稱，並將其與方法定義相配對。

接下來就會看到，命名參數在預設參數值下運作得非常好。

3.2.2 預設參數值

另一個常見的 Java 問題是，某些類別中的多載方法過多。只要看看 `java.lang.Thread` 及其八個建構函式（http://mng.bz/4KZC）！為了向下相容和方便 API 使用者或其他原因，可以提供多載，但最終結果是相同的：造成重複。參數名稱和型態一遍又一遍地重複，如果你是一個良好公民，也必須重複每個多載的大部分文件。同時，如果呼叫一個忽略某些參數的多載，則會不清楚使用哪些值。

在 Kotlin 中，通常可以避免建立多載，因為可以在函式宣告中，指定參數的預設值。我們用它來改進 `joinToString` 函式。對於大多數情況下，字串可以用逗號分隔，而不用任何前序或後序。所以，讓我們把這些值作為預設值。

範例程式 3.2　以預設參數值宣告 joinToString()

```
fun <T> joinToString(
        collection: Collection<T>,
        separator: String = ", ",
        prefix: String = "",
        postfix: String = ""
): String
```

帶有預設值的參數

現在可以用所有的參數呼叫函式，或者省略一些參數：

```
>>> joinToString(list, ", ", "", "")
1, 2, 3
>>> joinToString(list)
1, 2, 3
>>> joinToString(list, "; ")
1; 2; 3
```

使用正規呼叫語法時，必須按照與函式宣告中相同的順序來指定參數，並且只能省略後面參數。如果使用命名參數，則可以從串列中間省略一些參數，並按所需順序指定所需的參數：

```
>>> joinToString(list, suffix = ";", prefix = "# ")
# 1, 2, 3;
```

請注意，參數預設值是在被呼叫的函式中編碼，而不是在呼叫端。如果更改預設值，並重新編譯包含該函式的類別，未給予指定值的參數，將使用新的預設值開始。

預設值和 Java

鑑於 Java 不具有預設參數值的概念，當使用 Java 的預設參數值呼叫 Kotlin 函式時，必須指定所有參數值。如果經常需要從 Java 呼叫一個函式，並且希望更容易使用 Java 呼叫者，則可以使用 `@JvmOverloads` 對其註解。這會指示編譯器產生 Java 多載方法，從最後一個開始逐個省略每個參數。

例如，如果使用 `@JvmOverloads` 註解 `joinToString`，則會產生以下多載：

```
/* Java */
String joinToString(Collection<T> collection, String separator, String prefix,
    String postfix);

String joinToString(Collection<T> collection, String separator,
    String prefix);

String joinToString(Collection<T> collection, String separator);

String joinToString(Collection<T> collection);
```

每個多載使用從簽章中省略的參數之預設值。

到目前為止，你一直在研究你的公用程式之函式，而沒有太在意周圍的內文。當然，這肯定是一些在範例清單中沒有顯示的類別方法，對吧？事實上，Kotlin 能夠使這變得不必要。

3.2.3 擺脫靜態公用程式類別：頂層函式和屬性

我們都知道 Java 作為一種物件導向語言，要求所有程式碼都被寫成類別的方法。在一般情況下，這樣沒有問題；但實際上，幾乎所有的大型專案都會有很多不屬於任何一個類別的程式碼。有時候，兩個不同類別的物件一起工作，對它有同樣重要的作用。有時候有一個主物件，但是你不想透過加入運作當作一個實例方法（instance method）來膨脹它的 API。

因此，最終得到的類別不包含任何狀態或實例方法，並且充當一堆靜態方法的容器。一個不錯的例子是 JDK 中的 `Collections` 類別，要在自己的程式碼中尋找其他範例，請尋找 `Util` 當作部分名稱的類別。

在 Kotlin，不需要建立所有那些毫無意義的類別。相反地，你可以將函式直接放在檔案的頂層，而不是任何類別外面。這些函式仍然是在檔案頂層宣告的套件成員，如果想從其他套件中呼叫它們，仍然需要導入它們，但是沒有必要的額外巢狀結構不再存在。

讓我們把 `joinToString` 函式直接放到 `strings` 套件中。使用以下內容建立一個名為 join.kt 的檔案。

範例程式 3.3　將 `joinToString()` 宣告為頂層函式

```
package strings

fun joinToString(...): String { ... }
```

這是如何運行的？當編譯檔案時，會產生一些類別，因為 JVM 只能在類別中執行程式碼。當只使用 Kotlin 時，你就需要知道這些。但是如果需要從 Java 呼叫這樣的函式，必須了解它如何被編譯。為了清楚起見，我們來看看可以編譯到同一個類別的 Java 程式碼：

```
/* Java */
package strings;

public class JoinKt {                              <- 對應 join.kt，範例程式 3.3 的檔案名稱
    public static String joinToString(...) { ... }
}
```

可以看到 Kotlin 編譯器產生的類別名稱，對應於包含該函式的檔案名稱。檔案中的所有頂層函式都被編譯為該類別的靜態方法。因此，從 Java 呼叫這個函式，就像呼叫其他任何靜態方法一樣簡單：

```
/* Java */
import strings.JoinKt;

...

JoinKt.joinToString(list, ", ", "", "");
```

更改檔案類別名稱

要更改包含 Kotlin 頂層函式的產生類別名稱，請在檔案中加入 @JvmName 註解。把它放在檔案開頭，套件名稱之前：

```
@file:JvmName("StringFunctions")    ← 以註解來指定類別名稱

package strings    ← 套件的敘述跟隨在檔案註解之後。

fun joinToString(...): String { ... }
```

現在可以用下面的方式呼叫這個函式：

```
/* Java */
import strings.StringFunctions;
StringFunctions.joinToString(list, ", ", "", "");
```

稍後在第 10 章會詳細討論註解語法。

頂層屬性

就像函式一樣，屬性可以放在檔案的頂層。不會經常需要在類別以外儲存單個資料欄位，但這仍然有用。

例如，可以使用 var 屬性來計算某個行為的執行次數：

```
var opCount = 0    ← 宣告一個頂層屬性

fun performOperation() {
    opCount++    ← 更改屬性的值
    // ...
}

fun reportOperationCount() {
    println("Operation performed $opCount times")    ← 讀取屬性的值
}
```

這樣一個屬性的值將被儲存在一個靜態欄位中。

頂層屬性還允許在程式碼中定義常數：

```
val UNIX_LINE_SEPARATOR = "\n"
```

預設情況下，頂層屬性就像任何其他屬性一樣，作為存取器方法（`val` 屬性的 getter 和 `var` 屬性的 getter / setter）公開給 Java 程式碼。如果想把一個常數作為 `public static final` 欄位揭發給 Java 程式碼，為了使它更加自然，你可以用 `const` 修飾符（原始型態的屬性，如 `String`）來標記它：

```
const val UNIX_LINE_SEPARATOR = "\n"
```

就會獲得以下相等的 Java 程式碼：

```
/* Java */
public static final String UNIX_LINE_SEPARATOR = "\n";
```

你已經改進了最初的 `joinToString` 公用程式函式了，現在讓我們看看如何讓它使用起來更加方便。

3.3 將方法加入其他人的類別：繼承函式和屬性

Kotlin 的主要主題之一是與現有程式碼的結合。即使純 Kotlin 專案也是建立在諸如 JDK、Android 框架和其他第三方框架等 Java 函式庫之上。當把 Kotlin 加進一個 Java 專案中時，你也正在處理那些還沒有、或者不會被轉換成 Kotlin 的 Java 程式碼。在使用這些 API 的時候，如果能夠使用 Kotlin 的所有細節，而不必覆寫它們是不是很好？這就是繼承函式允許你能做的事情。

從概念上講，**繼承函式**（*extension function*）是件簡單的事：它是一個可以作為類別成員呼叫的函式，但在其外部被定義。為了示範這點，我們將加入一個方法，用以計算字串最後一個字元作為範例：

```
package strings

fun String.lastChar(): Char = this.get(this.length - 1)
```

需要做的就是要在加入的函式名稱之前，加上繼承的類別或介面名稱。這個類別名稱被稱為**接收端型態**；呼叫繼承函式的值被稱為**接收端物件**，如圖 3.1 所示。


```
fun String.lastChar(): Char = this.get(this.length - 1)
```

圖 3.1　接收端型態是定義繼承的型態，接收端物件是該型態的實例

也可以使用與普通類別成員相同的語法來呼叫該函式：

```
>>> println("Kotlin".lastChar())
n
```

在這個例子中，String 是接收端型態，而 "Kotlin" 是接收端物件。

從某種意義上說，你已經將自己的方法加入到了 String 類別中。即使 String 不是你程式碼的一部分，甚至可能沒有該類別的程式碼，仍然可以用你的專案中需要的方法來繼承它。String 甚至不管是用 Java、Kotlin、或其他一些 JVM 語言（如 Groovy）撰寫的。只要將它編譯為 Java 類別，就可以將自己的繼承加到該類別中。

在繼承函式的主體中，可以像使用方法一樣使用 this。而且像一般方法一樣，你可以忽略它：

```
package strings

fun String.lastChar(): Char = get(length - 1)
```

接收端物件成員可以不用「this」來存取

在繼承函式中，可以直接存取要繼承的類別方法和屬性，就像在類別中定義的方法一樣。請注意，繼承函式不允許破壞封裝。與類別中定義的方法不同，繼承函式不能存取該類別的私有或受保護的成員。

稍後，我們將使用**方法**（*method*）稱呼類別和繼承函式的成員。例如，我們可以說在繼承函式的主體中，可以呼叫接收端的任何方法，這意味著你可以呼叫成員和繼承函式。在呼叫端，繼承函式與成員是無法區分的，不論特定的方法是成員還是繼承。

3.3.1 導入和繼承函式

當你定義一個繼承函式時，它不會自動在整個專案中可用。相反地，它需要像任何其他類別或函式一樣被導入，這有助於避免意外的名稱衝突。Kotlin 允許你使用與類別的相同語法導入各個函式：

```
import strings.lastChar

val c = "Kotlin".lastChar()
```

當然，* 導入也是如此：

```
import strings.*

val c = "Kotlin".lastChar()
```

可以使用 as 關鍵字更改要導入的類別或函式名稱：

```
import strings.lastChar as last

val c = "Kotlin".last()
```

如果在不同的套件中有多個相同名稱的函式，並且希望在同一個檔案中使用它們，則在導入時更改名稱是非常有用的。對於一般的類別或函式，在這種情況下還有其他選擇：可以使用完全限定的名稱來引用類別或函式。對於繼承函式，語法要求使用短名稱，因此導入敘述中的 as 關鍵字是解決衝突的唯一方法。

3.3.2 從 Java 呼叫繼承函式

繼承函式是一個接受接收端物件作為第一個參數的靜態方法。呼叫它不會涉及建立轉接物件或任何其他執行時的負荷。

這使得使用 Java 的繼承函式非常簡單：你可以呼叫靜態方法並傳遞接收端物件實例。與其他頂層函式一樣，包含該方法的 Java 類別的名稱，由宣告該函式的檔案名稱確定。假設它是在 StringUtil.kt 檔案中宣告的：

```
/* Java */
char c = StringUtilKt.lastChar("Java");
```

這個繼承函式被宣告為頂層函式，所以它被編譯成一個靜態方法。可以從 Java 靜態導入 lastChar 方法，簡化了 lastChar ("Java") 的使用。這個程式碼比 Kotlin 版本的可讀性要差一些，但是從 Java 的角度來看，它是較為習慣的用法。

3.3.3 作為繼承的公用程式函式

現在可以撰寫 joinToString 函式的最終版本，這幾乎就是你在 Kotlin 標準函式庫中所能找到的。

範例程式 3.4　宣告 joinToString() 作為繼承

```
fun <T> Collection<T>.joinToString(          // 在 Collection <T> 上宣告一個繼承函式
        separator: String = ", ",            // 為參數指定預設值
        prefix: String = "",
        postfix: String = ""
): String {
    val result = StringBuilder(prefix)

    for ((index, element) in this.withIndex())   // 「this」是指接收端物件：一個 T 的聚集
        if (index > 0) result.append(separator)
```

```
        result.append(element)
    }

    result.append(postfix)
    return result.toString()
}

>>> val list = listOf(1, 2, 3)
>>> println(list.joinToString(separator = "; ",
...         prefix = "(", postfix = ")"))
(1; 2; 3)
```

將它作為元素聚集的繼承，並為所有參數提供預設值。現在可以像呼叫類別成員一樣呼叫 joinToString：

```
>>> val list = arrayListOf(1, 2, 3)
>>> println(list.joinToString(" "))
1 2 3
```

因為繼承函式實際上是靜態方法呼叫的語法糖（syntactic sugar），所以可以使用更具體的型態作為接收端型態，而不僅僅是一個類別。假設你想有一個只能在字串聚集上呼叫的 join 函式。

```
fun Collection<String>.join(
        separator: String = ", ",
        prefix: String = "",
        postfix: String = ""
) = joinToString(separator, prefix, postfix)

>>> println(listOf("one", "two", "eight").join(" "))
one two eight
```

使用其他型態的物件串列呼叫此函式將不起作用：

```
>>> listOf(1, 2, 8).join()
Error: Type mismatch: inferred type is List<Int> but Collection<String>
was expected.
```

繼承的靜態性質也意味著，繼承函式不能在子類別中被覆蓋。我們來看一個例子。

3.3.4 沒有覆寫繼承函式

在 Kotlin 中覆寫方法的方式與一般成員函式一樣，但不能覆蓋繼承函式。假設你有兩個類別：View 和它的子類別 Button，而 Button 類別覆蓋了父類別的 click 函式。

範例程式 3.5　覆寫成員函式

```
open class View {
    open fun click() = println("View clicked")
}

class Button: View() {
    override fun click() = println("Button clicked")
}
```

Button 繼承 View

如果宣告了一個 View 型態的變數，那麼可以在該變數中儲存一個 Button 型態的值，因為 Button 是 View 的一個子型態。若呼叫一個一般的方法，如 click，在這個變數上，這個方法在 Button 類別中被覆蓋，則將使用 Button 類別的覆寫實作：

```
>>> val view: View = Button()
>>> view.click()
Button clicked
```

根據「view」的實際值決定呼叫方法

但是它不能用於繼承，如圖 3.2 所示。

繼承函式不是類別的一部分；它們是在外部宣告的。儘管可以為基礎類別及其子類別，定義具有相同名稱和參數型態的繼承函式，但呼叫的函式取決於宣告的變數的靜態型態，而不是取決於儲存在該變數中的值之執行時的型態。

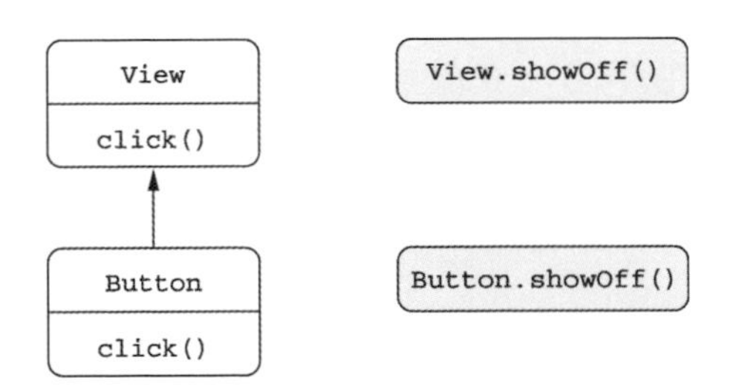

圖 3.2　繼承函式在類別外部宣告

以下範例顯示在 View 和 Button 類別上，所宣告的兩個 showOff 繼承函式。

範例程式 3.6　沒有覆寫繼承函式

```
fun View.showOff() = println("I'm a view!")
fun Button.showOff() = println("I'm a button!")

>>> val view: View = Button()
>>> view.showOff()
I'm a view!
```

繼承函式是靜態解析的

當對 View 型態的變數呼叫 showOff 時，即使該值的實際型態是 Button，也會呼叫相應的繼承。

如果你記得一個繼承函式會被編譯成 Java 中的一個靜態函式，接收端作為第一個參數，對這個行為應該很清楚，因為 Java 以相同的方式選擇函式：

```
/* Java */
>>> View view = new Button();
>>> ExtensionsKt.showOff(view);      ← showOff 函式在 extensions.kt 檔案中宣告
I'm a view!
```

正如你所見的，覆寫不適用於繼承函式：Kotlin 會靜態解析它們。

注意>>> 如果類別具有與繼承函式相同簽章的成員函式，則成員函式始終優先。在繼承類別的 API 時，應該牢記這一點：如果加入一個具有相同簽章的成員函式，作為類別的客戶端定義的繼承函式，接著重新編譯它們的程式碼，它將改變它的含意，並開始引用新的成員函式。

我們已經討論了如何為外部類別提供額外的方法，現在讓我們來看看如何對屬性做到同樣的事情。

3.3.5 繼承屬性

繼承屬性提供了一種可以使用屬性語法，而不是函式語法存取的 API 來繼承類別的方法。儘管它們被稱為**屬性**（*properties*），但它們不能有任何狀態，因為沒有適當的地方來儲存：不可能為現有的 Java 物件實作加入額外的欄位，但是較短的語法仍然有用。

在上一節中，定義了一個函式 lastChar，現在讓我們把它轉換成一個屬性。

範例程式 3.7　宣告繼承屬性

```
val String.lastChar: Char
    get() = get(length - 1)
```

可以看到就像函式一樣，繼承屬性看起來像一個加入了接收端型態的正規屬性。因為沒有後援的欄位，始終必須定義 getter，因此沒有預設的 getter 實作。由於相同的原因，不允許初始化：沒有地方儲存指定為初始器的值。

如果在 StringBuilder 上定義了相同的屬性，可以將它設置成一個 var，因為 StringBuilder 的內容可以被修改。

範例程式 3.8　宣告可變的繼承屬性

```
var StringBuilder.lastChar: Char
    get() = get(length - 1)                  ← 屬性的 getter
    set(value: Char) {
        this.setCharAt(length - 1, value)        ← 屬性的 setter
    }
```

可以像存取成員屬性一樣存取繼承屬性：

```
>>> println("Kotlin".lastChar)
n
>>> val sb = StringBuilder("Kotlin?")
>>> sb.lastChar = '!'
>>> println(sb)
Kotlin!
```

請注意，當需要從 Java 存取繼承屬性時，應呼叫其 getter：`StringUtilKt.getLastChar ("Java")`。

我們已經討論了繼承的概念，現在讓我們回到聚集的主題，看一些幫助你處理它們的函式庫函式，以及這些函式中出現的語言特性。

3.4　使用聚集：可變參數、中序呼叫和支援函式庫

本節介紹 Kotlin 標準函式庫中，用於處理聚集的一些函式，它描述了一些相關的語言功能：

- 關鍵字 `vararg`，它允許你宣告一個具有任意數量參數的函式
- **中序**（*infix*）符號，可以讓你在沒有儀式的情況下，呼叫一些一個參數的函式
- **解構宣告**（*destructuring declarations*），允許你將單個複合值解開為多個變數

3.4.1　繼承 Java Collections API

從本章開始，提到 Kotlin 中的聚集與 Java 中的聚集是相同的，但是繼承了 API。之前看到了獲取串列中最後一個元素，並在數字集合中找到最大值的範例：

```
>>> val strings: List<String> = listOf("first", "second", "fourteenth")
>>> strings.last()
fourteenth

>>> val numbers: Collection<Int> = setOf(1, 14, 2)
>>> numbers.max()
14
```

我們對它是如何運作的非常感興趣：即使它們是 Java 函式庫類別的實作，但為什麼在 Kotlin 中可以做很多事情。現在答案應該很清楚：`last` 和 `max` 函式被宣告為繼承函式！

上一節討論的 `last` 函式不像 `lastChar` 那樣複雜：它是 `List` 類別的繼承。而對於 `max`，我們使用一個簡化的宣告（真正的函式庫函式不僅適用於 `Int` 數字，還適用於任何可比較的元素）：

```
fun <T> List<T>.last(): T { /* returns the last element */ }
fun Collection<Int>.max(): Int { /* finding a maximum in a collection */ }
```

許多繼承函式在 Kotlin 標準函式庫中宣告，所以我們不會在這裡列出所有的繼承函式。你可能會想知道在 Kotlin 標準函式庫中學習所有東西的最好方法。沒必要對聚集或任何其他物件做任何事，IDE 中完成程式碼（code completion）時，將會顯示該型態物件所有的可用函式。該串列包括一般方法和繼承函式；可以選擇你需要的函式。除此之外，標準函式庫引用還列出了每個函式庫類別的所有可用方法——成員和繼承。

在本章的開頭，還看到了建立聚集的函式。這些函式的一個共同特點是可以用任意數量的參數來呼叫它們。在下一節中，將看到宣告這些函式的語法。

3.4.2 vararg：接收任意數量參數的函式

當你呼叫一個函式來建立一個串列時，你可以傳遞任意數量的參數給它：

```
val list = listOf(2, 3, 5, 7, 11)
```

如果查看這個函式是如何在函式庫中宣告的，會發現：

```
fun listOf<T>(vararg values: T): List<T> { ... }
```

你應該熟悉 Java 的可變參數：允許將任意數量的值傳遞給方法的特性，方法是將其包裝在一個陣列中。Kotlin 的可變參數類似於 Java 中的可變參數，但語法略有不同：Kotlin 在型態之後使用 `vararg` 修飾子，而不是型態之後的三個點。

Kotlin 和 Java 之間的另外一個區別是，當需要傳遞的參數已經被包在一個陣列中時，所呼叫函式的語法。在 Java 中，按照原樣傳遞陣列，而 Kotlin 則要求明確地解開陣列，以便每個陣列元素都成為被呼叫函式的單獨參數。從技術上來說，這個特性是使用**展開運算子**來呼叫的，但實際上就像在相應參數前面加上 * 字元一樣簡單：

```
fun main(args: Array<String>) {
    val list = listOf("args: ", *args)      ← 展開運算子將陣列
    println(list)                              內容解開
}
```

這個例子顯示了展開運算子（spread operator）讓你可以在一次呼叫中，合併一個陣列中的值和一些固定的值，在 Java 中不支援此功能。

現在我們來看看映射。我們將簡要討論另一種提高 Kotlin 函式呼叫可讀性的方法：**中序呼叫**（*infix call*）。

3.4.3　使用對：中序呼叫和解構宣告

要建立映射，請使用 mapOf 函式：

```
val map = mapOf(1 to "one", 7 to "seven", 53 to "fifty-three")
```

在本章開頭，現在是提供我們答應你的另一個解釋的好時機。在這行程式碼中的 to 不是一個內置的結構，而是一種特殊的方法呼叫，稱為**中序呼叫**（*infix call*）。

在中序呼叫中，方法名稱放在目標物件名稱和參數之間，沒有額外的分隔符號。以下兩個呼叫是相等的：

```
1.to("one")      ← 正常呼叫「to」函式
1 to "one"       ← 使用中序表示法呼叫「to」函式
```

中序呼叫可以使用具有一個必需參數的正規方法和繼承函式。要允許使用中序表示法呼叫函式，需要使用 infix 進行標記。以下是 to 函式宣告的簡化版本：

```
infix fun Any.to(other: Any) = Pair(this, other)
```

to 函式回傳 Pair 的一個實作，它是一個 Kotlin 標準函式庫類別，表示一對元素。Pair 和 to 使用泛型的實際宣告，我們在這裡先省略，讓這一節不會太複雜。

請注意，可以直接使用 Pair 的內容初始化兩個變數：

```
val (number, name) = 1 to "one"
```

這個特性被稱為**解構宣告**（*destructuring declaration*）。圖 3.3 說明了它如何與 pair 一起執行。

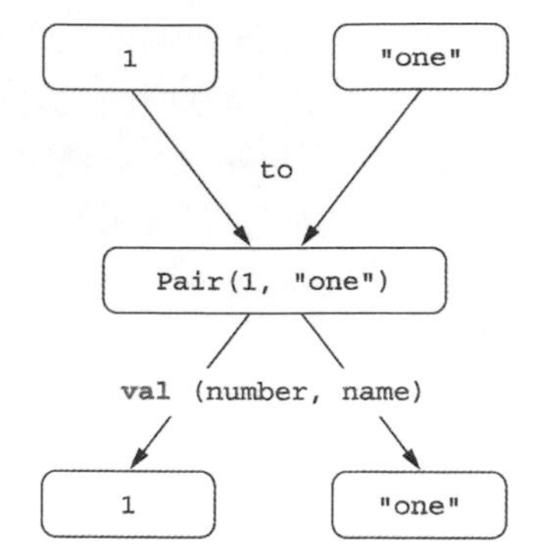

圖 3.3　使用 to 函式建立一個 pair，並使用解構宣告將其解包

解構宣告的特性不限於 pair。舉例來說，還可以使用映射項目的內容，來初始化兩個變數（key 和 value）。

這也適用於迴圈，正如你在使用 withIndex 函式的 joinToString 的實作中看到的那樣：

```
for ((index, element) in collection.withIndex()) {
    println("$index: $element")
}
```

第 7.4 節將描述解構一個表示式的一般規則，並用它來初始化幾個變數。

to 函式是一個繼承函式。可以建立一對任意元素，這意味著它是通用接收端的繼承：可以是 1 to "one", "one" to 1, list to list.size() 等等。我們來看一下 mapOf 函式的宣告：

```
fun <K, V> mapOf(vararg values: Pair<K, V>): Map<K, V>
```

如 listOf 一樣，mapOf 接受可變數量的參數，但是這次它們應該是鍵、值對。

儘管在 Kotlin 中建立一個新的映射可能看起來像一個特殊的建構，但它是一個簡潔語法的一般函式。接下來，我們來討論繼承如何簡化對字串和正規表示式的處理。

3.5　使用字串和正規表示式

Kotlin 的字串與 Java 字串完全相同。可以將在 Kotlin 程式碼中建立的字串，傳遞給任何 Java 方法，並且可以在從 Java 程式碼接收的字串上，使用任何 Kotlin 標準函式庫方法。不涉及轉換，並且沒有建立額外的包裝物件。

Kotlin 透過提供一系列有用的繼承函式，使標準 Java 字串更加愉快。此外，它隱藏了一些混淆的方法，增加了更清晰的繼承。作為 API 差異的第一個例子，讓我們看看 Kotlin 如何處理分割字串。

3.5.1 分割字串

你可能很熟悉 String 上的 split 方法。每個人都會使用它，但有時候在 Stack Overflow（http://stackoverflow.com）上會抱怨：「Java 中的 split 方法並不適用於一個點」。有一個常見的陷阱是使用 "12.345-6.A".split("．")，並預期會得到陣列 [12, 345-6, A]。但 Java 的 split 方法會回傳一個空的陣列！發生這種情況是因為它將正規表示式作為參數，並根據表示式將字串拆為多個字串。而在這裡，點 (.) 是表示任何字元的正規表示式。

Kotlin 隱藏了這個令人困惑的方法，並提供了幾個多載的繼承命名為 split 的替換，這些繼承具有不同的參數。需要正規表示式的值，需要是的 Regex 型態的值，而不是 String。這確保傳遞給方法的字串，能清楚地被解釋為純文字或正規表示式。

以下是如何用點或短劃線分割字串的方法：

```
>>> println("12.345-6.A".split("\\.|-".toRegex()))   ◀── 明確建立一個正規表示式
[12, 345, 6, A]
```

Kotlin 使用與 Java 中完全相同的正規表示式語法。這裡的樣式對應一個點（我們指的是文字字元，而不是萬用字元）或破折號。用於處理正規表示式的 API，也與標準的 Java 函式庫 API 類似，但是它們更具慣用性。舉例來說，在 Kotlin 中，使用繼承函式 toRegex 將字串轉換為正規表示式。

但對於這樣一個簡單的情況，不需要使用正規表示式。在 Kotlin 中，split 繼承函式的另一個多載，將任意數量的分隔符號作為純文字字串：

```
>>> println("12.345-6.A".split(".", "-"))   ◀── 指定幾個分隔符號
[12, 345, 6, A]
```

請注意，可以指定字元參數，並寫入 "12.345-6.A".split('.', '-')，這會導致相同的結果。此方法取代了只能將一個字元作為分隔符號的類似 Java 方法。

3.5.2 正規表示式和三引號的字串

讓我們看看另外兩個不同實作的例子：第一個將在 String 上使用繼承，第二個將使用正規表示式。任務是將一個檔案的完整路徑名稱，解析到它的元件中：目錄、檔案名稱和副檔名。Kotlin 標準函式庫包含在給定分隔符號的第一個（或最後一個）出現之前（或之後）獲取子字串的函式。以下是如何使用它們來解決這個任務（請參閱圖 3.4）。

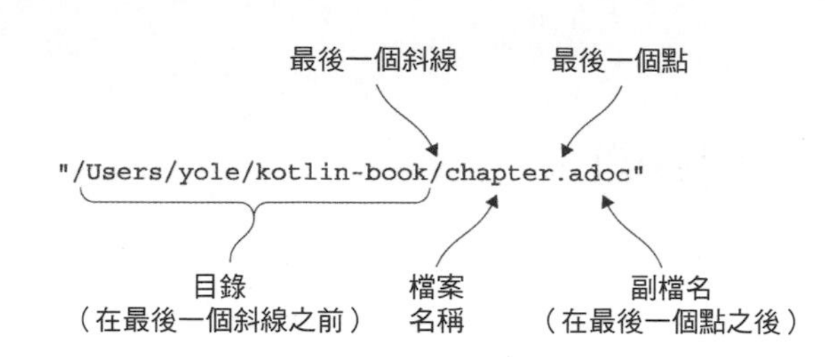

圖 3.4　透過使用 **substringBeforeLast** 和 **substringAfterLast** 函式，將路徑分割成目錄、檔案名稱和副檔名

範例程式 3.9　使用字串繼承來分析路徑

```
fun parsePath(path: String) {
    val directory = path.substringBeforeLast("/")
    val fullName = path.substringAfterLast("/")

    val fileName = fullName.substringBeforeLast(".")
    val extension = fullName.substringAfterLast(".")

    println("Dir: $directory, name: $fileName, ext: $extension")
}
>>> parsePath("/Users/yole/kotlin-book/chapter.adoc")
Dir: /Users/yole/kotlin-book, name: chapter, ext: adoc
```

檔案 path 的最後一個斜線之前的子字串，是封閉目錄的路徑；最後一個點之後的子字串是副檔名，檔案名稱在它們之間。

Kotlin 使得解析字串變得更容易，而不需要使用正規表示式，而這些正規表示式威力強大但有時卻難以理解。如果想使用正規表示式，Kotlin 標準函式庫也可以幫助你。以下是如何使用正規表示式完成相同的任務：

範例程式 3.10　使用正規表示式解析路徑

```
fun parsePath(path: String) {
    val regex = """(.+)/(.+)\.(.+)""".toRegex()
    val matchResult = regex.matchEntire(path)
```

```
    if (matchResult != null) {
        val (directory, filename, extension) = matchResult.destructured
        println("Dir: $directory, name: $filename, ext: $extension")
    }
}
```

在這個例子中，正規表示式被寫成一個**三引號的字串**（*triple-quoted string*）。在這樣的字串中，不需要轉義任何字元，包括反斜線，因此可以使用 `\.` 來編碼點，而不是 `\\.`。就像用普通的文字字串撰寫的一樣（請參閱圖 3.5）。這個正規表示式將路徑分成三組，使用斜線和點分隔。樣式 `.` 對應從頭開始的任何字元，所以第一組 `(.+)` 包含最後一個斜線之前的子字串。這個子字串包含所有之前的斜線，因為它們對應樣式「任何字元」。同樣地，第二組包含最後一個點之前的子字串，第三組包含剩餘的部分。

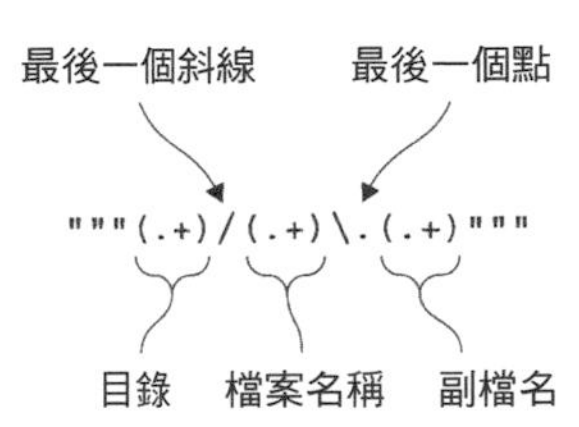

圖 3.5　將路徑拆成目錄、檔案名和副檔名的正規表示式

現在我們來討論前面例子中 `parsePath` 函式的實作。可以建立一個正規表示式，並將其與輸入路徑進行配對。如果配對成功（結果不為 `null`），則將其解構屬性的值指派給對應的變數。這與使用 `Pair` 初始化兩個變數時的語法相同；在第 7.4 節將涵蓋其細節。

3.5.3 多行三引號字串

三引號字串的目的不僅是為了避免字元的轉義，這樣的字串文字可以包含任何字元，包括換行符號。這給你一個簡單的方法來嵌入包含換行符號的文字。舉例來說，我們來畫一幅 ASCII 的畫：

```
val kotlinLogo = """| //
                   .|//
                   .|/ \"""
>>> println(kotlinLogo.trimMargin("."))
| //
|//
|/ \
```

多行字串包含三個引號之間的所有字元，包括用於格式化程式碼的縮排。如果想更好地表示這樣的字串，可以縮排（換句話說，左側的邊距）。為此，需要在字串內容中加入前序，標記邊距的末尾，接著呼叫 `trimMargin` 刪除每行中的前序和前面的空白。這個例子使用點作為前序。

三引號的字串可以包含換行符號，但不能使用特殊字元（如 `\n`）。另一方面，你不必轉義 \，所以 Windows 風格的路徑 `"C:\\Users\\yole\\kotlin-book"` 可以寫成 `"""C:\Users\yole\kotlin-book"""`。

也可以在多行字串中使用字串樣板。由於多行字串不支持轉義序列，如果需要在字串內容中使用 `$` 符號，則必須使用嵌入表示式。看起來像這樣：`val price = """${'$'}99.9"""`。

多行字串可以在程式中有用的領域（除了使用 ASCII 藝術的遊戲）是用於測試。在測試中，執行產生多行文字的操作（例如，網頁片段），並將結果與預期的輸出進行比較是相當常見的。多行字串提供了一個完美的解決方案，將預期的輸出作為測試的一部分。不需要笨拙的轉義或從外部檔案載入文字，只需使用一些引號，並將期望的 HTML 或其他輸出放置在它們之間。為了更好的格式化，使用前面提到的 `trimMargin` 函式，這是繼承函式的另一個例子。

注意»» 現在你了解繼承函式是繼承現有函式庫的 API，並使其適應新語言的習慣用法的一種強有力的方式，稱為 Pimp My Library 樣式[3]。事實上，Kotlin 標準函式庫的很大一部分，是由標準 Java 類別的繼承函式組成的。由 JetBrains 建構的 Anko 函式庫（https://github.com/kotlin/anko）提供了繼承函式，使 Android API 更加適合 Kotlin。還可以找到許多社群開發的函式庫，為 Spring 這樣的主要第三方函式庫提供 Kotlin 友善的包裝。

現在可以看到 Kotlin 如何為你使用的函式庫提供更好的 API，讓我們將注意力轉回到程式碼上。你將會看到繼承函式的一些新用途，同時也會討論一個新的概念：**區域函式**（*local function*）。

3.6 使程式碼整潔：區域函式和繼承

許多開發人員認為，好的程式碼最重要的特徵之一是減少重複。這個原則甚至有一個特殊的名字：Don't Repeat Yourself（DRY）。但是當用 Java 撰寫時，遵循這個原則並不難。在許多情況下，可以使用 IDE 的 Extract Method 重構功能將很長的方法分解為小區塊，然後重用這些區塊。但是這會使程式碼更難以理解，因為最終會得到一個有很多小方法的類別，而且它們之間沒有明確的關係。還可以更進一步，將提取的方法分組到一個內部類別中，這可以讓你維護結構，但是這種方法需要額外語法的負荷。

3 Martin Odersky, "Pimp My Library," *Artima Developer*, October 9, 2006, http://mng.bz/86Qh.

Kotlin 提供了一個更清楚的解決方案：可以巢狀化你在包含函式中提取的函式。這樣就可以擁有所需的結構，而無需使用額外的語法。

讓我們看看如何使用區域函式，來修復一個相當常見的程式碼重複情況。在下面的範例程式中，函式將 user 儲存到資料庫，並且需要確保 user 物件包含有效的資料。

範例程式 3.11　具有重複程式碼的函式

```
class User(val id: Int, val name: String, val address: String)

fun saveUser(user: User) {
    if (user.name.isEmpty()) {
        throw IllegalArgumentException(
            "Can't save user ${user.id}: empty Name")
    }

    if (user.address.isEmpty()) {
        throw IllegalArgumentException(
            "Can't save user ${user.id}: empty Address")
    }

    // Save user to the database
}

>>> saveUser(User(1, "", ""))
java.lang.IllegalArgumentException: Can't save user 1: empty Name
```

欄位驗證是重複的

這個範例中的重複程式碼數量相當小，可能不希望在你的類別中有一個完整的方法，來處理驗證 user 的特殊情況。但是，如果將驗證程式碼放入區域函式中，則可以消除重複程式碼，並保持清晰的程式碼結構，而這是如何做到的。

範例程式 3.12　提取區域函式以避免重複

```
class User(val id: Int, val name: String, val address: String)

fun saveUser(user: User) {

fun validate(user: User,
             value: String,
             fieldName: String) {
        if (value.isEmpty()) {
            throw IllegalArgumentException(
                "Can't save user ${user.id}: empty $fieldName")
        }
    }

    validate(user, user.name, "Name")
    validate(user, user.address, "Address")
```

宣告一個區域函式來驗證任何欄位

呼叫區域函式來驗證特定的欄位

```
    // Save user to the database
}
```

現在看起來更好，驗證的邏輯不重複，如果在專案演變時需要在 User 添加其他欄位，則可以輕鬆添加更多驗證。但是將 User 物件傳遞給驗證函式有點難看。好消息是完全沒有必要，因為區域函式可以存取封閉函式的所有參數和變數。讓我們利用這一點，擺脫額外的 User 參數。

範例程式 3.13　在區域函式中存取外部函式參數

```
class User(val id: Int, val name: String, val address: String)

fun saveUser(user: User) {
    fun validate(value: String, fieldName: String) {    ← 現在，你不會複製 saveUser 函式的 User 參數
        if (value.isEmpty()) {
            throw IllegalArgumentException(
                "Can't save user ${user.id}: " +    ← 你可以直接存取外部函式的參數
                    "empty $fieldName")
        }
    }

    validate(user.name, "Name")
    validate(user.address, "Address")

    // Save user to the database
}
```

為了進一步改進這個例子，可以將驗證邏輯移動到 User 類別的繼承函式中。

範例程式 3.14 將邏輯提取為繼承函式

```
class User(val id: Int, val name: String, val address: String)

fun User.validateBeforeSave() {
    fun validate(value: String, fieldName: String) {
        if (value.isEmpty()) {
            throw IllegalArgumentException(
                "Can't save user $id: empty $fieldName")    ← 可以直接存取 User 的屬性
        }
    }
    validate(name, "Name")
    validate(address, "Address")
}

fun saveUser(user: User) {
    user.validateBeforeSave()    ← 呼叫繼承函式

    // Save user to the database
}
```

將一段程式碼提取到繼承函式中是非常有用的。即使 `User` 是你的程式碼函式庫的一部分，而不是一個函式庫類別，你不希望將這個邏輯放到 `User` 的方法中，因為它與使用 `User` 的其他地方沒有關係。如果遵循這個方法，這個類別的 API 只包含使用的基本方法，所以這個類別仍然很小，很容易把你搞混。另一方面，主要處理單個物件並且不需要存取其私有資料的函式，可以在沒有額外限定的情況下存取其成員，如範例程式 3.14 所示。

繼承函式也可以宣告為區域函式，所以可以更進一步，將 `User.validateBeforeSave` 於 `saveUser` 中作為區域函式。但巢狀結構的區域函式通常很難閱讀，所以一般來說，我們不推薦使用多層巢狀結構。

看過了所有可以用函式做到的事情後，下一章我們將探索可以用類別來做什麼。

3.7 總結

- Kotlin 沒有定義自己的聚集類別，而是使用更豐富的 API 來增強 Java 聚集類別。
- 為函式參數定義預設值可大大減少定義多載函式的需要，而且命名參數語法讓呼叫具有許多參數的函式有更高的可讀性。
- 函式和屬性可以直接在檔案中宣告，而不只是作為類別的成員，允許更靈活的程式碼結構。
- 透過繼承函式和屬性，可以繼承任何類別的 API，包括外部函式庫中定義的類別，而無需修改其程式碼，也不會增加執行時間。
- 中序呼叫為使用單個參數呼叫，類似運算子的方法提供了一個簡潔的語法。
- Kotlin 為正規表示式和普通字串提供大量方便的字串處理函式。
- 三引號字串提供一種簡潔的方式，來撰寫需要在 Java 中進行大量繁複轉義和字串連接的表示式。
- 區域函式可幫助你更清晰地建構程式碼，並消除重複程式碼。

4 類別、物件和介面

本章涵蓋：

- 類別和介面
- 非預設（non-trivial）屬性和建構函式
- 資料類別
- 類別委託
- 使用 `object` 關鍵字

本章將更深入地了解如何使用 Kotlin 中的類別。在第 2 章中，看到了宣告類別的基本語法、了解如何宣告方法和屬性、使用簡單的主要建構函式，以及使用列舉。但除此之外，還有更多需要了解的內容。

Kotlin 的類別和介面與 Java 的有所不同：舉例來說，介面可以包含屬性宣告。與 Java 不同，Kotlin 的宣告預設是 `final` 及 `public`。另外，巢狀類別在預設情況下不是內部的：它們不包含對其外部類別的隱式參考。

對於建構函式來說，大多數情況下簡短的主要建構函式語法很好用，但是也有完整的語法，可以宣告非預設的初始化邏輯的建構函式。這也能應用在屬性上：簡潔的語法是好的，而且你也可以很容易地定義自己的存取器的實作。

Kotlin 編譯器可以產生有用的方法來避免冗長。將類別宣告為 data 類別可以指示編譯器為該類別產生多個標準方法，也可以避免手動撰寫委託方法，因為 Kotlin 原本就支援委託樣式。

本章還介紹了一個新的 object 關鍵字，它用於宣告一個類別，並建立類別的實例。這個關鍵字用於表示單例物件、伴生物件和物件表示式（類似於 Java 匿名類別）。首先談談類別和介面，以及在 Kotlin 中定義類別層次結構的微妙之處。

4.1 定義類別層次結構

本節討論在 Java 中定義 Kotlin 中的類別層次結構。我們將看看 Kotlin 的可見性和存取修飾符，這些修飾符與 Java 的類似，但有一些不同的預設值。還將了解新的 sealed 修飾符，它限制了一個類別中可能的子類別。

4.1.1 Kotlin 的介面

首先看一下定義和實作介面。Kotlin 介面類似於 Java 8 的介面：它們可以包含抽象方法的定義以及非抽象方法（類似於 Java 8 預設方法）的實作，但是它們不能包含任何狀態。

要在 Kotlin 中宣告介面，請使用 interface 關鍵字，而不是 class。

範例程式 4.1　宣告簡單的介面

```
interface Clickable {
fun click()
}
```

這宣告了一個名為 click 的抽象方法介面。所有實作這個介面的非抽象類別都需要提供這個方法的實作。以下是如何實作介面的範例。

範例程式 4.2　實作簡單的介面

```
class Button : Clickable {
    override fun click() = println("I was clicked")
}

>>> Button().click()
I was clicked
```

Kotlin 在類別名稱後面使用冒號替換 Java 中使用的 extends 和 implements 關鍵字。和 Java 一樣，一個類別可以實作許多介面，但它只能繼承一個類別。

override 修飾符（類似於 Java 中的 @Override 註解）用於標記覆寫父類別或介面的方法和屬性。與 Java 不同的是，在 Kotlin 中**使用 override 修飾符是強制性的**。這樣可以避免在撰寫實作之後，加入方法時意外地覆寫方法；你的程式碼將不會編譯，除非明確標記該方法為 override 或重新命名它。

介面方法可以有一個預設的實作。與 Java 8 不同，Java 8 需要使用預設關鍵字來標記這些實作，而 Kotlin 對這些方法沒有特別的註解：只需提供一個方法的主體。讓我們透過加入一個預設實作的方法，來改變 Clickable 介面。

範例程式 4.3　定義在介面中具有主體的方法

```
interface Clickable {
    fun click()
    fun showOff() = println("I'm clickable!")
}
```

一般方法的宣告（指向 fun click()）

具有預設實作的方法（指向 fun showOff()）

如果實作這個介面，需要為 click 提供一個實作。可以重新定義 showOff 方法的行為，或者如果使用預設行為，則可以忽略它。

現在讓我們假設另一個介面也定義了一個 showOff 方法，並具有以下實作。

範例程式 4.4　定義實作相同方法的另一個介面

```
interface Focusable {
    fun setFocus(b: Boolean) =
        println("I ${if (b) "got" else "lost"} focus.")

    fun showOff() = println("I'm focusable!")
}
```

如果你需要在類別中實作兩個介面，會發生什麼事？它們每個都包含一個 showOff 方法和一個預設實作；哪個實作獲勝？兩者都沒有。相反地，如果不明確地實作 showOff，則會出現以下編譯器錯誤：

```
The class 'Button' must
override public open fun showOff() because it inherits
many implementations of it.
```

Kotlin 編譯器強制你提供自己的實作。

範例程式 4.5 呼叫一個繼承的介面方法實作

```
class Button : Clickable, Focusable {
    override fun click() = println("I was clicked")
    override fun showOff() {
        super<Clickable>.showOff()
        super<Focusable>.showOff()
    }
}
```

如果繼承了同一個成員的多個實作，則必須提供明確地實作

由角括號中的父型態名稱限定的「super」指定要呼叫其方法的父項

Button 類別現在實作了兩個介面。可以透過呼叫從父型態繼承的兩個實作來實作 showOff()。要呼叫一個繼承的實作，可以使用與 Java 中相同的關鍵字：super。但是選擇具體實作的語法是不同的。而在 Java 中，你可以在 super 關鍵字之前放置基本型態名稱，如 Kotlin 中的 Clickable.super.showOff()，你將基本型態名稱放在角括號中：super<Clickable>.showOff()。

如果只需要呼叫一個繼承的實作，可以這樣寫：

```
override fun showOff() = super<Clickable>.showOff()
```

可以建立該類別的一個實例，並確認可以呼叫所有繼承的方法。

```
fun main(args: Array<String>)
    { val button = Button()
    button.showOff()
    button.setFocus(true)
    button.click()
}
```

可聚焦的聚焦

可點擊的

點擊

setFocus 的實作在 Focusable 介面中宣告，並在 Button 類別中自動繼承。

在 Java 中實作與方法主體的介面

Kotlin 1.0 被設計為針對 Java 6，並不支援介面中的預設方法。因此，它使用預設方法將每個介面，編譯為正規介面和包含方法主體的類別的組合，作為靜態方法。該介面只包含宣告，並且該類別包含所有實作當作靜態方法。因此，如果你需要在 Java 類別中實作這樣的介面，則必須定義你自己所有方法的實作，包括那些在 Kotlin 中具有方法主體的方法。

現在你已經看到了 Kotlin 如何讓你實作介面中定義的方法，讓我們來看看這個故事的後半部分：覆寫在基礎類別中定義的成員。

4.1.2 open、final 和 abstract 修飾符：預設是最終

如你所知，Java 中除非已經明確標記了 final 關鍵字，允許你建立任何類別的子類別，並覆寫任何方法。這雖然很方便，但也是有些問題的。

當對基礎類別的修改可能導致子類別的不正確行為時，就會出現所謂的**脆弱基礎類別**（*fragile base class*）問題，因為基礎類別的已更改程式碼不再與其子類別中的假設相對應。如果這個類別沒有提供如何分類的確切規則（哪些方法應該被如何覆寫），那麼開發者就有可能以基礎類別的作者，所不期望的方式覆寫這些方法。因為分析所有的子類別是不可能的，所以基礎類別是「脆弱的」，因為它的任何變化都可能導致子類別中行為的意外變化。

為了防止這個問題，Joshua Bloch 撰寫的《*Effective Java*》（Addison-Wesley，2008）是關於良好的 Java 程式風格的最著名的書之一，它建議你「為繼承設計和撰寫文件，否則禁止它」。這意味著所有類別和方法，如果不打算在子類別中覆寫，則應該明確標記為 final。

Kotlin 遵循著相同的概念。Java 的類別和方法預設是 open，而 Kotlin 的預設是 final。

如果你要允許建立類別的子類別，則需要以 open 修飾符標記該類別。另外，需要將 open 修飾符加到每個可以被覆寫的屬性或方法。

範例程式 4.6　使用 open 的方法宣告 open 的類別

```
open class RichButton : Clickable {      ← 這個類別是 open：別人可以繼承它

    fun disable() {}      ← 這個函式是 final：你不能在子類別中覆寫它

    open fun animate() {}      ← 這個函式是 open：你可以在子類別中覆寫它

    override fun click() {}      ← 這個函式覆寫了一個 open 的函式，所以它也是 open 的
}
```

請注意，如果覆寫基礎類別或介面的成員，則覆寫成員也將預設為 open。如果想改變這點，並且禁止類別的子類別覆寫你的實作，你可以明確標記覆寫的成員為 final。

範例程式 4.7　禁止覆寫

```
open class RichButton : Clickable {
    final override fun click() {}      ← 「final」在這裡不是多餘的，因為沒有「final」的「override」意味著它是 open
}
```

公開（open）類別和智慧轉型

預設情況下為 final 的類別的一個顯著優點是，它們可以在更多種場景中啟用智慧轉型（smart cast）。正如我們在第 2.3.5 節中提到的，智慧轉型只適用於型態檢查後不能改變的變數。對於一個類別，這意味著強制智慧轉型只能與一個 val 類別的類別屬性一起使用，並且沒有自定義存取器。這個要求意味著屬性必須是 final，否則一個子類別可以覆寫屬性並定義一個自定義存取器，從而打破了智慧轉型的關鍵要求。因為預設情況下，屬性是 final，所以你可以使用大多數屬性的智慧轉型，而不用明確地考慮它，這樣可以提高程式碼的表現力。

在 Kotlin 中，和 Java 一樣，你可以宣告一個類別為 abstract，而這樣的類別不能被實例化。抽象類別通常包含沒有實作，而且必須在子類別中覆寫的抽象成員。抽象成員都是 open，所以不需要使用明確的 open 修飾符。以下是一個例子。

範例程式 4.8　宣告抽象類別

```
abstract class Animated {

    abstract fun animate()

    open fun stopAnimating() {
    }

    fun animateTwice() {
    }
}
```

這個類別是抽象的：不能建立它的實例

這個函式是抽象的：它沒有實作且必須在子類別中覆寫

抽象類別中的非抽象函式不是預設為 open，但可以標記為 open

表 4.1 列出了 Kotlin 中的存取修飾符。表中的註解適用於類別上的修飾符；在介面中，你不使用 final、open 或者 abstract。介面中的成員都是 open；你不能宣布它是 final。如果它沒有主體，它是抽象的，但關鍵字不是必需的。

表 4.1　存取修飾符在類別中的含意

修飾符	相對應的成員	註解
final	不可以被覆寫	類別成員預設被使用
open	可以被覆寫	需要明確指定
abstract	必須被覆寫	只能用於抽象類別；抽象成員不能有實作
override	覆寫父類別或介面中的成員	如果未標記為 final，則覆寫的成員預設為公開

討論了控制繼承的修飾符之後，讓我們繼續討論另一種修飾符型態：可見性修飾符。

4.1.3 可見性修飾符：預設為 public

可見性修飾符有助於控制對程式碼函式庫中宣告的存取。透過限制類別的實作細節的可見性，可以確保你可以更改它們，而不會破壞依賴於類別的程式碼。

基本上，Kotlin 中的可見性修飾符與 Java 中的類似。你有相同的 `public`、`protected` 和 `private` 修飾符。但預設的可見性是不同的：如果你省略了一個修飾符，宣告就變成 `public`。

Java 中的預設可見性 package-private 在 Kotlin 中不存在。Kotlin 僅使用套件（package）作為在命名空間中組織程式碼的一種方式；它不會將它們用於可見性控制。

作為替代，Kotlin 提供了一個新的可見性修飾符 `internal`，這意味著「在模組內可見」。一個**模組**（*module*）是一組在一起編譯的 Kotlin 檔案。它可能是一個 IntelliJ IDEA 模組、一個 Eclipse 專案、一個 Maven 或 Gradle 專案，或者是一組用呼叫 Ant 任務編譯的檔案。

`internal` 可見性的優勢在於，它為你的模組的實作細節提供了真正的封裝。如果使用 Java，封裝很容易被破壞，因為外部程式碼可以在與你的程式碼使用的相同套件中定義類別，從而存取你的 package-private 宣告。

另一個區別是 Kotlin 允許使用頂層宣告（包括類別、函式和屬性）的 `private` 可見性。這些宣告只在宣告的檔案中可見，這是隱藏子系統實作細節的另一種方法。表 4.2 總結了所有可見性修飾符。

表 4.2　Kotlin 可見性修飾符

修飾符	類別成員	頂層宣告
`public`（預設）	每處都可見	每處都可見
`internal`	模組中可見	模組中可見
`protected`	子類別中可見	–
`private`	類別中可見	檔案中可見

我們來看一個例子。`giveSpeech` 函式中的每一行試著違反可見性的規則。它編譯後產生了下面的錯誤。

```
internal open class TalkativeButton : Focusable {
    private fun yell() = println("Hey!")
    protected fun whisper() = println("Let's talk!")
}

fun TalkativeButton.giveSpeech() {
    yell()

    whisper()
}
```

錯誤：「public」成員顯露其「internal」接收端型態 TalkativeButton

錯誤：無法存取「yell」：在「TalkativeButton」中是「private」

錯誤：無法存取「whisper」：它在「TalkativeButton」中是「protected」

Kotlin 禁止你從 public 函式 giveSpeech 中參考不太可見的型態 TalkativeButton（在這個範例中是 internal）。這是一個通用準則，它要求類別的基本型態和型態參數列表中使用的所有型態，或方法的簽名與類別，或方法本身一樣的可見性。此規則確保你始終可以存取，可能需要呼叫該函式或繼承類別的所有型態。要解決這個問題，你可以把這個函式放在 internal，或者讓這個類別成為 public。

請注意 Java 和 Kotlin 中 protected 修飾符的差異。在 Java 中，你可以從同一個套件中存取 protected 成員，但 Kotlin 不允許這樣做。在 Kotlin 中，可見性規則很簡單，protected 成員只在類別及其子類別中可見。另外請注意，類別的繼承函式不能存取其 private 或 protected 成員。

Kotlin 的可見性修飾符和 Java

編譯為 Java 位元組碼時，保留 Kotlin 中的 public、protected 和 private 修飾符。你可以從 Java 位元組碼（bytecode）中使用 Kotlin 的宣告，就好像它們在 Java 中具有相同的可見性一樣。唯一的例外是一個 private 類別：它被編譯成一個 package-private 的宣告（你不能在 Java 中建立一個 private 類別）。

但是，你可能會問，使用 internal 修飾符會怎麼樣？Java 中沒有直接的類似物。package-private 可見性是完全不同的事情：一個模組通常由幾個套件組成，不同的模組可能包含來自相同套件的宣告。因此 internal 修飾符在位元組碼中變成 public。

Kotlin 宣告和它們的 Java 類似物（或它們的位元組碼表示）之間的這種對應關係解釋了，為什麼有時候你可以從 Java 程式碼中，存取某些不能從 Kotlin 存取的東西。舉例來說，可以從另一個模組中的 Java 程式碼，或同一個套件中 Java 程式碼的 protected 成員（類似於 Java 中的程式碼）存取 internal 類別或頂層宣告。

但是請注意，類別的 internal 成員的名稱被打亂了。從技術上來說，internal 成員可以從 Java 中使用，但是在 Java 程式碼中看起來很醜。這有助於當你從另一個模組繼承一個類別時，避免在覆寫中出現意外的衝突，並防止你意外地使用 internal 類別。

Kotlin 和 Java 之間可見性規則的另一個區別是，在 Kotlin 中，外部類別（outer class）無法看到其內部（或巢狀）類別的 private 成員。接下來我們來討論 Kotlin 中的內部類別（inner class）和巢狀類別（nested class），並看一個例子。

4.1.4 內部和巢狀類別：預設為巢狀

和 Java 一樣，在 Kotlin 你可以在另一個類別中宣告一個類別。這樣做對封裝一輔助類別（helper class），或將程式碼放在更接近它的使用位置很有用。不同之處在於除非你特別要求，不然 Kotlin 巢狀類別不能存取外部類別實例。我們來看一個例子，說明為什麼這很重要。

想像一下你想要定義一個 View 元素，其狀態可以被序列化的。序列化視圖可能不是很容易，但是你可以將所有必要的資料複製到另一個輔助類別。你宣告了實作 Serializable 的狀態介面。View 介面宣告可以用來保存視圖狀態的 getCurrentState 和 restoreState 方法。

範例程式 4.9 用可序列化的狀態宣告一個視圖

```
interface State: Serializable

interface View {
    fun getCurrentState(): State
    fun restoreState(state: State) {}
}
```

定義一個在 Button 類別中保存按鈕狀態的類別是很方便的。讓我們看看如何在 Java 中完成（類似的 Kotlin 程式碼將在待會兒會看到）。

範例程式 4.10 在 Java 使用內部類別實作 View

```
/* Java */
public class Button implements View {
    @Override
    public State getCurrentState() {
        return new ButtonState();
    }

    @Override
    public void restoreState(State state) { /*...*/ }

    public class ButtonState implements State { /*...*/ }
}
```

你可以定義實作 State 介面的 ButtonState 類別，並為 Button 保存特定的資訊。在 getCurrentState 方法中，將建立此類別的新實例。在實際情況下，你將使用所有必要的資料來初始化 ButtonState。

這樣的程式碼有什麼問題？如果你試著序列化宣告的按鈕的狀態，為什麼你會得到 java.io.NotSerializableException：Button 例外？這可能起初看起來很奇怪：序列化的變數是 ButtonState 型態的狀態，而不是 Button 型態。

若對 Java 程式更了解時，當你在另一個類別中宣告一個類別時，預設情況下它變成了一個內部類別。範例中的 ButtonState 類隱式儲存對其外部 Button 類別的參考。這就解釋了為什麼 ButtonState 不能被序列化：Button 是不可序列化的，並且對它的參考破壞了 ButtonState 的序列化。

為了解決這個問題，你需要宣告 ButtonState 類別為 static。宣告一個巢狀的類別為 static，將該類別的隱式參考（implicit reference）移除到它的封閉類別中。

在 Kotlin 中，內部類別的預設行為與我們剛剛描述的相反，如下所示。

範例程式 4.11　在 Kotlin 使用巢狀類別實作 View

```
class Button : View {
    override fun getCurrentState(): State = ButtonState()

    override fun restoreState(state: State) { /*...*/ }

    class ButtonState : State { /*...*/ }
}
```

這個類別類似在 Java 的 static 巢狀類別

Kotlin 中沒有明確修飾符的巢狀類別，與 Java 中的靜態巢狀類別相同。使用 inner 修飾符將其轉換為內部類別，以便它包含對外部類別的參考。表 4.3 描述了 Java 和 Kotlin 之間的這種行為差異；巢狀類別和內部類別的區別如圖 4.1 所示。

表 4.3　Java 和 Kotlin 中的巢狀和內部類之間的對應關係

在另一個 B 類別中宣告的 A 類別	Java	Kotlin
巢狀類別（不儲存對外部類別的參考）	static class A	class A
內部類別（儲存對外部類別的參考）	class A	inner class A

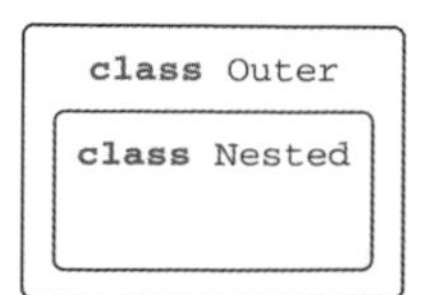

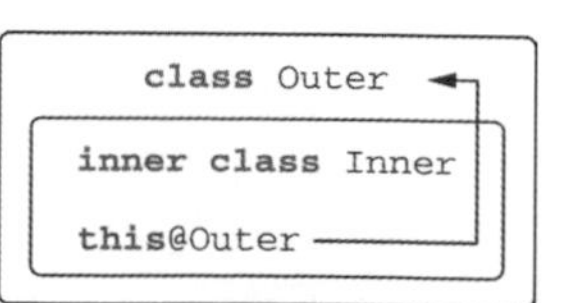

圖 4.1　巢狀類別不參考它們的外部類別，而內部類別則參考它們

在 Kotlin 中參考外部類別的實例的語法也與 Java 不同。可以用 this@Outer 來從 Inner 類別存取 Outer 類別：

```
class Outer {
    inner class Inner {
        fun getOuterReference(): Outer = this@Outer
    }
}
```

你已經了解了 Java 和 Kotlin 中的內部類別和巢狀類別之間的區別。現在我們來討論 Kotlin 中巢狀類別可能有用的另一個範例：建立一個包含有限數量的類別的層次結構。

4.1.5 sealed 類別：定義受限類別的層次結構

回顧第 2.3.5 節中的表示式層次結構範例。父類別 Expr 有兩個子類別：Num，代表一個數字；和 Sum，它代表兩個表示式的總和。在表示式中處理所有可能的子類別很方便，但是必須提供 else 分支來指定如果沒有其他分支配對會發生什麼情況：

範例程式 4.12　表示式為介面實作

```
interface Expr
class Num(val value: Int) : Expr
class Sum(val left: Expr, val right: Expr) : Expr

fun eval(e: Expr): Int =
    when (e) {
        is Num -> e.value
        is Sum -> eval(e.right) + eval(e.left)
        else ->
            throw IllegalArgumentException("Unknown expression")
    }
```

必須檢查「else」分支

當你使用 when 結構判斷表示式時，Kotlin 編譯器將強制你檢查預設選項。在這個例子中，因為你不能回傳有意義的資料，所以你拋出一個例外。

總是要加入一個預設分支是非常不方便的。更重要的是，如果你加入一個新的子類別，編譯器將不會檢測到有什麼改變。如果忘記加一個新的分支，將會選擇預設分支，這會導致一些微妙的錯誤。

Kotlin 為這個問題提供了一個解決方案：sealed 類別。你用 sealed 修飾符標記父類別，這限制了建立子類別的可能性。所有的直接子類別必須巢狀的建立在父類別中：

範例程式 4.13　表示式為密封類別

```
sealed class Expr {                          ◄── 將基礎類別標記為 sealed ...
    class Num(val value: Int) : Expr()
    class Sum(val left: Expr, val right: Expr) : Expr()   ◄── ... 並列出所有可能
}                                                              的子類別當作巢狀
                                                               類別
fun eval(e: Expr): Int =
    when (e) {                                             ◄── 「when」表示式涵蓋所
        is Expr.Num -> e.value                                 有可能的情況，所以不
        is Expr.Sum -> eval(e.right) + eval(e.left)            需要「else」分支
    }
```

如果在 when 表示式中處理 sealed 類別的所有子類別，則不需要提供預設分支。請注意，sealed 修飾符意味著類別是開放的；不需要一個明確的 open 修飾符。sealed 類別的行為如圖 4.2 所示。

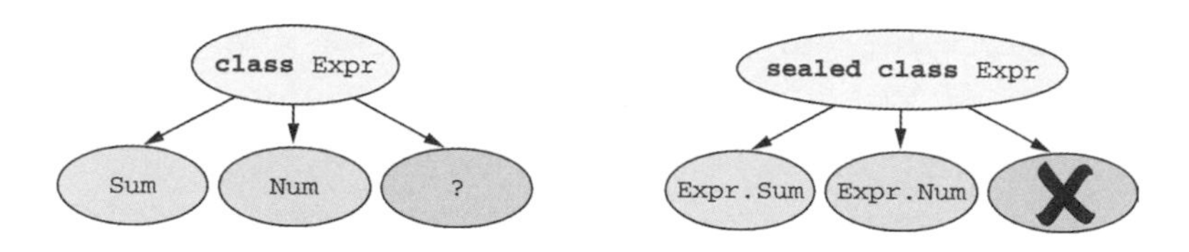

圖 4.2　sealed 類別不能在類別之外定義繼承者

當使用帶有 sealed 類別的 when 並加入一個新的子類別時，回傳一個值的 when 表示式將無法編譯，這將指向你必須改變的程式碼。

在這個覆蓋下，Expr 類別有一個 private 建構函式，只能在類別中呼叫。你不能宣告一個 sealed 介面，為什麼？如果可以的話，Kotlin 編譯器將無法保證某人不能在 Java 程式碼中實作這個介面。

注意 ››› 在 Kotlin 1.0 中，sealed 的功能是相當有限的。例如，所有的子類別都必須巢狀，子類別不能成為一個 data 類別（本章後面會介紹 data 類別）。Kotlin 1.1 則放寬了限制，並允許在同一個檔案的任何位置定義 sealed 類別的子類別。

還記得，在 Kotlin 中，使用冒號來繼承類別並實作介面。讓我們仔細看一下子類別的宣告：

```
class Num(val value: Int) : Expr()
```

這個簡單的例子應該非常清楚，除了 Expr() 中類別名稱之後的括號的含意。我們將在下一節討論它們，包括在 Kotlin 初始化類別。

4.2 用非預設的建構函式或屬性宣告一個類別

如你所知，在 Java 中一個類別可以宣告一個或多個建構函式。而 Kotlin 也類似，但有一個額外的變化：它區分了一個**主要**（*primary*）建構函式（通常是初始化一個類別的主要簡潔方法，並且是在類別主體外宣告）和一個**次要**（*secondary*）建構函式（在類別主體中宣告）。它也允許你在**初始器區塊**（*initializer block*）中加入額外的初始化邏輯。首先，我們看看宣告主要建構函式和初始器區塊的語法，接著將解釋如何宣告幾個建構函式。之後，我們將談到更多的屬性。

4.2.1 初始化類別：主要建構函式和初始器區塊

在第 2 章中，看到如何宣告一個簡單的類別：

```
class User(val nickname: String)
```

通常，類別中的所有宣告都放在大括號內。你可能想知道為什麼這個類別沒有大括號，而只有一個在小括號中的宣告。這個由小括號包圍的程式碼被稱為**主要建構函式**（*primary constructor*）。它有兩個目的：指定建構函式參數和由這些參數所初始化的定義屬性。讓我們解開這裡發生的事情，看看你可以寫的最明確的程式碼是否做同樣的事情：

```
class User constructor(_nickname: String) {    ← 具有一個參數的主要建構函式
    val nickname: String

    init {                ← 初始器區塊
        nickname = _nickname
    }
}
```

在這個例子中，會看到兩個新的 Kotlin 關鍵字：constructor 和 init。constructor 關鍵字開始主要或次要建構函式的宣告。init 關鍵字引入了一個**初始器區塊**。這些區塊包含在建立類別時執行的初始化程式碼，旨在與主要建構函式一起使用。由於主要建構函式的語法受限，因此不能包含初始化程式碼。這就是為什麼你要有初始器區塊的原因。如果你想要，則可以在一個類別中宣告幾個初始器區塊。

建構函式參數 _nickname 中的底線，用於區分屬性的名稱和建構函式參數的名稱。另一種可能性是使用相同的名稱，並像 Java 中通常所做的那樣，撰寫 this 名稱來消除模糊性：this.nickname = nickname。

在這個例子中，不需要把初始化程式碼放在初始器區塊中，因為它可以和 nickname 屬性的宣告組合在一起。如果主要建構函式中沒有註解或可見性修飾符，你可以省略 constructor 關鍵字。如果做了這些改變，則會得到以下結果：

```
class User(_nickname: String) {      ← 具有一個參數的主要建構函式
    val nickname = _nickname         ← 該屬性用參數初始化
}
```

這是另一種宣告同一個類別的方法。請注意如何在屬性初始值設定項和初始器區塊中，參考主要建構函式參數。

前面的兩個範例透過在類別主體中使用 val 關鍵字來宣告該屬性。如果使用相對應的建構函式參數初始化屬性，則可以透過在參數前加上 val 關鍵字來簡化程式碼，這將替換類別中的屬性定義：

```
class User(val nickname: String)    ← 「val」表示為建構函式參數產生相對應的屬性
```

User 類別的所有宣告都是相等的，但最後一個宣告使用了最簡潔的語法。

你可以宣告建構函式參數的預設值，有如為函式參數宣告預設值：

```
class User(val nickname: String,
           val isSubscribed: Boolean = true)    ← 為建構函式參數提供預設值
```

類別的實例，可以直接呼叫建構函式，而不使用 new 關鍵字：

```
>>> val alice = User("Alice")      ← 對 isSubscribed 參數使用預設值「true」
>>> println(alice.isSubscribed)
true
>>> val bob = User("Bob", false)      ← 可以根據宣告順序指定所有參數
>>> println(bob.isSubscribed)
false
>>> val carol = User("Carol", isSubscribed = false)      ← 可以明確指定一些建構函式參數的名稱
>>> println(carol.isSubscribed)
false
```

似乎 Alice 預設訂閱郵件列表，而 Bob 仔細閱讀條款，並取消選擇預設選項。

注意 >>> 如果所有的建構函式參數都有預設值，那麼編譯器會產生一個沒有使用所有預設值參數的附加建構函式。這使得使用 Kotlin 和透過無參數建構函式實例化類別的函式庫更容易。

如果類別有父類別，主要建構函式也需要初始化父類別。可以透過在基礎類別列表中的父類別參考之後提供父類別建構函式參數來實作：

```
open class User(val nickname: String) { ... }

class TwitterUser(nickname: String) : User(nickname) { ... }
```

如果沒有宣告任何類別的建構函式，將會產生一個什麼也不做的預設建構函式：

```
open class Button   ◄── 產生沒有參數的預設建構函式
```

如果繼承 Button 類別，而不提供任何建構函式，則即使沒有任何參數，也必須明確呼叫父類別的建構函式：

```
class RadioButton: Button()
```

這就是為什麼在父類別名稱後面需要空括號的原因。注意與介面的區別：介面沒有建構函式，所以如果實作了一個介面，就不會在父型態列表中的名稱後加上括號。

如果想確保類別不被其他程式碼實例化，必須使建構函式為 private。以下是如何使主要建構函式為 private：

```
class Secretive private constructor() {}   ◄── 這個類別有一個 private 建構函式
```

因為 Secretive 類別只有一個 private 建構函式，所以類別外的程式碼不能實例化它。在本章的後面，我們將討論伴生物件，這可能是一個呼叫這樣的建構函式的好地方。

private 建構函式的替代品

在 Java 中，可以使用 private 建構函式禁止類別實例化，來表達更一般的想法：類別是靜態公用程式成員的容器或是單例。Kotlin 具有用於這些目的的內建語言特徵。你可使用頂層函式（第 3.2.3 節中）做為靜態公用程式。為了表示單例，可以使用物件宣告，如第 4.4.1 節所見。

在大多數實際的範例中，類別的建構函式很簡單：它不包含任何參數或將參數指派給相對應的屬性。這就是為什麼 Kotlin 中，主要建構函式具有簡潔的語法的原因：對於大多數情況來說，它是非常有用的。但是實際情況並不總是那麼理想，所以 Kotlin 允許類別定義許多建構函式。讓我們看看這是如何做的。

4.2.2 次要建構函式：以不同的方式初始化父類別

一般來說，具有多個建構函式的類別，在 Kotlin 中比在 Java 中少得很多。大多數情況，Kotlin 所支援的預設參數值和命名參數語法，涵蓋了 Java 中需要多載建構函式。

提示»» 不要宣告多個次要建構函式多載並為參數提供預設值，而是直接指定預設值。

但是仍然有需要多個建構函式的情況。當需要繼承一個提供多個建構函式的框架類別，以不同的方式初始化這個類別的時候，最常見的一個就出現了。想像一下，在 Java 中宣告的一個 `View` 類別，它有兩個建構函式（如果你是一個 Android 開發者，你可能就了解這個定義）。Kotlin 類似的宣告如下：

```
open class View {
    constructor(ctx: Context) {
        // some code
    }
    constructor(ctx: Context, attr: AttributeSet) {
        // some code
    }
}
```

次要建構函式

這個類別沒有宣告主要建構函式（你可以說因為在類別標頭沒有括號），但是它宣告了兩個次要建構函式。使用 `constructor` 關鍵字引入了次要建構函式。你可以根據需求宣告多個次要建構函式。

如果想繼承這個類別，可以宣告相同的建構函式：

```
class MyButton : View {
    constructor(ctx: Context)
        : super(ctx) {
        // ...
    }
    constructor(ctx: Context, attr: AttributeSet)
        : super(ctx, attr) {
        // ...
    }
}
```

呼叫父類別的建構函式

在這裡定義了兩個建構函式，每個建構函式都使用 `super()` 關鍵字來呼叫父類別所對應的建構函式。如圖 4.3 所示；箭頭顯示了委託給哪個建構函式。

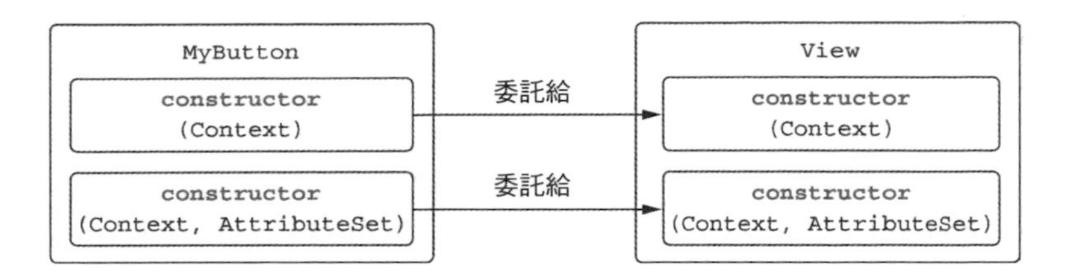

圖 4.3　使用不同的父類別建構函式

就像在 Java 中一樣，也可以使用 this() 關鍵字從建構函式中呼叫另一個建構函式。以下是這如何做到的範例：

```
class MyButton : View {
    constructor(ctx: Context): this(ctx, MY_STYLE) {
        // ...
}
    constructor(ctx: Context, attr: AttributeSet): super(ctx, attr) {
        // ...
    }
}
```

委託給另一個類別的建構函式

可以更改 MyButton 類別，使其中一個建構函式委託給相同類別的另一個建構函式（使用 this），並傳遞參數的預設值，如圖 4.4 所示。第二個建構函式繼續呼叫 super()。

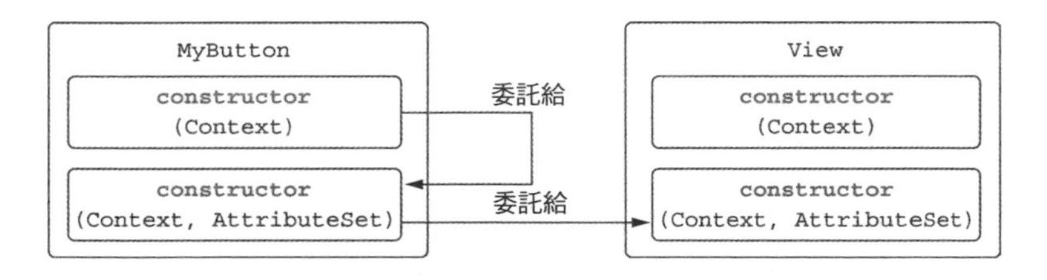

圖 4.4　委託給同一個類別的建構函式

如果類別沒有主要建構函式，那麼每個次要建構函式都必須初始化為基礎類別或委託給另一個建構函式。根據前面的圖形的項目思考，每個次要建構函式都必須有一個向外的箭頭開始的路徑，路徑在基礎類別的任何建構函式結束。

當需要使用次要建構函式時，Java 互用性（interoperability）是主要案例。但是還有另外一種可能的情況：當你有多種方法來建立類別的實例時，與不同的參數列表。我們將在第 4.4.2 節討論一個例子。

我們已經討論了如何定義非預設的建構函式。現在讓我們把注意力轉向非預設的屬性。

4.2.3 實作在介面宣告的屬性

在 Kotlin 中，一個介面可以包含抽象屬性宣告。下面是一個帶有這樣宣告的介面定義的例子：

```
interface User {
    val nickname: String
}
```

這意味著實作 User 介面的類別，需要提供一種方法來獲取 nickname 的值。該介面不指定值是儲存在支援還是透過 getter 取得。因此，介面本身不包含任何狀態，只有實作該介面的類別才可以儲存該值。

來看看介面的一些可能的實作：PrivateUser，只填寫他們的暱稱；SubscribingUser，顯然是被迫提供電子郵件註冊；FacebookUser，他們輕率地分享了他們的 Facebook ID。所有這些類別以不同的方式在介面中實作抽象屬性。

範例程式 4.14　實作介面屬性

```
class PrivateUser(override val nickname: String) : User      ← 主要建構函式屬性

class SubscribingUser(val email: String) : User {
    override val nickname: String
        get() = email.substringBefore('@') )      ← 客製化 getter
}

class FacebookUser(val accountId: Int) : User {
    override val nickname = getFacebookName(accountId)      ← 屬性初始器
}

>>> println(PrivateUser("test@kotlinlang.org").nickname)
test@kotlinlang.org
>>> println(SubscribingUser("test@kotlinlang.org").nickname)
test
```

對於 PrivateUser，你可使用簡潔的語法，直接在主要建構函式中宣告屬性。這個屬性實作了 User 的抽象屬性，所以把它標記為 override。

對於 SubscribingUser，nickname 屬性是透過自定義 getter 實作的。該屬性沒有支援欄位來儲存其值；它只有一個 getter，可以在每次呼叫時計算電子郵件的暱稱。

對於 FacebookUser，你將值指派給其初始值設定項中的 nickname 屬性。使用了一個 getFacebookName 函式，該函式應該回傳給定其 ID 的 Facebook 使用者的名稱。（假設它是在別的地方定義的。）這個函式代價高昂：它需要和 Facebook 建立連接才能獲得所需的資料。這就是為什麼決定在初始化階段呼叫一次。

注意 SubscribingUser 和 FacebookUser 中 nickname 的不同實作。儘管它們看起來相似，但第一個屬性有一個自定義 getter，它在每次存取時計算 substringBefore，而 FacebookUser 中的屬性具有一個支援欄位，用於儲存在類別初始化期間計算的資料。

除了抽象屬性宣告之外，介面還可以包含 getter 和 setter 屬性，只要它們不參考支援欄位即可。（支援欄位需要在介面中儲存狀態，這是不允許的。）讓我們來看一個例子：

```
interface User {
    val email: String
    val nickname: String
        get() = email.substringBefore('@')
}
```

屬性沒有支援欄位：每個存取都會計算結果值

該介面包含抽象屬性 email，以及具有自定義 getter 的 nickname 屬性。第一個屬性必須在子類別中覆寫，而第二個屬性可以繼承。

與在介面中實作的屬性不同，在類別中實作的屬性可以完全存取支援欄位。讓我們來看看如何從存取器中參考它們。

4.2.4　從 getter 或 setter 存取一個支援欄位

已經看到了兩種屬性的幾個範例：使用自定義存取器儲存值和屬性的屬性，該存取器計算每個存取的值。現在讓我們來看看如何將這兩者結合起來，並實作一個儲存值的屬性，並提供存取或修改值時執行的其他邏輯。為了支援這一點，需要能夠從存取器存取屬性的支援欄位（backing field）。

假設想記錄儲存在屬性中的任何資料更改。宣告一個可變屬性，並在每個 setter 上執行額外的程式碼。

範例程式 4.15　存取 setter 中的支援欄位

```
class User(val name: String) {
    var address: String = "unspecified"
        set(value: String) {
            println("""
```

```
                Address was changed for $name:
                "$field" -> "$value".""".trimIndent())   ◄── 讀取支援欄位值
            field = value   ◄── 更新支援欄位值
        }
}

>>> val user = User("Alice")
>>> user.address = "Elsenheimerstrasse 47, 80687 Muenchen"
Address was changed for Alice:
"unspecified" -> "Elsenheimerstrasse 47, 80687 Muenchen".
```

透過 `user.address = "new value"` 來改變一個屬性值，這會呼叫一個 setter。在這個例子中，setter 被重新定義，所以執行額外的日誌程式碼（為了簡單起見，在這種情況下把它印出來）。

在 setter 的主體中，使用特殊識別字 `field` 來存取支援欄位的值。在 getter 中，只能讀取這個值。在 setter 中，可以讀取和修改它。

請注意，只能重新定義可變屬性的存取器之一。範例程式 4.15 中的 getter 很簡單，只回傳欄位值，所以不需要重新定義它。

你可能會想知道有支援的屬性和沒有的屬性有什麼區別。存取該屬性的方式不取決於它是否具有支援欄位。如果明確參考它或使用預設存取器實作，編譯器將為該屬性產生支援欄位。如果提供不使用 `field` 的自定義存取器實作（如果該屬性是 `val`，則為 getter；如果屬性為可變的，則為兩個存取器），則不會出現支援欄位。

有時不需要更改存取器的預設實作，但需要更改其可見性。我們來看看該怎麼做到這一點。

4.2.5 更改存取器可見性

存取器預設情況下的可見性與屬性相同。但是，如果需要可以透過在 `get` 或 `set` 關鍵字之前，加入可見性修飾符來更改此設定。要看該如何使用它，我們來看下面的範例。

範例程式 4.16　用 private setter 宣告屬性

```
class LengthCounter {
    var counter: Int = 0
        private set   ◄── 不能在類別外改變這個屬性

    fun addWord(word: String) {
        counter += word.length
    }
}
```

這個類別計算加入的單字總長度。持有總長度的屬性為 public，因為它是類別為開發者所提供 API 的一部分。但是需要確保它只在類別中修改，否則外部程式碼可能會改變它，並儲存一個不正確的值。因此，讓編譯器產生具有預設可見性的 getter，並將 setter 的可見性更改為 private。

以下是如何使用這個類別的方法：

```
>>> val lengthCounter = LengthCounter()
>>> lengthCounter.addWord("Hi!")
>>> println(lengthCounter.counter)
3
```

建立一個 LengthCounter 的實例，接著加入一個長度為 3 的單字「Hi!」。現在 counter 屬性儲存 3。

更多關於屬性的資訊

在本書稍後將繼續討論屬性。以下有一些參考：

- 對於非 null 屬性的 lateinit 修飾符，指定此屬性在呼叫建構函式後進行初始化，這是一些框架常見的情況，將在第 6 章介紹這個功能。
- 作為更廣泛的**委託屬性**功能的一部分，惰性初始化（laze initialized）屬性將在第 7 章中介紹。

  為了與 Java 框架相容，可以使用在 Kotlin 中模擬 Java 功能的註解。例如，屬性上的 @JvmField 註解，暴露了一個沒有存取器的 public 欄位。將在第 10 章談到更多關於註解的知識。
- const 修飾符使註解更方便，並允許使用基本型態或 String 的屬性作為註解參數。第 10 章將提供相關細節。

在這裡結束我們對 Kotlin 撰寫非預設建構函式和屬性的討論。接下來，你將會看到如何使用 data 類別的概念，來更友善地建立值 - 物件（value-object）類別。

4.3　編譯器產生的方法：資料類別和類別委託

Java 平台定義了許多需要在許多類別中呈現的方法，通常以較機械式的方式實作，如 equals、hashCode 和 toString。幸運的是，Java IDE 可以自動產生這些方法，所以通常不需要動手撰寫它們。但在這種情況下，你的程式庫需要包含樣板程式碼。而 Kotlin 編譯器更向前邁了一步，它可以執行在場景背後所產生的程式碼，而不會將程式碼檔案與結果混淆。

已經看到一般類別建構函式和屬性存取器是如何運作。讓我們來看看更多有關 Kotlin 編譯器對簡單資料類別產生有用方法的範例，並大大簡化了類別委託樣式。

4.3.1 通用物件方法

和 Java 一樣，所有的 Kotlin 類別都有一些可能想要覆寫的方法：toString、equals 和 hashCode。讓我們看看這些方法是什麼，以及 Kotlin 如何幫助你自動產生實作。我們將使用一個簡單的 Client 類別來儲存客戶的名稱和郵遞區號。

範例程式 4.17　Client 類別的初始宣告

```
class Client(val name: String, val postalCode: Int)
```

讓我們看看如何將類別實例表示為字串。

字串表示式：toString()

和 Java 一樣，Kotlin 中的所有類別都提供了取得類別物件的字串表示方式。這主要用於除錯和日誌記錄，但也可以在其他上下文中使用此功能。預設情況下，物件的字串表示看起來像 Client@5e9f23b4，這不是很有用。要改變這個，需要覆寫 toString 方法。

範例程式 4.18　為 Client 實作 toString()

```
class Client(val name: String, val postalCode: Int) {
    override fun toString() = "Client(name=$name, postalCode=$postalCode)"
}
```

現在，客戶的表示如下所示：

```
>>> val client1 = Client("Alice", 342562)
>>> println(client1)
Client(name=Alice, postalCode=342562)
```

這有更多的資訊，不是嗎？

物件相等：equals()

Client 類別的所有計算都在其外部進行。這個類別只是儲存資料；用意是要簡單透明。不過，你可能對這樣一個類別的行為會有一些要求。舉例來說，假設希望物件包含相同資料時將被視為相等：

```
>>> val client1 = Client("Alice", 342562)
>>> val client2 = Client("Alice", 342562)
>>> println(client1 == client2)
false
```

在 Kotlin 中，== 檢查物件是否相等，而不是參考。它被編譯為「equals」的呼叫。

看到的物件是不相等的。這意味著必須覆寫 Client 類別的 equals。

== 相等

在 Java 中，可以使用 == 運算子來比較基本型態和參考型態。如果應用於基本型態，Java 的 == 是用於比較值，而若應用於參考型態時，== 則是比較參考。因此，在 Java 中，有一個總是呼叫 equals 的習慣。

在 Kotlin 中，== 運算子是比較兩個物件的預設方式：它呼叫 equals 來比較它們的值。因此，如果在類別中覆寫 equals，則可以安全地使用 == 比較其實例。對於參考比較，可以使用 === 運算子，該運算子透過比較物件參考與 Java 中的 == 完全相同。

來看看更改後的 Client 類別。

範例程式 4.19　為 Client 實作 equals()

```
class Client(val name: String, val postalCode: Int) {
    override fun equals(other: Any?): Boolean {
        if (other == null || other !is Client)
            return false
        return name == other.name &&
               postalCode == other.postalCode
    }
    override fun toString() = "Client(name=$name, postalCode=$postalCode)"
}
```

檢查「other」是否為 Client

「Any」和 java.lang.Object 是類似的：此為 Kotlin 中所有類別的父類別。可以為空的型態「Any?」表示「other」可以為 null

檢查相對應的屬性是否相等

再次提醒，Kotlin 中的 is 是 Java 中 instanceof 的類似語法。它檢查一個值是否有指定的型態。像 !in 運算子一樣，這是對 in 檢查的否定（在第 2.4.4 節中已經討論過），!is 運算子表示 is 檢查的否定。這樣的運算子使你的程式碼更易於閱讀。在第 6 章中，我們將詳細討論可空的型態，以及為什麼條件 other == null || other !is Client 可以簡化為 other !is Client。

因為在 Kotlin 中，override 修飾符是強制的，可以防止意外地寫入 fun equals(other: Client)，這會加入一個新的方法而不是覆寫 equals。在覆寫 equals 之後，可能會期望具有相同屬性值的客戶是相等的。事實上，上例中的相等檢查 client1 == client2 回傳 true。但是，如果想對客戶做更複雜的事情，這是行不通的。通常的面試問題是「哪裡出錯，有什麼問題？」你可能會說問題是 hashCode 遺失了。而實際上就是這樣，現在我們來討論為什麼這點很重要。

雜湊容器：**hashCode()**

hashCode 方法應該總是和 equals 一起被覆寫，本節將解釋其原因。

我們建立包含一個元素的集合：一個名為 Alice 的客戶。然後，建立一個包含相同資料的新客戶實例，並檢查它是否包含在集合中。你會期望檢查回傳 true，因為這兩個實例是相等的，但實際上它回傳 false：

```
>>> val processed = hashSetOf(Client("Alice", 342562))
>>> println(processed.contains(Client("Alice", 342562)))
false
```

原因是 Client 類別缺少 hashCode 方法。因此，它違反了一般的 hashCode 規範：如果兩個物件相等，則它們必須具有相同的雜湊值。processed 集合是一個 HashSet。HashSet 中的值以優化的方式進行比較：首先比較它們的雜湊值，接著只有在它們相等的情況下，才會比較實際值。前面例子中的 Client 類別的兩個不同實例的雜湊值是不同的，所以這個集合決定它不包含第二個物件，即使 equals 回傳 true。因此如果不遵循規則，則 HashSet 無法正確使用這些物件。

為了解決這個問題，可以將 hashCode 的實作加到類別中。

範例程式 4.20　為 Client 實作 hashCode()

```
class Client(val name: String, val postalCode: Int) {
    ...
    override fun hashCode(): Int = name.hashCode() * 31 + postalCode
}
```

現在有一個在所有情況下都能按預期執行的類別，但注意一下需要撰寫多少程式碼。幸運的是，Kotlin 編譯器可以透過自動產生所有這些方法來幫助你。讓我們看看該如何要求它做到這一點。

4.3.2 資料類別：自動產生的通用方法實作

如果想讓類別成為你資料的方便容器，需要覆寫這些方法：toString、equals 和 hashCode。通常這些方法的實作很簡單，像 IntelliJ IDEA 這樣的 IDE 可以幫助你自動產生它們，並驗證它們是否正確執行與一致性。

好消息是，不必在 Kotlin 中產生所有這些方法。如果將 data 修飾符加到類別中，則會自動為你產生必要的方法。

範例程式 4.21　`Client` 作為 data 類別

```
data class Client(val name: String, val postalCode: Int)
```

很簡單，對吧？現在你有一個覆寫所有標準 Java 方法的類別：

- `equals` 用於比較實例
- `hashCode` 將它們用作 hash-base 的容器（如 `HashMap`）中的鍵值
- `toString` 用於產生字串表示方式，用以顯示所有欄位的宣告順序

`equals` 和 `hashCode` 方法考慮在主要建構函式中宣告的所有屬性。產生的 `equals` 方法檢查所有屬性的值是否相等。`hashCode` 方法回傳一個依賴於所有屬性的雜湊程式碼。請注意，未在主要建構函式中宣告的屬性不參與等式檢查和雜湊值計算。

這不是為資料類別產生有用方法的完整列表。下一節會再討論，其餘的部分將在第 7.4 節中介紹。

資料類別和不可變的：`copy()` 方法

請注意，即使資料類別的屬性不需為 `val`，也可以使用 `var`，強烈建議你只使用唯讀屬性，使資料類別的實例**不可變的**（*immutable*）。如果想在 `HashMap` 或者類似的容器中使用這樣的實例作為鍵值，這是必須要做的，因為如果用作鍵值的物件在被加到容器後被修改，則容器可能進入無效狀態。不可變的物件也更容易推理，特別是在多執行緒程式碼中：一旦物件被建立，它就會保持原來的狀態，並且不需要擔心其他執行緒在你的程式碼正在處理時修改物件。

為了使資料類別作為不可變物件更容易使用，Kotlin 編譯器為它們產生了更多的方法：一種方法，允許你**複製**類別的實例，更改某些屬性的值。建立副本通常是替換實例的很好替代方案：副本具有單獨的生命週期，不會影響參考原始實例的程式碼中的位置。如果你手動加以實作，則 `copy` 方法將會是如下面貌：

```
class Client(val name: String, val postalCode: Int) {
    ...
    fun copy(name: String = this.name,
             postalCode: Int = this.postalCode) =
        Client(name, postalCode)
}
```

以下是如何使用 copy 方法：

```
>>> val bob = Client("Bob", 973293)
>>> println(bob.copy(postalCode = 382555))
Client(name=Bob, postalCode=382555)
```

已經了解了資料修飾符如何使值 - 物件類別更方便地使用。現在讓我們來談談另一個 Kotlin 功能，它可以避免 IDE 產生的樣板程式碼：類別委託。

4.3.3 類別委託：使用「by」關鍵字

大型物件導向系統設計中一個常見問題是由實作繼承導致的脆弱性。當你繼承一個類別，並覆寫它的一些方法時，程式碼將依賴於你正在繼承的類別的實作細節。當系統發展，基礎類別的實作發生變化或新的方法被加進它時，你在類別中做出關於它的行為假設可能變得無效，所以程式碼可能最終不能正確執行。

Kotlin 意識到了這個問題，所以預設情況下把類別視為 final。這確保只有那些為繼承性設計的類別才能被繼承。在處理這樣的類別時，你會發現它是開放的，你可以記住，修改需要與衍生類別相容。

但是通常你需要給另一個類別添加行為，即使它不是被設計為繼承的。一個常用的方法來實作這個被稱為**裝飾**（*Decorator*）模式。模式的本質是建立一個新的類別、實作與原始類別相同的介面，並將原始類別的實例儲存為一個欄位。將原始類別的行為不需要修改的方法，轉發給原始類別實例。

這種方法的一個缺點就是它需要大量的樣板程式碼（像 IntelliJ IDEA 這樣的 IDEA 有專門的功能來產生程式碼）。舉例來說，即使不修改任何行為，下面是實作像 Collection 這樣簡單的介面的裝飾所需要的程式碼：

```
class DelegatingCollection<T> : Collection<T> {
    private val innerList = arrayListOf<T>()

    override val size: Int get() = innerList.size
    override fun isEmpty(): Boolean = innerList.isEmpty()
    override fun contains(element: T): Boolean = innerList.contains(element)
    override fun iterator(): Iterator<T> = innerList.iterator()
    override fun containsAll(elements: Collection<T>): Boolean =
            innerList.containsAll(elements)
}
```

好消息是，Kotlin 包括對委託有好支援的語言特性。每當你實作一個介面的時候，你可以說你正在使用 by 關鍵字，將介面的實作**委託**給另一個物件，以下是如何使用這種方法來覆寫前面的例子：

```
class DelegatingCollection<T>(
        innerList: Collection<T> = ArrayList<T>()
) : Collection<T> by innerList {}
```

該類別中的所有方法的實作都沒有了。編譯器將會產生它們，實作部分與 DelegatingCollection 範例相類似。由於程式碼中幾乎沒有什麼有趣的內容，因此當編譯器能自動為你執行相同的工作時，就不需親自撰寫它。

現在，當需要改變某些方法的行為時，可以覆寫它們，程式碼會被呼叫，而不是產生的方法。你可以省略對委託給目前實例的預設實作感到滿意的方法。

我們來看看如何使用這種技術來實作一個聚集，計算加入此聚集元素的個數。舉例來說，如果正在執行某種重複資料的刪除，則可以透過比較試圖加入的元素個數與聚集的最終大小，使用此類集合來衡量程序的效率。

範例程式 4.22　使用類別委託

```
class CountingSet<T>(
        val innerSet: MutableCollection<T> = HashSet<T>()
) : MutableCollection<T> by innerSet {          ← 將 MutableCollection 實作委託
                                                   給 innerSet
    var objectsAdded = 0

    override fun add(element: T): Boolean {      ← 不委託；提供了不同
        objectsAdded++                             的實作
        return innerSet.add(element)
    }

    override fun addAll(c: Collection<T>): Boolean {
        objectsAdded += c.size
        return innerSet.addAll(c)
    }
}

>>> val cset = CountingSet<Int>()
>>> cset.addAll(listOf(1, 1, 2))
>>> println("${cset.objectsAdded} objects were added, ${cset.size} remain")
3 objects were added, 2 remain
```

正如你所見，多載 add 和 addAll 方法來遞增計數，並且將 MutableCollection 介面的其餘實作委託包裝的容器。

重要的是，沒有引入對如何實作基礎聚集的依賴。例如，不關心該聚集是透過在迴圈中呼叫 add 來實作 addAll，還是使用針對特定情況最佳化的不同實作。可以完全控制客戶端程式碼呼叫你的類別時發生的情況，而只依賴基礎聚集中記錄的 API 來實作你的操作，所以可以依靠它繼續工作。

我們已經完成了關於 Kotlin 編譯器，如何為類別產生有用方法的討論。讓我們繼續討論 Kotlin 的類別最後一個重要部分：object 關鍵字以及在不同的情況下它所扮演的角色。

4.4 「object」關鍵字：宣告一個類別並建立一個實例

在許多不同情況下，object 關鍵字都會出現在 Kotlin 中，但是它們都有著相同的核心思想：關鍵字定義一個類別，同時建立一個類別的實例（換句話說，即是物件）。我們來看看使用時的不同情況：

- **物件宣告**（*Object declaration*）是一種定義單例的方法。
- **伴生物件**（*Companion objects*）可以包含工廠方法和其他與這個類別相關的方法，但是不需要呼叫一個類別實例。它們的成員可以透過類別名稱存取。
- **使用物件表示式**（*Object expression*），而不是 Java 匿名內部類別。

現在我們將詳細討論這些 Kotlin 功能。

4.4.1 物件宣告：單例變得簡單

在物件導向的系統設計中，一個相當普遍的情況就是只需要一個實例的類別。在 Java 中，這通常是使用 Singleton 模式實作的：定義一個具有 private 建構函式的類別和一個包含該類別的唯一現有實例的靜態欄位。

Kotlin 使用**物件宣告**（*object declaration*）特性為此提供了最好的語言支援。物件宣告結合了**類別宣告**（*class declaration*）和該類別的**單一實例**（*single instance*）的宣告。

舉例來說，可以使用物件宣告來表示一組織的薪資單。可能沒有多個薪資單，所以使用物件聽起來很合理：

```
object Payroll {
    val allEmployees = arrayListOf<Person>()
```

```
    fun calculateSalary() {
        for (person in allEmployees) {
            ...
        }
    }
}
```

物件宣告是透過 object 關鍵字引介的。物件宣告在單一敘述中有效地定義了該類別和類別的變數。

就像類別一樣，一個物件宣告可以包含屬性宣告、方法宣告、初始器區塊等等。唯一不允許的是建構函式（主要或次要的）。與一般類別的實例不同，物件宣告是在定義時立即建立的，而不是透過程式碼中其他地方的建構函式呼叫。因此，定義一個物件宣告的建構函式是沒有意義的。

就像變數一樣，一個物件宣告允許使用「.」字元左邊的物件名稱來呼叫方法和存取屬性：

```
Payroll.allEmployees.add(Person(...))

Payroll.calculateSalary()
```

物件宣告也可以繼承類別和介面。當使用的框架需要實作一個介面，但是實作不包含任何狀態的時候，這通常會有用。舉例來說，來看看 java.util.Comparator 介面。Comparator 實作接收兩個物件，並回傳一個整數，指示哪個物件較大。比較器幾乎不會儲存任何資料，所以只需要一個 Comparator 實例就可以比較物件的特定方式。這是一個使用物件宣告的很好範例。

舉一個具體的例子，我們來實作一個比較檔案路徑的比較器。

範例程式 4.23　以物件實作 Comparator

```
object CaseInsensitiveFileComparator : Comparator<File> {
    override fun compare(file1: File, file2: File): Int {
        return file1.path.compareTo(file2.path,
                ignoreCase = true)
    }
}

>>> println(CaseInsensitiveFileComparator.compare(
...     File("/User"), File("/user")))
0
```

在任何可以使用普通物件（類別的實例）的程式碼中使用單例物件。例如，將此物件作為參數傳遞給使用 Comparator 的函式：

```
>>> val files = listOf(File("/Z"), File("/a"))
>>> println(files.sortedWith(CaseInsensitiveFileComparator))
[/a, /Z]
```

這裡使用 sortedWith 函式，回傳一個按照指定的比較器排序的列表。

單例和相依注入

就像 Singleton 模式一樣，物件宣告並不總是在大型系統中使用的理想選擇。對於那些很少或沒有相依關係的簡短程式碼來說，它們是非常棒的，但對於與系統中其他許多部分相互作用的大型組件來說，它們並不是那麼好。主要原因是你沒有任何控制物件的實例，和不能指定參數的建構函式。

這意味著你不能在單元測試或軟體系統的不同配置中，替換物件本身或物件所依賴的其他類的實作。如果需要這個能力，就像在 Java 中一樣，應該使用一般的 Kotlin 類別和相依注入框架（比如 Guice，https://github.com/google/guice）。

你也可以在一個類別中宣告物件。這樣的物件也只有單一實例；它們沒有包含類別實例的單獨實例。例如，放置一個比較器來比較該類別中某個特定類別的物件是合乎邏輯的。

範例程式 4.24　用巢狀物件實作 Comparator

```
data class Person(val name: String) {
    object NameComparator : Comparator<Person> {
        override fun compare(p1: Person, p2: Person): Int =
            p1.name.compareTo(p2.name)
    }
}

>>> val persons = listOf(Person("Bob"), Person("Alice"))
>>> println(persons.sortedWith(Person.NameComparator))
[Person(name=Alice), Person(name=Bob)]
```

從 Java 使用 Kotlin 物件

Kotlin 中的一個物件宣告被編譯為一個靜態欄位的類別，該靜態欄位保持其單一實例，該實例始終被命名為 INSTANCE。如果在 Java 中實作了 Singleton 模式，可能會手動做同樣的事情。因此，要從 Java 程式碼中使用 Kotlin 物件，可以存取靜態 INSTANCE 欄位：

```
/* Java */
CaseInsensitiveFileComparator.INSTANCE.compare(file1, file2);
```

在這個範例中，INSTANCE 欄位的型態是 CaseInsensitiveFileComparator。

現在我們來看一個在類別中巢狀的物件之特例：**伴生物件**（*companion objects*）。

4.4.2 伴生物件：工廠方法和靜態成員的所在

Kotlin 中的類別不能有靜態成員；Java 的 `static` 關鍵字不是 Kotlin 語言的一部分。作為替代，Kotlin 依賴於 package-level 函式（可以在許多情況下代替 Java 的靜態方法）和物件宣告（在其他情況下替代 Java 靜態方法，以及靜態欄位）。在大多數情況下，建議使用頂層函式。但是頂層函式不能存取類別的 `private` 成員，如圖 4.5 所示。因此，如果需要撰寫一個在沒有類別實例的情況下呼叫的函式，但是需要存取類別的內部函式，則可以將它當作為該類別內的物件宣告之成員。這種功能的例子是工廠方法。

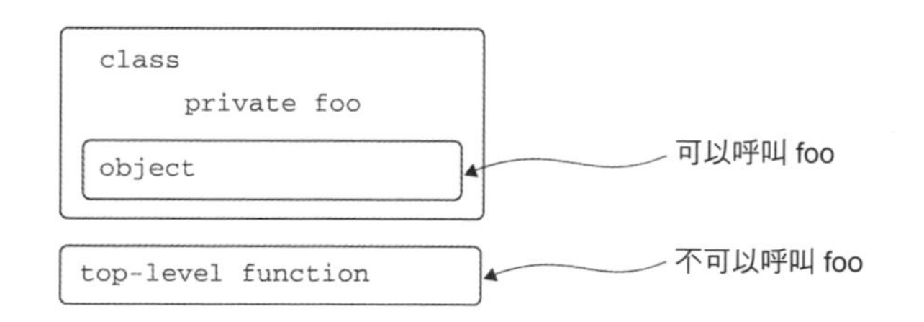

圖 4.5　private 成員不能在類別之外的頂層函式中使用

類別中定義的物件可以用一個特殊的關鍵字：`companion` 來標記。如果這樣做了，就可以透過包含類別的名稱，直接存取該物件的方法和屬性，而不需要明確指定物件的名稱。其語法看起來像 Java 中的靜態方法呼叫。下面是顯示這個語法的基本範例：

```
class A {
    companion object {
        fun bar() {
            println("Companion object called")
        }
    }
}

>>> A.bar()
Companion object called
```

還記得呼叫 `private` 建構函式的地方嗎？就是伴生物件。伴生物件可以存取類別的所有 `private` 成員，包括 `private` 建構函式，並且它是實作 Factory 模式的理想候選者。

讓我們看一個宣告兩個建構函式的例子，然後將其更改為使用伴生物件中宣告的工廠方法。我們將建立在範例程式 4.14 上，與 `FacebookUser` 和 `SubscribingUser`。

以前，這些實體是實作通用介面 User 的不同類別。現在你決定只管理一個類別，但是提供不同的建立方法。

範例程式 4.25 用多個次要建構函式定義一個類別

```
class User {
    val nickname: String

    constructor(email: String) {
        nickname = email.substringBefore('@')
    }

    constructor(facebookAccountId: Int) {
        nickname = getFacebookName(facebookAccountId)
    }
}
```

次要建構函式

表達相同邏輯的另一種方法，由於許多原因可能是有益的，即使用工廠方法來建立類別的實例。User 實例是透過工廠方法來建立的，而不是透過多個建構函式。

範例程式 4.26 用工廠方法替換次要建構函式

```
class User private constructor(val nickname: String) {
    companion object {
        fun newSubscribingUser(email: String) =
            User(email.substringBefore('@'))

        fun newFacebookUser(accountId: Int) =
            User(getFacebookName(accountId))
    }
}
```

將主要建構函式標記為 private

宣告伴生物件

宣告一個名為伴生物件

透過 Facebook ID 建立新使用者的工廠方法

可以透過類別名稱呼叫伴生物件的方法：

```
>>> val subscribingUser = User.newSubscribingUser("bob@gmail.com")
>>> val facebookUser = User.newFacebookUser(4)

>>> println(subscribingUser.nickname)
bob
```

工廠方法非常有用，可以根據它們的目的命名，如範例中所示。另外，一個工廠方法可以回傳宣告該方法的類別的子類別，如範例的 SubscribingUser 和 FacebookUser 就是類別。你也可以避免在沒有必要時建立新物件。舉例來說，可以確保每個電子郵件都對應一個唯一的 User 實例，並使用已存在於快取中的電子郵件呼叫工廠方法時，回傳現有實例而不是新實例。但是如果需要繼承這樣的類別，那麼使用幾個建構函式可能是更好的解決方案，因為伴生物件成員不能在子類別中被覆寫。

4.4.3 伴生物件當作一般物件

伴生物件是在類別中宣告的一般物件。它可以被命名、實作介面，或者具有繼承函式或屬性。在本節中，我們將看一個例子。

假設你正在為公司的薪資單製作網頁版本，並且需要將物件序列化及反序列化為 JSON，你可以將序列化邏輯放在伴生物件中。

範例程式 4.27　宣告一個伴生物件

```
class Person(val name: String) {
    companion object Loader {
        fun fromJSON(jsonText: String): Person = ...
    }
}

>>> person = Person.Loader.fromJSON("{name: 'Dmitry'}")
>>> person.name
Dmitry
>>> person2 = Person.fromJSON("{name: 'Brent'}")
>>> person2.name
Brent
```

可以用兩種方式來呼叫「fromJSON」

在大多數情況下，透過其包含的類別名稱來參考伴生物件，因此，你不必擔心其名稱。但是如果有需要，你可以指定它，如範例程式 4.27：`companion object Loader`。如果你省略了伴生物件的名稱，則指派給它的預設名稱為 `Companion`。稍後我們將討論一些關於伴生物件繼承的例子。

在伴生物件中實作介面

就像其他物件宣告一樣，伴生物件也可以實作介面。稍後將看到，可以直接使用包含類別的名稱作為實作該介面的物件實例。

假設系統中有很多種物件，包括 `Person`。你想提供一個通用的方式來建立所有型態的物件。假設你有一個可以從 JSON 反序列化的物件的介面 `JSONFactory`，並且系統中的所有物件都應該透過這個工廠建立。你可以為 `Person` 類別提供該介面的實作。

範例程式 4.28 在伴生物件中實作介面

```
interface JSONFactory<T> {
    fun fromJSON(jsonText: String): T
}

class Person(val name: String) {
    companion object : JSONFactory<Person> {
        override fun fromJSON(jsonText: String): Person = ...   ◄── 伴生物件實作一個介面
    }
}
```

接著，如果有一個使用抽象工廠載入實體的函式，則可以將 Person 物件傳遞給它。

```
fun loadFromJSON<T>(factory: JSONFactory<T>): T {
    ...
}

loadFromJSON(Person)   ◄── 將伴生物件實例傳遞給該函式
```

請注意，Person 類別的名稱被用作 JSONFactory 的一個實例。

Kotlin 伴生物件和靜態成員

類別的伴生物件與一般物件編譯方法類似：類別中的靜態欄位參考其實例。如果伴生物件未命名，則可以透過 Java 程式碼中的 Companion 參考來存取它：

```
/* Java */
Person.Companion.fromJSON("...");
```

如果伴生物件具有名稱，則使用此名稱而不是 Companion。

但是你可能需要使用 Java 程式碼，這需要類別的成員為靜態的。可以在相對應的成員上使用 @JvmStatic 註解來實作。如果要宣告 static 欄位，請在頂層屬性或 object 中宣告的屬性上使用 @JvmField 註解。這些特性專門用於互用性目的，嚴格來說不是核心語言的一部分，我們將在第 10 章中詳細介紹註解。

請注意，Kotlin 可以使用與 Java 相同的語法來存取在 Java 類別中宣告的靜態方法和欄位。

伴生物件繼承

正如在第 3.3 節看到的那樣，繼承函式允許你在程式碼函式庫所定義類別的實例上定義呼叫的方法。但是如果你需要定義可以在類別本身呼叫的函式，比如伴生物件方法或 Java 靜態方法呢？如果類別有伴生物件，可以透過定義繼承功能來實作。

更具體地來說，如果 C 類別有一個伴生物件，並且在 C.Companion 上定義了一個繼承函式 func，可以把它叫做 C.func()。

例如，希望對 Person 類別有一個更清晰的分隔點。該類別本身將成為核心商業邏輯模組的一部分，但不希望將該模組連結到任何特定的資料格式。因此，需要在負責客戶 / 伺服器溝通的模組中，定義反序列化函式。可以使用繼承函式來完成此任務。請注意，如何使用預設名稱（Companion）來參考未使用明確名稱宣告的伴生物件：

範例程式 4.29　定義伴生物件的繼承函式

```
// business logic module
class Person(val firstName: String, val lastName: String) {
    companion object {          <-- 宣告一個空的伴生物件
    }
}

// client/server communication module
fun Person.Companion.fromJSON(json: String): Person {   <-- 宣告一個繼承函式
    ...
}

val p = Person.fromJSON(json)
```

呼叫 fromJSON 中，就像它被定義為伴生物件的方法一樣，但是它實際上是定義於外部的，作為是一繼承函式。像繼承函式一樣，它看起來像一個成員，但事實並非如此。請注意，必須在類別中宣告一個伴生物件，甚至是一個空物件，以便能夠定義它的繼承。

已經看到了伴生物件是多麼有用，現在讓我們轉到 Kotlin 中用相同的 object 關鍵字：物件表示式。

4.4.4　物件表示式：匿名的內部類別被改寫

object 關鍵字不僅可用於宣告已命名的單例類別物件，還可用於**宣告匿名物件**（*anonymous objects*）。匿名物件取代了 Java 對匿名內部類別的使用。例如，讓我們來看看如何將 Java 匿名內部類別（事件監聽器）的典型用法轉換為 Kotlin：

範例程式 4.30　使用匿名物件實作事件監聽器

```
window.addMouseListener(
    object : MouseAdapter() {
        override fun mouseClicked(e: MouseEvent) {
            // ...
        }

        override fun mouseEntered(e: MouseEvent) {
            // ...
        }
        }
)
```

宣告一個繼承 MouseAdapter 的匿名物件

覆寫 MouseAdapter 方法

語法與物件宣告相同，只是省略了物件的名稱。物件表示式宣告一個類別，並建立該類別的一個實例，但是它不會為該類別或實例指定一個名稱。一般情況下，這兩者都不是必需的，因為你將在函式呼叫中將該物件用作參數。如果確實需要為物件指派名稱，則可以將其儲存在一個變數中：

```
val listener = object : MouseAdapter() {
override fun mouseClicked(e: MouseEvent) { ... }
override fun mouseEntered(e: MouseEvent) { ... }
}
```

與只能繼承一個類別、或實作一個介面的 Java 匿名內部類別不同，Kotlin 匿名物件可以實作多個介面或不實作介面。

注意 »» 與物件宣告不同，匿名物件不是單例。每次執行物件表示式時，都會建立一個新的物件實例。

就像使用 Java 的匿名類別一樣，物件表示式中的程式碼可以存取建立它的函式中的變數。但是與 Java 不同的是，這並不局限於 `final` 變數。也可以在物件表示式中修改變數的值。讓我們看看如何使用監聽器來計算視窗中的點擊次數。

範例程式 4.31　從匿名物件存取區域變數

```
fun countClicks(window: Window) {
    var clickCount = 0

    window.addMouseListener(object : MouseAdapter() {
        override fun mouseClicked(e: MouseEvent) {
            clickCount++
        }
    })
    // ...
}
```

宣告一個區域變數

更新變數的值

注意 >>> 當需要覆寫匿名物件中的多個方法時，使用物件表示式最有用。如果只需要實作一個單一方法的介面（比如 `Runnable`），可以依靠 Kotlin 對 SAM 轉換的支援（用單一抽象方法將函式轉換為介面的實作），並將你的實作作為一個函式（lambda）。將在第 5 章中更詳細地討論 lambdas 和 SAM 轉換。

我們已經完成了關於類別、介面和物件的討論。在下一章將繼續討論 Kotlin 最有趣的領域之一：lambdas 和函式程式設計。

4.5 總結

- Kotlin 中的介面與 Java 類似，但可以包含預設實作（Java 8 之後開始支援）和屬性。
- 所有宣告預設是 `final` 和 `public`。
- 要做出不是 `final` 的宣告，請將其標記為 `open`。
- `internal` 宣告在同一個模組中是可見的。
- 巢狀類別不是預設的內部類別。使用關鍵字 `inner` 來儲存對外部類別的參考。
- `sealed` 類別只能在其宣告中巢狀子類別（Kotlin 1.1 允許將它們放在同一個檔案的任何位置）。
- 初始器區塊和次要建構函式為初始類別實例提供了靈活性。
- 使用 `field` 標識來參考存取器中的屬性支援欄位。
- 資料類別提供了編譯器產生的 `equals`、`hashCode`、`toString`、`copy` 和其他方法。
- 類別委託有助於避免程式碼中許多類似的委託方法。
- 物件宣告是 Kotlin 定義單例類別的方法。
- 伴生物件（以及套件函式和屬性）替換 Java 的靜態方法和欄位定義。
- Companion 物件和其他物件一樣，可以實作介面，並具有繼承功能和屬性。
- 物件表示式是 Kotlin 對 Java 匿名內部類別的替代品，且具有額外功能，例如，實作多個介面的能力，以及修改在建立物件的範圍中定義的變數。

5 lambda

本章涵蓋：

- lambda 表示式和成員引用
- 使用函式風格的集合
- 序列：惰性集合操作
- 在 Kotlin 中使用 Java 函式介面
- 使用有接收器的 lambda

lambda **表示式**（*lambda expression*），或簡單的 *lambda*，基本上是可以傳遞給其他函式的小區塊程式碼。使用 lambda，可以輕鬆地將通用的程式碼結構提取到函式庫函式中，而且在 Kotlin 標準函式庫中，大量使用到它們。lambda 最常見的用途之一是使用集合，在本章中，將看到許多用傳遞給標準函式庫函式的 lambda 替換常見集合存取樣式的例子。還將看到 lambda 如何與 Java 函式庫一起使用——甚至那些最初不是用 lambda 設計的函式庫也是。最後，我們將看看帶有接收器的 lambda——一種特殊的 lambda 表示式，其中的主體在與周圍程式碼不同的上下文中執行。

5.1 lambda 表示式和成員引用

在 Java 8 中引入 lambda 表示式是語言發展中期待最久的改變之一。為什麼它這麼重要？在本節中，將了解為什麼 lambda 非常有用，以及 Kotlin 中的 lambda 語法為何。

5.1.1 lambda 簡介：將程式碼作為函式參數

在程式碼中傳遞和儲存行為片段是件很常遇見的事情。舉例來說，我們經常需要表達「當事件發生時，執行這項處理程序」或「將此操作應用於資料結構中的所有元素」這樣的想法。在 Java 較早期的版本中，可以透過匿名內部類別來完成這項操作。這是可以做到的，但需要更為詳細的語法。

函式程式設計提供了解決此問題的另一種方法：將函式作為值來處理的能力。你可以直接傳遞一個函式，而不是宣告一個類別，並將該類別的一個實例傳遞給一個函式。用 lambda 表示式的程式碼更加簡潔，不需要宣告函式；相反地，可以直接將程式碼作為函式參數傳遞。

我們來看一個例子。想像一下，你需要定義一個點擊按鈕的行為。你加入負責處理點擊的監聽器，這個監聽器實作相對應的有 `onClick` 方法的 `OnClickListener` 介面。

範例程式 5.1　實作有匿名內部類別的監聽器

```
/* Java */
button.setOnClickListener(new OnClickListener() {
    @Override
    public void onClick(View view) {
        /* actions on click */
    }
});
```

宣告匿名內部類別所需的繁複程度，在重複多次後會變得令人不愉快。表示行為的符號（點擊後應該做什麼）有助於消除多餘的程式碼。在 Kotlin 中，和 Java 8 一樣，也可以使用 lambda。

範例程式 5.2　實作有 lambda 的監聽器

```
button.setOnClickListener { /* actions on click */ }
```

這個 Kotlin 程式碼和 Java 中的匿名類別一樣，但是更簡潔和具有更高的可讀性。我們將在本節後面討論這個例子的細節。

你看到了 lambda 如何被用作，只有一個方法的匿名物件的替代方法。現在繼續看到 lambda 表示式的另一個經典用法：在集合中使用。

5.1.2 lambda 和集合

好的程式風格的主要原則之一，是避免任何重複的程式碼。我們使用集合執行的大多數任務都遵循一些常見樣式，因此實作它們的程式碼應該存在於函式庫中。但是，如果沒有 lambda，很難提供一個方便的函式庫來處理集合。因此，如果你用 Java 編寫程式碼（在 Java 8 之前），很可能習慣於自己實作一切。但在 Kotlin 必須改變這個習慣！

我們來看一個例子，將使用包含姓名和年齡的 `Person` 類別。

```
data class Person(val name: String, val age: Int)
```

假設有一份名單，需要找到名單中最老的人。如果沒有使用 lambda 的經驗，你可能會急於手動搜尋。你會引入兩個中介變數，一個保存最大年齡，另一個儲存這個年齡中第一個找到的人，然後迭代列表，並更新這些變數。

範例程式 5.3 手動搜尋集合

```
fun findTheOldest(people: List<Person>) {
    var maxAge = 0                              // 儲存最大年齡
    var theOldest: Person? = null               // 儲存最大年齡的人
    for (person in people) {
        if (person.age > maxAge) {              // 如果下一個人比目前最老的人老，則更改最大值
            maxAge = person.age
            theOldest = person
        }
    }
    println(theOldest)
}
>>> val people = listOf(Person("Alice", 29), Person("Bob", 31))
>>> findTheOldest(people) Person(name=Bob, age=31)
```

而有了足夠的經驗，就可以很快地寫出這樣的迴圈。但是這裡有相當多的程式碼，很容易犯錯。例如，你可能會比較錯誤，找到最小值而不是最大值。

在 Kotlin 中，有一個更好的方法，可以使用函式庫函式，如下所示。

範例程式 5.4　使用 lambda 搜尋集合

```
>>> val people = listOf(Person("Alice", 29), Person("Bob", 31))
>>> println(people.maxBy { it.age })    ← 透過比較年齡找出最大值
Person(name=Bob, age=31)
```

maxBy 函式可以在任何集合上呼叫，並且只有一個參數：指定應該比較哪些值以尋找最大值的函式。大括號 { it.age } 中的程式碼是實作該邏輯的 lambda。它接收一個集合元素作為參數（引用 it），並回傳一個值進行比較。在此範例中，集合元素是 Person 物件，要比較的值是其年齡，儲存在 age 屬性中。

如果一個 lambda 只是代表一個函式或屬性，則它可以被一個成員引用所取代。

範例程式 5.5　使用成員引用進行搜尋

```
people.maxBy(Person::age)
```

這個程式碼和範例程式 5.5 是一樣的，第 5.1.5 節將討論這個細節。

我們通常用 Java 中的集合（在 Java 8 之前）所做的大部分事情，可以透過使用 lambda 或成員引用的函式庫之函式來更好地表達。由此產生的程式碼更短，更容易理解。為了幫助你開始習慣它，讓我們看看 lambda 表示式的語法。

5.1.3 lambda 表示式的語法

正如我們所提到的，lambda 編碼成可以作為值來傳遞的小區塊行為。它可以獨立地被宣告並儲存在一個變數中。但更常見的是，它在被傳遞給函式時直接宣告。圖 5.1 顯示了宣告 lambda 表示式的語法。

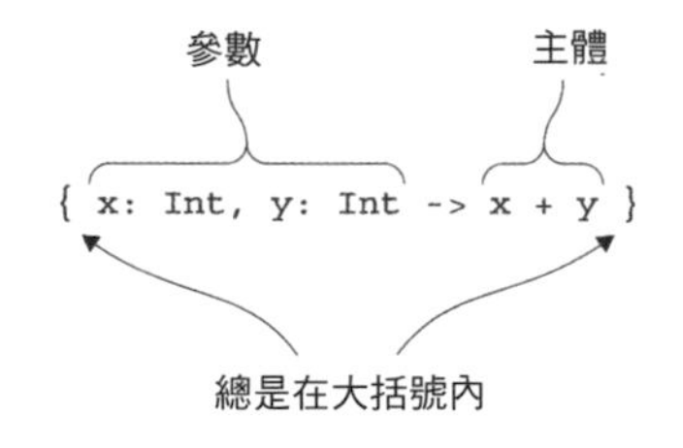

圖 5.1　Lambda 表示式語法

Kotlin 中的 lambda 表示式總是被大括號所包圍。請注意，參數周圍沒有括號。箭頭將參數列表從 lambda 的主體中分離出來。

你可以在變數中儲存 lambda 表示式，接著像普通函式一樣處理這個變數（用相對應的參數呼叫它）：

```
>>> val sum = { x: Int, y: Int -> x + y }
>>> println(sum(1, 2))    ← 呼叫儲存在變數中的 lambda
3
```

如果你想，可以直接呼叫 lambda 表示式：

```
>>> { println(42) }()
42
```

但是這樣的語法不好讀，沒有多大意義（相當於直接執行 lambda 主體）。如果需要在一個區塊中包含一段程式碼，可以使用函式庫函式 run 來執行傳遞給它的 lambda：

```
>>> run { println(42) }    ← 在 lambda 中執行程式碼
42
```

在第 8.2 節中，將了解為什麼這樣的呼叫沒有執行時間開銷，並且與內建的語言結構一樣高效率。讓我們回到範例程式 5.4，找到列表中最老的人：

```
>>> val people = listOf(Person("Alice", 29), Person("Bob", 31))
>>> println(people.maxBy { it.age })
Person(name=Bob, age=31)
```

如果不使用任何縮寫語法重寫此範例，則會得到以下結果：

```
people.maxBy({ p: Person -> p.age })
```

應該清楚這裡發生了什麼：大括號中的程式碼片段是 lambda 表示式，並將其作為參數傳遞給該函式。lambda 表示式採用 Person 型態的一個參數，並回傳其年齡。

但是這個程式碼很冗長。首先，標點符號太多會影響可讀性。其次，型態可以從上下文推斷，因此省略。最後，在這種情況下，不需要為 lambda 參數指定名稱。

讓我們從大括號開始進行改善。在 Kotlin 中，如果 lambda 是函式呼叫的最後一個參數，則可以使用語法慣例將 lambda 移出括號。在這個例子中，lambda 是唯一的參數，所以它可以放在括號之後：

```
people.maxBy() { p: Person -> p.age }
```

當 lambda 是函式的唯一參數時，還可以從呼叫中刪除空的括號：

```
people.maxBy { p: Person -> p.age }
```

三種語法形式都一樣，但最後一個最容易閱讀。如果一個 lambda 是唯一的參數，一定不要寫括號。當有幾個參數時，你可以強調 lambda 是一個參數，而把它放在括號內，或者可以把它放在它們之外，這兩個選擇都有效。如果你想傳遞多於兩個的 lambda 表示式，不能移動大於一個的 lambda 表示式，所以通常使用正規語法來傳遞它們會更好。

透過一個更複雜的呼叫來看看這些選擇是什麼樣的，讓我們回到第 3 章中廣泛使用的 joinToString 函式。它也在 Kotlin 標準函式庫中定義，不同之處在於標準函式庫版本將函式作為附加參數。這個函式可以用來把一個元素轉換成一個不同於 toString 函式的字串。以下是如何使用它來印出名稱的範例。

範例程式 5.6　傳遞 lambda 作為命名參數

```
>>> val people = listOf(Person("Alice", 29), Person("Bob", 31))
>>> val names = people.joinToString(separator = " ",
...                       transform = { p: Person -> p.name })
>>> println(names)
Alice Bob
```

以下是如何用括號外的 lambda 重寫該呼叫。

範例程式 5.7　傳遞括號外的 lambda

```
people.joinToString(" ") { p: Person -> p.name }
```

範例程式 5.7 使用了一個命名參數來傳遞 lambda，從而明確表達 lambda 的用途。範例程式 5.8 更簡潔，但並沒有明確地表達 lambda 的用途，所以對於不熟悉被呼叫函式的人來說可能會更難理解。

INTELLIJ IDEA 提示 »» 要將一種語法形式轉換為另一種語法形式，可以使用以下操作：「將括號中的 lambda 移出」和「將 lambda 移入圓括號中」。

讓我們繼續簡化語法，並擺脫參數型態。

範例程式 5.8　省略 lambda 參數型態

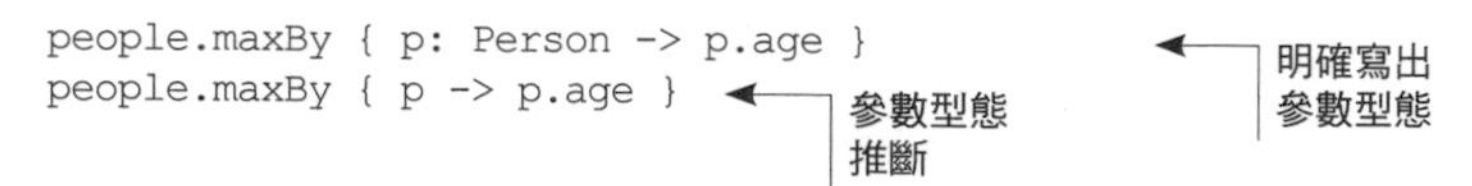

```
people.maxBy { p: Person -> p.age }
people.maxBy { p -> p.age }
```


與區域變數一樣，如果可以推斷出 lambda 參數的型態，則不需要明確指定它。使用 maxBy 函式，參數型態始終與集合元素型態相同。編譯器知道你正在對 Person 物件集合呼叫 maxBy，所以它可以理解 lambda 參數也是 Person 型態的。

有些情況下編譯器不能推斷出 lambda 參數型態，但我們不會在這裡討論它們。你可以遵循的簡單規則是一開始不寫型態；如果編譯器有指出錯誤，再指定它們的型態。

你可以只指定一些參數型態，而另一些則只有名稱。如果編譯器不能推斷出其中的一種型態，或者明確的型態可以提高可讀性，那麼這樣做很方便。

在這個例子中，你可以做的最後一個簡化是用預設的參數名稱來代替參數：`it`。如果上下文期望只有一個參數的 lambda 表示式，則可以產生該名稱，並且可以推斷其型態。

範例程式 5.9 使用預設參數名稱

```
people.maxBy { it.age }
```

「it」是一個自動產生的參數名稱

只有在不明確指定參數名稱的情況下，才會產生此預設名稱。

注意>>> `it` 慣例對於縮短程式碼是很好的，但是不應該濫用它。特別是在巢狀 lambda 的情況下，最好明確地宣告每個 lambda 的參數；否則很難理解 `it` 是指哪個值。如果參數的含意或型態在周圍的程式碼中不清楚，則明確宣告參數也是有用的。

如果將一個 lambda 儲存在變數中，則沒有上下文來推斷參數型態，因此你必須明確指定它們：

```
>>> val getAge = { p: Person -> p.age }
>>> people.maxBy(getAge)
```

到目前為止，只看到了由一個表示式或敘述組成的 lambda 表示式的例子。但是，lambda 不受限於如此小的範圍，它可以包含多個敘述。在這種情況下，最後一個表示式是其結果：

```
>>> val sum = { x: Int, y: Int ->
...     println("Computing the sum of $x and $y...")
...     x + y
... }
>>> println(sum(1, 2))
Computing the sum of 1 and 2...
3
```

接下來，讓我們討論一個經常與 lambda 表示式並行的概念：從上下文中捕獲變數。

5.1.4 在範圍內存取變數

當在函式中宣告匿名的內部類別時，你可以在類別中引用該函式的參數和區域變數。使用 lambda，也可以做同樣的事情。如果在函式中使用 lambda 函式，你可以存取該函式的參數，以及在 lambda 之前宣告的區域變數。

為了示範這一點，我們使用 forEach 標準函式庫函式。這是最基本的集合操作功能之一。它所做的就是在集合中的每個元素上呼叫給定的 lambda。forEach 函式比普通的 for 迴圈更簡潔，但是它沒有其他許多優點，所以不必急於將所有的迴圈轉換為 lambda 表示式。

下面的範例程式將取得訊息列表，並使用相同的前綴印出每條訊息。

範例程式 5.10　在 lambda 中使用函式參數

```
fun printMessagesWithPrefix(messages: Collection<String>, prefix: String) {
    messages.forEach {                    // 作為一個 lambda 參數指定如何處理每個元素
        println("$prefix $it")            // 存取 lambda 中的「prefix」參數
    }
}

>>> val errors = listOf("403 Forbidden", "404 Not Found")
>>> printMessagesWithPrefix(errors, "Error:")
Error: 403 Forbidden
Error: 404 Not Found
```

Kotlin 和 Java 之間的一個重要區別是，在 Kotlin 中，你不限於存取最終變數。你也可以修改 lambda 內的變數。下一個範例程式在給定的回應狀態碼中，計算客戶端和伺服器錯誤的次數。

範例程式 5.11　從 lambda 更改區域變數

```
fun printProblemCounts(responses: Collection<String>) {
    var clientErrors = 0                  // 宣告將從 lambda
    var serverErrors = 0                  // 存取的變數
    responses.forEach {
        if (it.startsWith("4")) {
            clientErrors++                // 修改 lambda 中
        } else if (it.startsWith("5")) {
            serverErrors++                // 的變數
        }
    }
    println("$clientErrors client errors, $serverErrors server errors")
}

>>> val responses = listOf("200 OK", "418 I'm a teapot",
...                         "500 Internal Server Error")
```

```
>>> printProblemCounts(responses)
1 client errors, 1 server errors
```

與 Java 不同，Kotlin 允許存取非最終變數，甚至可以在 lambda 中修改它們，從 lambda 存取的外部變數，例如在範例中的 `prefix`、`clientErrors` 和 `serverErrors` 被 lambda **捕獲**。

請注意，預設情況下，區域變數的生命週期受變數宣告的函式的約束。但是如果它被 lambda 捕獲，那麼使用這個變數的程式碼就可以被儲存和執行。你可能會問這是怎麼做的。當捕獲一個最終變數時，它的值和使用它的 lambda 程式碼會一起儲存。對於非最終變數，值將被封裝在一個特殊的包裝器中，可以讓你改變它，而且對包裝器的引用將和 lambda 一起儲存。

捕獲可變變數：實作細節

Java 允許你只捕獲最終的變數。如果要捕獲可變變數，可以使用以下技巧之一：或者宣告一個用於儲存可變值的元素陣列，或者建立儲存可以更改的引用的包裝類別的實例。如果在 Kotlin 中明確使用了這種技術，程式碼如下所示：

```
class Ref<T>(var value: T)     ← 用於模擬捕獲可變變數的類別
>>> val counter = Ref(0)
>>> val inc = { counter.value++ }     ← 形式上，捕獲一個不可變的變數；但實際值儲存在一個欄位中，且可以更改
```

在真正的程式碼中，不需要建立這樣的包裝器。相反地，可以直接改變變數：

```
var counter = 0
val inc = { counter++ }
```

它是怎麼做的？第一個例子展示了第二個例子是怎麼做的。任何時候你捕獲一個最終變數（`val`），它的值都會被複製，就像在 Java 中一樣。當捕獲一個可變的變數（`var`）時，它的值會被儲存為一個 `Ref` 類別的一個實例。`Ref` 變數是最終的，且可以很容易地捕獲，而實際值儲存在一個欄位中，可以從 lambda 中改變。

一個重要的警告是，如果一個 lambda 被用作一個事件處理程序，或以其他方式非同步執行，那麼只有在執行 lambda 時才會對區域變數進行修改。舉例來說，以下程式碼不是計算按鈕點擊次數的正確方法：

```
fun tryToCountButtonClicks(button: Button): Int {
    var clicks = 0
    button.onClick { clicks++ }
    return clicks
}
```

這個函式始終回傳 0。即使 onClick 處理程序將修改 clicks 的值，你無法觀察修改，因為在函式回傳後，才呼叫 onClick 處理程序。該函式的正確實作需要將點擊計數不儲存在區域變數中，而是儲存在該函式外部可以存取的位置，例如，在類別的屬性中。

我們已經討論了宣告 lambda 的語法，以及如何在 lambda 中捕獲變數。現在讓我們來談談成員引用，這個功能可以讓你輕鬆地將引用傳遞給現有的函式。

5.1.5 成員引用

已經看到 lambda 是如何讓程式碼區塊作為參數傳遞給函式。但是如果你需要作為參數傳遞的程式碼已經被定義為一個函式呢？當然可以傳遞一個 lambda 來呼叫這個函式，但是這樣做有點多餘。能直接傳遞函式嗎？

就像在 Java 8 中一樣，在 Kotlin 中，如果將函式轉換為值，則可以這樣做。使用 :: 運算子：

```
val getAge = Person::age
```

這個表示式被稱為**成員引用**（*member reference*），它提供了一個簡短的語法來建立呼叫方法或存取屬性的函式值。雙冒號將類別的名稱與需要引用的成員（方法或屬性）的名稱分開，如圖 5.2 所示。

圖 5.2　成員引用語法

下面是一個更簡潔的 lambda 表示式，做的事情沒有變：

```
val getAge = { person: Person -> person.age }
```

請注意，無論是引用函式還是屬性，都不應在成員引用中的名稱後加上括號。

成員引用與呼叫該函式的 lambda 具有相同的型態，因此可以使用兩個互換：

```
people.maxBy(Person::age)
```

可以引用在頂層宣告的函式（並且不是類別的成員）：

```
fun salute() = println("Salute!")
>>> run(::salute)
Salute!
```

引用頂層函式

在這種情況下，可以省略類別名稱並以 :: 開頭。成員引用 ::salute 作為參數傳遞給函式庫函式 run，它會呼叫相對應的函式。

提供成員引用，而不是 lambda 委託帶有幾個參數的函式，非常方便：

```
val action = { person: Person, message: String ->    ← 這個 lambda 委託給 sendEmail 函式
    sendEmail(person, message)
}
val nextAction = ::sendEmail    ← 可以使用成員引用
```

可以使用**建構式引用**來儲存或延遲建立類別實例的操作。建構式的引用透過在雙冒號後面指定類別名稱來形成：

```
data class Person(val name: String, val age: Int)

>>> val createPerson = ::Person    ← 建立「Person」實例的操作將保存為值
>>> val p = createPerson("Alice", 29)
>>> println(p)
Person(name=Alice, age=29)
```

請注意，也可以用相同的方式引用繼承函式：

```
fun Person.isAdult() = age >= 21
val predicate = Person::isAdult
```

儘管 isAdult 不是 Person 類別的成員，但你可以透過引用來存取它，就像可以在實例上以成員身份存取它一樣：person.isAdult()。

繫結的引用

在 Kotlin 1.0 中，當引用類別的方法或屬性時，呼叫引用需要提供這個類別的一個實例。計劃為 Kotlin 1.1 提供對繫結成員引用的支援，它允許你使用成員引用語法，來捕獲對特定物件實例方法的引用：

```
>>> val p = Person("Dmitry", 34)
>>> val personsAgeFunction = Person::age
>>> println(personsAgeFunction(p))
34
>>> val dmitrysAgeFunction = p::age    ← 可以在 Kotlin 1.1 中使用的繫結成員引用
>>> println(dmitrysAgeFunction())
34
```

請注意，personsAgeFunction 是單參數函式（它回傳給定人的年齡），而 dmitrysAgeFunction 是零參數函式（它回傳特定人的年齡）。在 Kotlin 1.1 之前，需要明確地寫入 lambda{ p.age }，而不是使用繫結成員引用 p::age。

在下面的章節中，我們將看看很多使用 lambda 的函式庫函式，以及成員引用。

5.2 集合的功能性 API

函式風格提供了許多好處，當涉及到操作集合，可以使用函式庫函式來完成大部分工作並簡化程式碼。在本節中，我們將討論 Kotlin 標準函式庫中用於處理集合的一些功能。我們將從像 filter 和 map 這樣的主要功能開始，以及它們背後的概念。還將介紹其他有用的函式，並提供有關如何不過度使用它們，以及如何編寫清晰易懂的程式碼的提示。

請注意，這些功能都不是由 Kotlin 的設計師發明的。這些或類似的功能適用於所有支援 lambda 的語言，包括 C#、Groovy 和 Scala。如果已經熟悉這些概念，則可以快速瀏覽以下範例，並跳過程式碼說明。

5.2.1 要點：filter 和 map

filter 和 map 函式形成操作集合的基礎。許多集合操作可以在它們的幫助下表達。

對於每個函式，我們將提供一個數字的範例，另一個範例使用熟悉的 Person 類別：

```
data class Person(val name: String, val age: Int)
```

filter 函式迭代一個集合，並選擇給定的 lambda 回傳 true 的元素：

```
>>> val list = listOf(1, 2, 3, 4)
>>> println(list.filter { it % 2 == 0 })    ← 只剩下偶數
[2, 4]
```

結果是一個新的集合，它只包含來自輸入集合的滿足謂語的元素，如圖 5.3 所示。

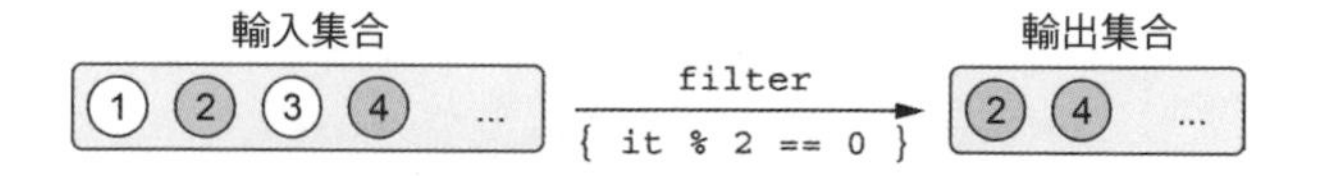

圖 5.3 **filter** 函式選擇對應給定謂語的元素

如果只想保留 30 歲以上的人，則可以使用 filter：

```
>>> val people = listOf(Person("Alice", 29), Person("Bob", 31))
>>> println(people.filter { it.age > 30 })
[Person(name=Bob, age=31)]
```

filter 函式可以從集合中刪除不需要的元素，但不會更改元素。轉換元素是 map 的功能。

map 函式將給定的函式應用於集合中的每個元素，並將結果放到一個新的集合中。可以將數字列表轉換為其平方列表，例如：

```
>>> val list = listOf(1, 2, 3, 4)
>>> println(list.map { it * it })
[1, 4, 9, 16]
```

結果是一個新的集合，它包含相同數量的元素，但是每個元素都根據給定的謂語進行轉換（請參閱圖 5.4）。

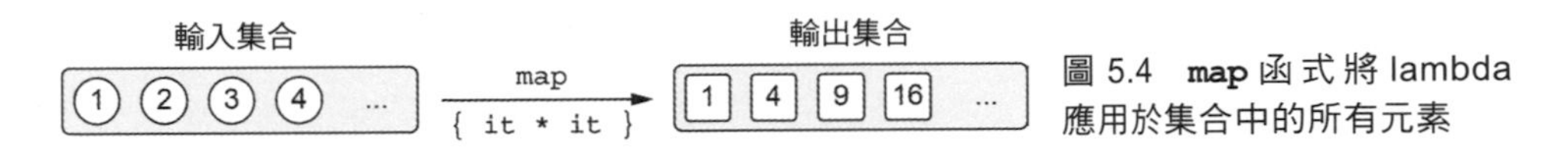

圖 5.4 **map** 函式將 lambda 應用於集合中的所有元素

如果想印出一個名字列表，而不是人物列表，可以使用 map 來轉換列表：

```
>>> val people = listOf(Person("Alice", 29), Person("Bob", 31))
>>> println(people.map { it.name })
[Alice, Bob]
```

請注意，可以使用成員引用來重寫此範例：

```
people.map(Person::name)
```

可以輕鬆地鏈接幾個這樣的電話。舉例來說，印出 30 歲以上的人的姓名：

```
>>> people.filter { it.age > 30 }.map(Person::name)
[Bob]
```

現在，假設需要群組中最老的人的名字，可以找到群體中人的最大年齡，並回傳那個年齡區段的所有人。使用 lambda 編寫這樣的程式碼很容易：

```
people.filter { it.age == people.maxBy(Person::age).age }
```

但是請注意，這段程式碼會重複尋找每個人最大年齡的過程，因此如果集合中有 100 個人，那麼最大年齡的搜尋將執行 100 次！

下面的解決方案對此進行了改善，並且只計算一次最大年齡：

```
val maxAge = people.maxBy(Person::age).age
people.filter { it.age == maxAge }
```

如果不需要重複計算！使用 lambda 表示式的簡單程式碼，有時會掩蓋底層操作的複雜性。一定要記住你寫的程式碼中發生了什麼。

也可以將過濾和轉換函式應用於 map：

```
>>> val numbers = mapOf(0 to "zero", 1 to "one")
>>> println(numbers.mapValues { it.value.toUpperCase() })
{0=ZERO, 1=ONE}
```

有單獨的函式來處理鍵值和值。filterKeys 和 mapKeys 分別對 map 的鍵值進行過濾和轉換，其中 filterValues 和 mapValues 分別對相對應的值進行過濾和轉換。

5.2.2 all、any、count 和 find：將謂語應用於集合

另一個常見的任務是，檢查集合中的所有元素是否配對某個條件（或者換句話說，是否有任何元素配對）。在 Kotlin 中，這是透過所有和任何功能來表達的。count 函式檢查有多少個元素滿足謂語，find 函式回傳第一個配對的元素。

為了示範這些功能，我們定義謂語 canBeInClub27 來檢查一個人是否 27 歲或更小：

```
val canBeInClub27 = { p: Person -> p.age <= 27 }
```

如果對所有的元素是否滿足這個謂語感興趣，可以使用 all 函式：

```
>>> val people = listOf(Person("Alice", 27), Person("Bob", 31))
>>> println(people.all(canBeInClub27))
false
```

如果需要檢查是否至少有一個配對的元素，請使用 any：

```
>>> println(people.any(canBeInClub27))
true
```

請注意，帶有條件的 !all（「不是全部」）可以替換為任何具有該條件的否定含意，反之亦然。為了讓你的程式碼更容易理解，應該選擇一個不需要在其之前放置否定符號的函式：

```
>>> val list = listOf(1, 2, 3)
>>> println(!list.all { it == 3 })
true
>>> println(list.any { it != 3 })
true
```

否定的符號「！」並不明顯，因此在這種情況下最好使用「any」

條件已經改變了

第一次檢查可以確保並不是所有的元素都等於 3，這與至少有一個非 3 是相同的，也就是第二行中檢查的內容。

如果想知道有多少元素滿足這個謂語，可以使用 count：

```
>>> val people = listOf(Person("Alice", 27), Person("Bob", 31))
>>> println(people.count(canBeInClub27))
1
```

使用正確的函式：「count」與「size」

透過過濾集合並獲得其大小，很容易忘記實作 count：

```
>>> println(people.filter(canBeInClub27).size)
1
```

但在這種情況下，建立一個中介集合來儲存所有滿足謂語的元素。另一方面，count 方法僅追蹤配對元素的數量，而不是元素本身，因此更有效。

一般來說，盡量找到適合需求的最合適的操作。

要找到滿足謂語的元素，請使用 find 函式：

```
>>> val people = listOf(Person("Alice", 27), Person("Bob", 31))
>>> println(people.find(canBeInClub27))
Person(name=Alice, age=27)
```

如果有多個，則回傳第一個配對的元素；如果沒有任何東西滿足謂語，則回傳 null。find 的同義詞是 firstOrNull，如果它能更清楚地表達你的想法，可以使用它。

5.2.3 groupBy：將列表轉換為群組的映射

想像一下，你需要根據一些數值把所有元素分成不同的群組。舉例來說，想把同齡的人分組，直接將這個數值作為參數傳遞很方便。groupBy 函式可以做到這一點：

```
>>> val people = listOf(Person("Alice", 31),
...         Person("Bob", 29), Person("Carol", 31))
>>> println(people.groupBy { it.age })
```

該操作的結果是從元素被分組（在這個例子中為 age）到元素組（人）的鍵的映射；請參閱圖 5.5。

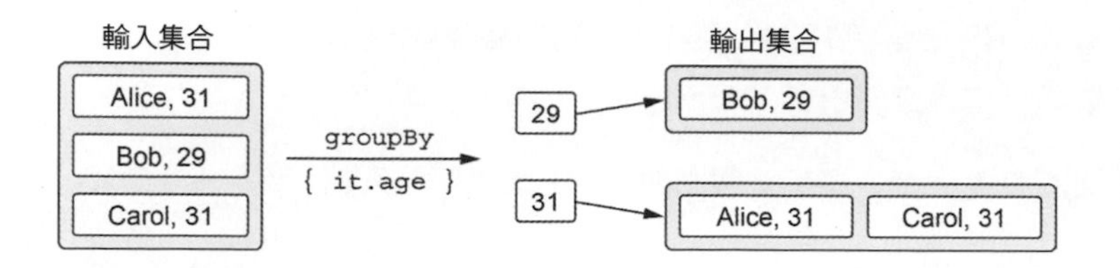

圖 5.5　應用 **groupBy** 函式的結果

這個例子的輸出如下：

```
{29=[Person(name=Bob, age=29)],
31=[Person(name=Alice, age=31), Person(name=Carol, age=31)]}
```

每個組別都儲存在一個列表中，所以結果型態是 Map <Int,List <Person >>。可以使用 mapKeys 和 mapValues 等函式對此 map 進行進一步的修改。

來看看另一個例子，如何使用成員引用來按照字串分組：

```
>>> val list = listOf("a", "ab", "b")
>>> println(list.groupBy(String::first))
{a=[a, ab], b=[b]}
```

請注意，這裡的 first 不是 String 類別的成員，它是一個繼承。不過，可以作為成員引用進行存取。

5.2.4 flatMap 和 flatten：處理巢狀集合中的元素

現在讓我們放下對人的討論和切換話題到書上。假設你有一櫃藏書，由 Book 類別代表：

```
class Book(val title: String, val authors: List<String>)
```

每本書都是由一個或多個作者撰寫的。你可以計算書庫中所有作者的集合：

```
books.flatMap { it.authors }.toSet()
```

所有在「books」集合中編寫書籍的作者

flatMap 函式做了兩件事：首先根據作為參數給定的函式，將每個元素轉換（或**映射**）為一個集合，並將幾個列表合併成一個。用一個字串的範例說明這個概念（請參閱圖 5.6）：

```
>>> val strings = listOf("abc", "def")
>>> println(strings.flatMap { it.toList() })
[a, b, c, d, e, f]
```

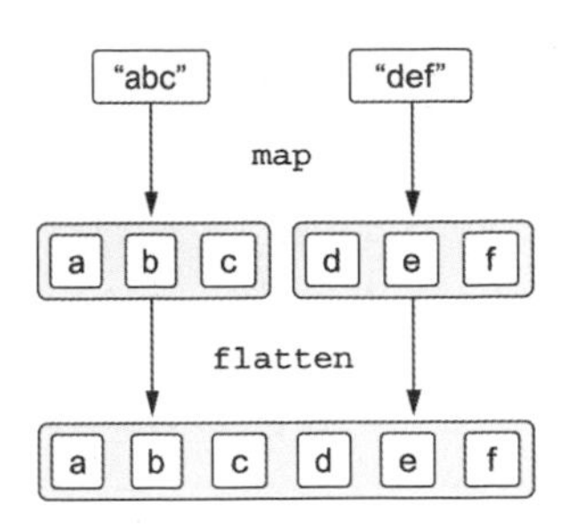

圖 5.6 應用 flatMap 函式的結果

字串上的 toList 函式將其轉換為字元列表。如果將 map 函式與 toList 一起使用，可以得到一個字元列表的列表，如圖中的第二行所示。flatMap 函式也執行以下步驟，並回傳一個由所有元素組成的列表。

讓我們回到作者：

```
>>> val books = listOf(Book("Thursday Next", listOf("Jasper Fforde")),
...                    Book("Mort", listOf("Terry Pratchett")),
...                    Book("Good Omens", listOf("Terry Pratchett",
...                                              "Neil Gaiman")))
>>> println(books.flatMap { it.authors }.toSet())
[Jasper Fforde, Terry Pratchett, Neil Gaiman]
```

每本書可以由多個作者編寫，book.authors 屬性儲存作者的集合。flatMap 函式將所有書籍的作者組合在一個單一的平面列表中。toSet 呼叫從結果集合中刪除重複項目；所以在這個例子中，Terry Pratchett 在輸出中只被列出一次。

當你被困在一個必須被合併成一個元素的集合中，可能會想到 flatMap。請注意，如果不需要轉換任何東西，只需要扁平化這樣的集合，則可以使用 flatten 函式：listOfLists.flatten()。

我們強調了 Kotlin 標準函式庫中的一些集合操作函式，但還有更多。由於空間的原因，我們不會涵蓋所有的函式，而且因為顯示一長串函式也會顯得相當枯燥乏味。當編寫與集合一起執行的程式碼時，我們的一般建議是考慮如何將操作表示為一般轉換，並尋找執行這種轉換的函式庫函式。很可能會找到一個函式，並能夠比使用手動實施還要更快地解決你的問題。

現在讓我們仔細看一下鏈接集合操作的程式碼的性能。在下一節中，你將看到可以執行這些操作的不同方式。

5.3 惰性集合操作：序列

在上一節中，你看到了幾個鏈集合函式的例子，比如 map 和 filter。這些函式**急性**（*eagerly*）建立中介集合，意味著每個步驟的中介結果都儲存在一個臨時列表中。**序列**（*Sequences*）提供了另一種執行此類別計算的方法，可以避免建立中介臨時物件。

以下是範例：

```
people.map(Person::name).filter { it.startsWith("A") }
```

Kotlin 標準函式庫引用說明了 filter 和 map 都回傳一個列表。意味著這個呼叫鏈將建立兩個列表：一個保存 filter 的結果，另一個保存 map 的結果。當列表包含兩個元素時，這不是問題，但是如果有一百萬個元素，則效率會降低。

為了提高效率，可以轉換操作，以便直接使用序列而不是直接使用集合：

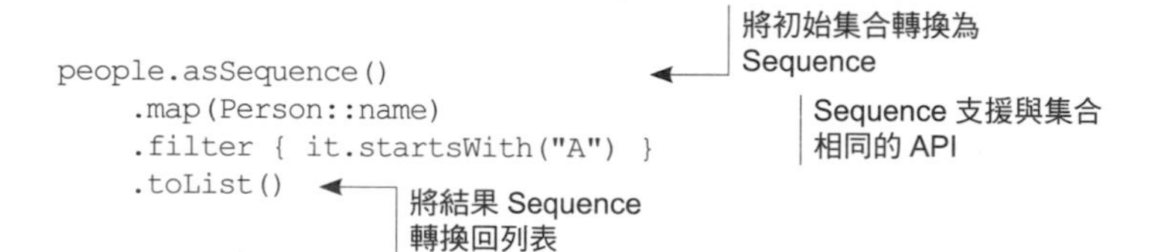
people.asSequence()
.map(Person::name)
.filter { it.startsWith("A") }
.toList()
將初始集合轉換為 Sequence
Sequence 支援與集合相同的 API
將結果 Sequence 轉換回列表

應用此操作的結果與前面的範例中的結果相同：以字母 *A* 開頭的人員名稱列表。但是在第二個例子中，沒有中介集合來儲存元素，所以對大量元素的性能會明顯好一些。

在 Kotlin 中，進行惰性集合（lazy collection）操作的入口是 Sequence 介面。介面是這樣的：一系列可以一一列舉的元素。Sequence 僅提供一個方法，iterator，可以使用它從序列中獲取值。

Sequence 介面的優勢在於它的執行方式，惰性求值序列中的元素。因此，你可以使用序列有效率地對集合的元素執行操作鏈，而無需建立集合來保存處理的中介結果。

可以透過呼叫繼承函式 asSequence，將任何集合轉換為序列。可以呼叫 toList 進行後向轉換。

為什麼需要將序列轉換回集合？如果序列好得多，那麼應該使用它而不是集合，這樣不是更方便嗎？答案是：有時候是。如果只需要迭代序列中的元素，則可以直接使用序列。如果需要使用其他 API 方法，例如按照索引存取元素，則需要將序列轉換為列表。

注意>>> 通常，在**大型**集合中有一系列操作時使用序列。在第 8.2 節中，我們將討論為什麼儘管建立了中介集合，在 Kotlin 上對一般集合的急性操作是有效率的。但是如果這個集合包含大量的元素，那麼元素的中介重新排列會花費很多時間，所以惰性求值是最好的。

由於序列上的操作是惰性的，為了執行它們，需要直接迭代序列的元素，或將其轉換為集合。下一節將解釋這一點。

5.3.1 執行順序操作：中介和最終操作

序列上的操作分為兩類別：中介和最終。**中介操作**（*intermediate operation*）回傳另一個序列，它知道如何轉換原始序列的元素。**最終操作**（*terminal operation*）回傳一個結果，這個結果可能是一個集合、一個元素、一個數字，或者是由初始集合的轉換序列以某種方式獲得的任何其他物件（請參閱圖 5.7）。

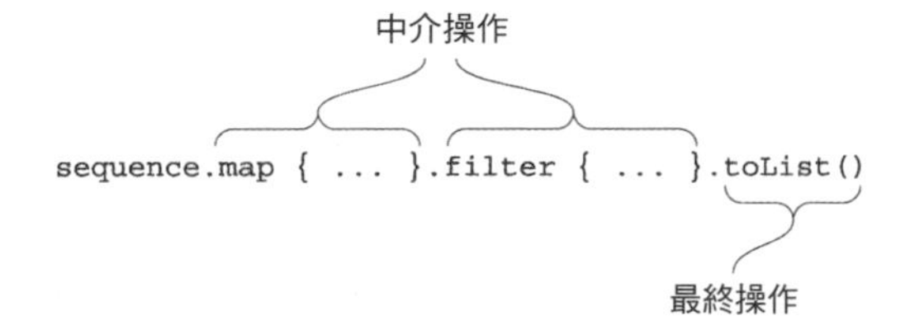

圖 5.7 序列的中介和最終操作

中介操作是惰性的。看看這個例子，遺失最終操作的地方：

```
>>> listOf(1, 2, 3, 4).asSequence()
...         .map { print("map($it) "); it * it }
...         .filter { print("filter($it) "); it % 2 == 0 }
```

執行這個程式碼片段不會印出任何東西到控制台。這意味著 `map` 和 `filter` 轉換被延遲，並且僅在獲得結果（當呼叫最終操作時）才應用：

```
>>> listOf(1, 2, 3, 4).asSequence()
...         .map { print("map($it) "); it * it }
...         .filter { print("filter($it) "); it % 2 == 0 }
...         .toList()
map(1) filter(1) map(2) filter(4) map(3) filter(9) map(4) filter(16)
```

最終操作導致所有延遲的計算被執行。

在這個例子中要注意的一個更重要的事情是執行計算的順序。最簡單的方法是先呼叫每個元素的 map 函式，接著在結果序列的每個元素上呼叫 filter 函式。這就是 map 和 filter 如何處理集合，而不是序列。對於序列，所有操作都按順序應用於每個元素：處理第一個元素（映射，接著過濾），然後處理第二個元素，依此類推。

這種方法意味著如果在達到結果之前獲得了結果，那麼有些元素根本就不會被轉換。我們來看看一個使用 map 和 find 操作的例子。首先將一個數字映射到它的平方，接著找到第一個大於 3 的項目：

```
>>> println(listOf(1, 2, 3, 4).asSequence()
                              .map { it * it }.find { it > 3 })
4
```

如果將相同的操作應用於集合而不是序列，則首先運算 map 的結果，接著轉換初始集合中的所有元素。第二步，在中介集合中找到滿足謂語的元素。有了序列，惰性方法意味著可以跳過處理一些元素。圖 5.8 說明了在急性（使用集合）和惰性（使用序列）方式下運算這個程式碼的區別。

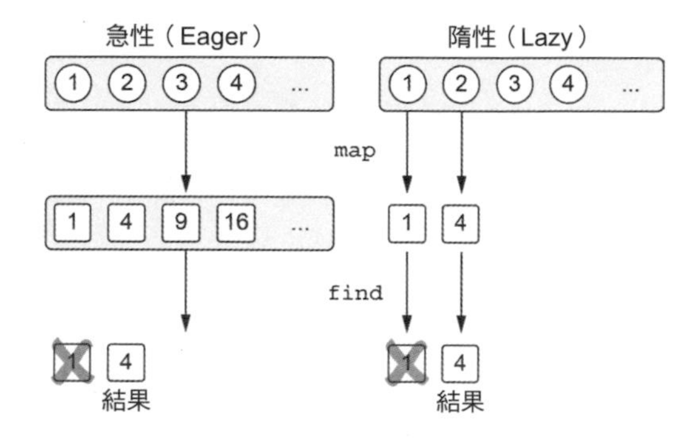

圖 5.8　急性求值對整個集合進行每個操作；惰性求值一個接一個地處理元素

在第一種情況下，使用集合時，列表將轉換為另一個列表，因此將 map 轉換應用於每個元素，包括 3 和 4。之後，找到滿足謂語的第一個元素：2 的平方。

在第二種情況下，find 呼叫開始逐個處理元素。從原始序列中取一個數字，用 map 轉換它，接著檢查它是否與傳遞給尋找的謂語配對。當達到 2 時，會發現它的平方大於 3，並作為尋找操作的結果回傳。不需要看 3 和 4，因為結果是在到達它們之前就找到了。

對集合執行的操作的順序也會影響性能。想像一下，有一個人的集合，如果他們的名字短於一定的限制，就印出他們的名字。這個例子需要做兩件事情：將每個人映射到他們的名字，然後過濾掉那些不夠短的名字。在這種情況下，可以按任何順序應用 map 和 filter 操作。兩種方法都有相同的結果，但是它們應該執行的轉換總數不同（請參閱圖 5.9）。

```
>>> val people = listOf(Person("Alice", 29), Person("Bob", 31),
...         Person("Charles", 31), Person("Dan", 21))
>>> println(people.asSequence().map(Person::name)
...         .filter { it.length < 4 }.toList())
[Bob, Dan]
>>> println(people.asSequence().filter { it.name.length < 4 }
...         .map(Person::name).toList())
[Bob, Dan]
```

「map」先，接著是「filter」

「map」在「filter」之後

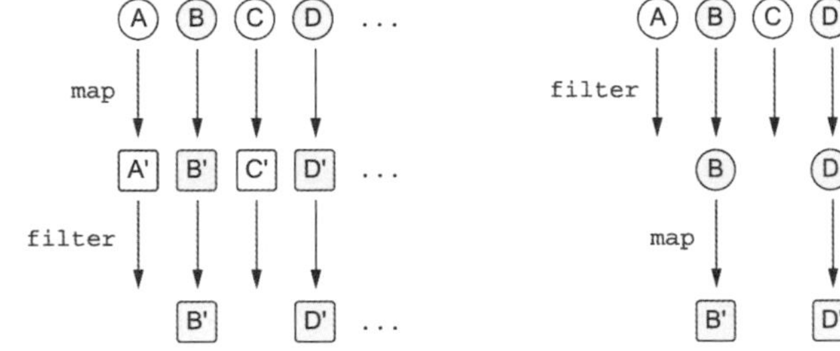

圖 5.9　首先應用 **filter** 有助於減少轉換總數

如果 map 先做，每個元素都會被轉換。如果先應用 filter，則不適當的元素將被盡快過濾掉，而不會被轉換。

> **Stream 與序列**
>
> 如果你熟悉 Java 8 的 stream，則會看到序列完全相同的概念。Kotlin 提供了相同的概念，因為 Java 8 的 stream 在基於舊版本 Java（如 Android）建構的平台上不可用。如果目標版本是 Java 8，那麼資料 stream 將提供一個目前未用於 Kotlin 集合和序列的大特性：可以在多個 CPU 上並行執行 stream 操作（例如 map 或 filter）。可以根據目標 Java 版本和具體要求在 stream 和序列之間進行選擇。

5.3.2 建立序列

前面的例子使用相同的方法來建立序列：在集合上呼叫 asSequence()。另一種可能性是使用 generateSequence 函式。該函式計算給定前一個序列中的下一個元素。舉例來說，下面是如何使用 generateSequence 來計算所有自然數的總和達到 100。

範例程式 5.12　產生和使用自然數的序列

```
>>> val naturalNumbers = generateSequence(0) { it + 1 }
>>> val numbersTo100 = naturalNumbers.takeWhile { it <= 100 }
>>> println(numbersTo100.sum())
5050
```

當獲得結果「sum」時，所有延遲的操作都被執行請注意，本例中的 naturalNumbers 和 numbersTo100 都是延遲計算的序列。在呼叫最終操作（在這種情況下為 sum）之前，這些序列中的實際數字將不會被評估。

另一個常見的範例是父項系列。如果一個元素擁有自己的父型態（比如人類或者 Java 檔案），那麼你可能會對所有上一輩的系列感興趣。在下面的範例中，透過產生其父目錄的序列，並檢查每個目錄的屬性，來查詢檔案是否位於隱藏目錄中。

範例程式 5.13 產生和使用父目錄的序列

```
fun File.isInsideHiddenDirectory() =
        generateSequence(this) { it.parentFile }.any { it.isHidden }

>>> val file = File("/Users/svtk/.HiddenDir/a.txt")
>>> println(file.isInsideHiddenDirectory())
true
```

再一次地，透過提供第一個元素和一個獲取每個後續元素的方法來產生一個序列。透過替換任何找到，你會得到所需的目錄。請注意，使用序列允許你在找到所需的目錄後急性停止迭代父項。

我們已經深入地討論了一個經常使用的 lambda 表示式的應用：使用它們來簡化操作集合。現在讓我們繼續另一個重要的話題：將 lambda 與現有的 Java API 結合使用。

5.4 使用 Java 函式介面

使用帶有 Kotlin 函式庫的 lambda 表示式很好，但是大多數使用的 API 可能都是用 Java 編寫的，而不是 Kotlin。好消息是 Kotlin 的 lambda 可以與 Java API 完全互用。在本節中，你將看到怎麼做到的。

在本章的開頭，看到了一個將 lambda 傳遞給 Java 方法的例子：

```
button.setOnClickListener { /* actions on click */ }
```

（傳遞 lambda 作為參數）

Button 類別透過一個 setOnClickListener 方法為一個按鈕設置一個新的監聽器，該方法接受一個 OnClickListener 型態的參數：

```
/* Java */
public class Button {
    public void setOnClickListener(OnClickListener l) { ... }
}
```

OnClickListener 介面宣告了 onClick 方法：

```
/* Java */
public interface OnClickListener {
    void onClick(View v);
}
```

在 Java（Java 8 之前）中，必須建立一個匿名類別的新實例，以將其作為參數傳遞給 setOnClickListener 方法：

```
button.setOnClickListener(new OnClickListener() {
    @Override
    public void onClick(View v) {
        ...
    }
}
```

在 Kotlin 中，可以傳遞一個 lambda：

```
button.setOnClickListener { view -> ... }
```

用於實作 OnClickListener 的 lambda 具有一個 View 型態的參數，就像 onClick 方法一樣。映射如圖 5.10 所示。

```
public interface OnClickListener {
     void onClick(View v);          ————▶ { view -> ... }
}
```

圖 5.10 lambda 的參數對應於方法參數

這是因為 OnClickListener 介面只有一個抽象方法。這樣的介面被稱為**函式介面**（*functional interface*），或 *SAM* **介面**（*SAM interface*），其中 SAM 代表**單一的抽象方法**（*single abstract method*）。Java API 充滿了 Runnable 和 Callable 等函式介面，以及使用它們的方法。Kotlin 允許在呼叫以函式介面為參數的 Java 方法時使用 lambda，從而確保 Kotlin 程式碼維持整潔和慣用的方式。

注意 >>> 與 Java 不同，Kotlin 具有適當的函式型態。因此，需要使用 lambda 的 Kotlin 函式應該使用函式型態，而不是函式介面型態作為這些參數的型態。不支援將 lambda 自動轉換為實作 Kotlin 介面的物件。我們將在第 8.1 節的函式宣告中討論函式型態的使用。

讓我們來詳細看看在將 lambda 傳遞給期望接收函式介面型態的參數的方法時，會發生什麼事。

5.4.1 將 lambda 作為參數傳遞給 Java 方法

可以將 lambda 傳遞給任何需要函式介面的 Java 方法。舉例來說，看一下這個方法，它有一個 Runnable 型態的參數：

```
/* Java */
void postponeComputation(int delay, Runnable computation);
```

在 Kotlin 中，可以呼叫它並傳遞一個 lambda 作為參數。編譯器會自動將其轉換為 Runnable 的實例：

```
postponeComputation(1000) { println(42) }
```

請注意，當我們說「Runnable 的實例」時，我們的意思是「一個實作 Runnable 的匿名類別的實例」。編譯器會為你建立，並且將 lambda 作為單個抽象方法的主體——在這種情況下為方法 run。

可以透過建立一個明確實作 Runnable 的匿名物件，來達到相同的效果：

```
postponeComputation(1000, object : Runnable {    // 傳遞一個物件表示式作為一個函式介面的實作
    override fun run() {
        println(42)
    }
})
```

但是有一個區別。在明確宣告一個物件時，每個呼叫都會建立一個新的實例。對於 lambda，情況是不同的：如果 lambda 沒有存取函式所定義的任何變數，則在呼叫之間重複使用相對應的匿名類別實例：

```
postponeComputation(1000) { println(42) }    // Runnable 的實例是為整個程式建立的
```

因此，具有明確物件宣告的等效實作是以下程式碼片段，它將 Runnable 實例儲存在變數中，並將其用於每個呼叫：

```
val runnable = Runnable { println(42) }    // 編譯成一個全域變數；程式中只有一個實例
fun handleComputation() {
    postponeComputation(1000, runnable)    // 一個物件用於每個 handleComputation 呼叫
}
```

如果 lambda 捕獲周圍範圍的變數，則不可能在每個呼叫中重複使用同一個實例。在這種情況下，編譯器會為每個呼叫建立一個新物件，並將捕獲的變數值儲存在該物件中。舉例來說，在以下函式中，每個呼叫都使用一個新的 `Runnable` 實例，將 `id` 值儲存為一個欄位：

```
fun handleComputation(id: String) {                    ← 在 lambda 中捕獲變數「id」
    postponeComputation(1000) { println(id) }   ← 在每個 handleComputation 呼叫上建立一個 Runnable 的新實例
}
```

Lambda 實作細節

從 Kotlin 1.0 開始，每個 lambda 表示式都被編譯成一個匿名類別，除非它是一個內嵌（inline）lambda。計劃在 Kotlin 的後續版本中支援產生 Java 8 位元組碼。一旦實作，它將允許編譯器避免為每個 lambda 表示式產生一個單獨的 .class 檔案。

如果 lambda 捕獲變數，則匿名類別將為每個捕獲的變數設置一個欄位，並為每個呼叫建立該類別的新實例。否則將建立一個實例。該類別的名稱是透過從宣告 lambda 的函式的名稱中加入一個後綴來獲得的：以本例來說，是 `HandleComputation $1`。

如果反編譯以前的 lambda 表示式的程式碼，將看到以下內容：

```
class HandleComputation$1(val id: String) : Runnable {
    override fun run() {
        println(id)
    }
}
fun handleComputation(id: String) {
    postponeComputation(1000, HandleComputation$1(id))   ← 不是一個 lambda，而是建立一個特殊類別的實例
}
```

如你所見，編譯器為每個捕獲的變數產生一個欄位和一個建構式參數。

請注意，有關為 lambda 函式建立匿名類別和實例的討論，對於需要函式介面的 Java 方法是有效的，但不適用於使用 Kotlin 繼承方法處理集合。如果將 lambda 傳遞給標記為 `inline` 的 Kotlin 函式，則不會建立匿名類別。而且大部分函式庫函式都是 `inline` 標記的。第 8.2 節討論了這個工作的細節。

如你所見，在大多數情況下，lambda 轉換為函式介面的實例是自動發生的，不需要親自做任何事。但有些情況下需要明確執行轉換。讓我們看看如何做到這一點。

5.4.2 SAM 建構式：將 lambda 顯式轉換為函式介面

SAM **建構式**（*SAM constructor*）是編譯器產生的函式，可以讓你執行一個 lambda 明確轉換為函式介面的實例。編譯器不自動應用轉換時，可以在上下文中使用它。舉例來說，如果有一個方法回傳一個函式介面的實例，不能直接回傳 lambda；你需要將其包裝到 SAM 建構式中。下面是一個簡單的例子。

範例程式 5.14　使用 SAM 建構式回傳值

```
fun createAllDoneRunnable(): Runnable {
    return Runnable { println("All done!") }
}

>>> createAllDoneRunnable().run()
All done!
```

SAM 建構式的名稱與底層函式介面的名稱相同。SAM 建構式接受一個參數——一個 lambda，它將被用作函式介面中的單個抽象方法的主體，並回傳實作該介面的類別的一個實例。

除了回傳值之外，還需要使用 SAM 建構式來儲存從變數中的 lambda 產生的函式介面實例。假設想重複使用幾個按鈕的監聽器，如下面的範例程式（在 Android 應用程式中，這個程式碼可以是 `Activity.onCreate` 方法的一部分）。

範例程式 5.15　使用 SAM 建構式重用監聽器實例

```
val listener = OnClickListener { view ->
    val text = when (view.id) {          ← 使用 view.id 來確定
        R.id.button1 -> "First button"     哪個按鈕被點擊
        R.id.button2 -> "Second button"
        else -> "Unknown button"
    }
    toast(text)                          ← 向使用者顯示
}                                          「text」的值
button1.setOnClickListener(listener)
button2.setOnClickListener(listener)
```

監聽器檢查哪個按鈕是點擊的來源，並相對應地執行。可以透過使用實作 `OnClickListener` 的物件宣告來定義監聽器，但是 SAM 建構式會給你一個更簡潔的選項。

lambda 和新增 / 刪除監聽器

請注意，在 lambda 表示式中沒有這樣的匿名物件：沒有辦法引用 lambda 轉換成的匿名類別實例。從編譯器的角度來看，lambda 是一個程式碼區塊，而不是一個物件，不能把它作為一個物件來引用。lambda 中的 `this` 引用指的是周圍的類別。

如果事件監聽器在處理事件時需要自行取消，則不能使用 lambda 表示式。改為使用匿名物件來實作監聽器。在匿名物件中，`this` 關鍵字引用該物件的實例，可以將其傳遞給刪除監聽器的 API。

另外，即使方法呼叫中的 SAM 轉換通常是自動發生的，但是在將 lambda 作為參數傳遞給重載方法時，編譯器無法選擇正確的重載。在這些情況下，應用明確 SAM 建構式是解決編譯錯誤的好方法。

為了完成我們對 lambda 語法和用法的討論，讓我們看看帶有接收器的 lambda 表示式，以及如何使用它們來定義類似於內建結構的方便的函式庫函式。

5.5 有接收器的 lambda：with 和 apply

本節將示範 Kotlin 標準函式庫的 `with` 和 `apply` 函式。這些功能很方便，即使不理解它們是如何宣告的，也會發現它們有很多用途。稍後在第 11.2.1 節中，將看到如何為自己所需宣告類似的函式。然而，本節中的解釋會幫助你熟悉 Kotlin 的 lambda 的一個獨特功能，這種功能在 Java 中是不能用的：可以在沒有任何附加限定子的情況下，呼叫 lambda 主體中不同物件的方法。這樣的 lambda 被稱為**帶有接收器的 *lambda***。我們先看看帶接收器的 lambda 函式。

5.5.1 with 函式

許多語言都有特殊的敘述可以用來在同一個物件上，執行多個操作而不用重複它的名字。Kotlin 也有這個功能，但它是提供 `with` 函式，而不是一個特殊的語言結構。

要看看它多有用，請考慮下面的例子，然後重構它。

範例程式 5.16 建立 alphabet

```
fun alphabet(): String {
    val result = StringBuilder()
    for (letter in 'A'..'Z') {
        result.append(letter)
    }
```

```
    result.append("\nNow I know the alphabet!")
    return result.toString()
}
>>> println(alphabet())
ABCDEFGHIJKLMNOPQRSTUVWXYZ
Now I know the alphabet!
```

在這個例子中，在 result 實例上呼叫幾個不同的方法，並在每個呼叫中重複 result 名稱。這並不算太壞，但是如果使用的表示式更長或更經常重複使用呢？

以下是使用 with 重寫程式碼的方法。

範例程式 5.17　使用 with 建立 alphabet

```
fun alphabet(): String {
    val stringBuilder = StringBuilder()
    return with(stringBuilder) {          ← 指定要呼叫方法的接收器值
        for (letter in 'A'..'Z') {
            this.append(letter)           ← 透過明確的「this」呼叫接收器值的方法
        }
        append("\nNow I know the alphabet!")   ← 呼叫一個方法，省略「this」
        this.toString()                   ← 從 lambda 回傳一個值
    }
}
```

with 結構看起來像一個特殊的結構，但它是一個函式，它有兩個參數：在這種範例中是 stringBuilder 和 lambda。將 lambda 放在括號之外的慣例在這裡有了作用，整個呼叫看起來像是該語言的內建功能。或者，可以像 with(stringBuilder, { … }) 那樣編寫它，但是它的可讀性不好。

with 函式將其第一個參數轉換為第二個參數傳遞的 lambda **接收器**。可以透過明確的 this 引用來存取這個接收器。另外像往常一樣，this 引用可以省略，並且不需要任何額外的限定子來存取該值的方法或屬性。

在範例程式 5.17 中，this 指的是 stringBuilder，它被作為第一個參數傳遞給它。可以透過 this 引用存取 stringBuilder 上的方法，就像 this.append(letter)；或直接一點，如 append("\nNow…")。

帶有接收器和繼承函式的 lambda

可能還記得，你看到了與 this 相關的函式接收器的概念。在繼承函式的主體中，這是指函式正在繼承的型態的實例，並且可以省略它來直接存取接收器的成員。

請注意，繼承函式在某種意義上是有接收器的函式。下面的比喻可以應用：

一般函式	一般 lambda
繼承函式	帶有接收器的 lambda

lambda 是一種定義類似於一般函式的行為的方式。帶接收器的 lambda 是一種定義類似於繼承函式的行為的方法。

讓我們更進一步重構一開始的 alphabet 函式，擺脫額外的 stringBuilder 變數。

範例程式 5.18　使用 with 表示式主體來建立 alphabet

```
fun alphabet() = with(StringBuilder()) {
    for (letter in 'A'..'Z') {
        append(letter)
    }
    append("\nNow I know the alphabet!")
    toString()
}
```

這個函式現在只回傳一個表示式，所以它使用 expressionbody 語法來重寫。你建立一個 StringBuilder 的新實例，並直接作為參數傳遞它，然後在 lambda 中沒有顯式地引用它。

方法名稱衝突

如果你作為參數傳遞給 with 的物件，與你使用 with 的類別具有相同名稱的方法，會發生什麼情況？在這種情況下，可以將標籤加到 this 引用，以指定所需呼叫的方法。

想像一下，alphabet 函式是 OuterClass 類別的一個方法。如果需要引用外部類別中定義的 toString 方法，而不是 StringBuilder 中的方法，可以使用以下語法：

```
this@OuterClass.toString()
```

with 回傳的值是執行 lambda 程式碼的結果。結果是 lambda 中的最後一個表示式。但是有時你希望呼叫回傳接收器物件，而不是執行 lambda 的結果。這就是 apply 函式庫函式可以使用的地方。

5.5.2 apply 函式

apply 函式的工作原理幾乎和 with 完全相同；唯一的區別是 apply 始終回傳作為參數傳遞給它的物件（也就是接收器物件）。我們再次重構 alphabet 函式，這次使用 apply。

範例程式 5.19 使用 apply 建立 alphabet

```
fun alphabet() = StringBuilder().apply {
    for (letter in 'A'..'Z') {
        append(letter)
    }
    append("\nNow I know the alphabet!")
}.toString()
```

apply 函式被宣告為繼承函式。它的接收器變成了作為參數傳遞的 lambda 的接收器。執行 apply 的結果是 StringBuilder，所以呼叫 toString 把它轉換為 String。

其中很有用的一種情況是，當建立一個物件的實例，並需要急性初始化一些屬性。在 Java 中，這通常是透過一個獨立的 Builder 物件完成；在 Kotlin 中，可以在任何物件上使用 apply，而不需要定義物件的函式庫的特殊支援。

要看這種情況如何使用 apply，讓我們看看一個例子，建立一個自定義屬性的 Android TextView 組件。

範例程式 5.20 使用 apply 初始化 TextView

```
fun createViewWithCustomAttributes(context: Context) =
    TextView(context).apply {
        text = "Sample Text"
        textSize = 20.0
    setPadding(10, 0, 0, 0)
}
```

apply 函式允許為函式使用緊湊的表示式主體樣式。建立一個新的 TextView 實例，並急性將其傳遞給 apply。在傳遞給 apply 的 lambda 中，TextView 實例成為接收器，所以可以呼叫方法並設置它的屬性。在 lambda 執行後，apply 將回傳已經初始化的那個實例；它成為 createViewWithCustomAttributes 函式的結果。

with 和 apply 函式是使用帶接收器的 lambda 表示式的基本通用範例。更具體的函式也可以使用相同的樣式。舉例來說，透過使用 buildString 標準函式庫函式，可以進一步簡化 alphabet 函式，該函式將負責建立 StringBuilder，並呼叫 toString。buildString 的參數是一個帶有接收器的 lambda，接收器是 StringBuilder。

範例程式 5.21 使用 buildString 建立 alphabet

```
fun alphabet() = buildString {
    for (letter in 'A'..'Z') {
        append(letter)
    }
    append("\nNow I know the alphabet!")
}
```

buildString 函式是在 StringBuilder 的幫助下建立 String 的一個優雅解決方案。

當我們開始討論領域特定的語言時，你會在第 11 章看到更多有趣的例子。帶有接收器的 lambda 是構建 DSL 的重要工具；我們將探討如何使用它們，以及如何定義自己的函式，來呼叫帶有接收器的 lambda。

5.6 總結

- lambda 允許將大量的程式碼作為參數傳遞給函式。
- Kotlin 允許將 lambda 函式傳遞給括號外的函式，並將單個 lambda 參數稱為 it。
- lambda 中的程式碼可以存取和修改，包含對 lambda 呼叫的函式中的變數。
- 可以透過在函式名稱前加上 :: 來建立方法、建構式和屬性的引用，並將這些引用傳遞給函式，而不是 lambda。
- 對集合的大多數常見操作，都可以在不使用元素的情況下使用 filter、map、all、any 等函式進行迭代來執行。
- 序列允許組合集合上的多個操作，而不建立集合來保存中介結果。
- 可以將 lambda 作為參數，傳遞給接收 Java 函式介面（具有單個抽象方法的介面，也稱為 SAM 介面）作為參數的方法。
- 帶有接收器的 lambda 是 lambda 表示式，可以直接在特定的接收器物件上呼叫方法。

- 使用標準函式庫函式，可以在同一物件上呼叫多個方法，而不必重複對該物件的引用。`apply` 可以讓你使用 builder 風格的 API 來建構和初始化任何物件。

6 Kotlin 的型態系統

本章涵蓋：

- 可為空的型態和用於處理 `null` 的語法
- 原始型態及其與 Java 型態的對應關係
- Kotlin 聚集及其與 Java 的關係

到目前為止，已經看到了 Kotlin 的大部分語法。已經了解了如何在 Kotlin 中建立類似 Java 語法功能的程式碼，並準備好享受 Kotlin 的一些生產力特性，這些特性可以使程式碼更加緊湊，以及具有更高的可讀性。

讓我們仔細地看看 Kotlin 最重要的部分之一：型態系統。與 Java 相比，Kotlin 的型態系統引入了一些新功能，這些功能對於提高程式碼的可靠性至關重要，如支援可為**空的型態**（*nullable type*）和**唯讀聚集**（*read-only collection*）。它還刪除了 Java 型態系統中一些不必要或有問題的功能，例如對陣列最好的支援。我們接著就來看看這些細節。

6.1 可空性

可空性（Nullability）是 Kotlin 型態系統的一個特性，可以幫助避免 `NullPointerException` 錯誤。作為程式的使用者，可能已經看過類似「An error has occurred: java.lang.NullPointerException」的錯誤訊息，而且沒有其他詳細資訊。另一個是類似「Unfortunately, the application X has stopped」的訊息，這往往也隱藏了一個 NullPointerException 例外。對於使用者和開發者來說，這樣的錯誤非常麻煩。

現代語言（包括 Kotlin）的方法是將這些問題從執行錯誤（runtime error）轉換為編譯錯誤（compile-time error）。透過支援可空性作為型態系統的一部分，編譯器可以在編譯期間檢測許多可能的錯誤，並減少在執行時拋出例外的可能性。

在本節中，我們將討論 Kotlin 中的可為空的型態：Kotlin 如何標記允許為 null 的值，以及 Kotlin 提供的用於處理這些值的工具。此外，還將介紹關於可為空的型態混合 Kotlin 和 Java 程式碼的細節。

6.1.1 可為空的型態

Kotlin 和 Java 型態系統之間的第一個，也可能是最重要的，區別是 Kotlin 明確支援可為**空的型態**。這是什麼意思？這是一種表示程式中哪些變數或屬性被允許為 null 的方法。如果一個變數可以為 null，呼叫變數的方法並不安全，因為它可能會導致 NullPointerException。Kotlin 不允許這樣的呼叫，從而防止許多可能的例外。要看看這是怎麼做的，來看看下面的 Java 函式：

```
/* Java */
int strLen(String s) {
    return s.length();
}
```

這個函式安全嗎？如果函式是用一個 null 參數呼叫的，它將拋出一個 NullPointerException 例外。而是否需要加入一個檢查 null 的功能？這取決於函式的用途。

讓我們試著在 Kotlin 中重寫這個函式。現在必須回答的第一個問題是，你期望函式被用一個 null 參數來呼叫嗎？我們的意思不僅是直接的 null，像 strLen(null)，而且還包括任何在執行時，可能具有 null 值的變數或其他表示式。

如果不希望發生這種情況，可以在 Kotlin 中宣告以下函式：

```
fun strLen(s: String) = s.length
```

使用 null 的參數呼叫 strLen 是不允許的，並且在編譯時將被標記為錯誤：

```
>>> strLen(null)
ERROR: Null can not be a value of a non-null type String
```

該參數被宣告為 String 型態，而在 Kotlin 中這意味著它必須包含一個 String 實例。編譯器會強制執行，所以你不能傳遞一個包含 null 的參數。這可以保證 strLen 函式在執行時不會拋出 NullPointerException 例外。

如果要允許用所有參數來使用此函式（包括那些可以為 null 的參數），則需要透過在型態名稱後面加一個問號來標記它：

```
fun strLenSafe(s: String?) = ...
```

你可以在任何型態後面加一個問號，表示這個型態的變數可以儲存 null 參考：String?、Int?、MyCustomType? 等等（參閱圖 6.1）。

Type? = Type or null

圖 6.1 可為空的型態的變數可以儲存 null 參考

在此重申，沒有問號的型態表示這種型態的變數不能儲存 null 參考。意味著預設情況下，所有一般型態都非空，除非有明確標記可空的值。

一旦有一個可為空的型態的值，你可以用它執行的動作便受到限制。舉例來說，你不能再用它呼叫方法：

```
>>> fun strLenSafe(s: String?) = s.length()
ERROR: only safe (?.) or non-null asserted (!!.) calls are allowed
 on a nullable receiver of type kotlin.String?
```

不能將其指派給非空型態的變數：

```
>>> val x: String? = null
>>> var y: String = x
ERROR: Type mismatch: inferred type is String? but String was expected
```

不能將可為空的型態的值，作為參數傳遞給具有非空參數的函式：

```
>>> strLen(x)
ERROR: Type mismatch: inferred type is String? but String was expected
```

那麼你可以用它做什麼？最重要的是把它與 null 進行比較。一旦執行了比較，編譯器就會記住，並在執行檢查的範圍內將它視為非空值。舉例來說，下面的程式碼是有效的。

範例程式 6.1 使用 if 來處理 null 值

```
fun strLenSafe(s: String?): Int =
    if (s != null) s.length else 0
```

透過加入對 null 的檢查，程式碼現在能夠編譯成功

```
>>> val x: String? = null
>>> println(strLenSafe(x))
0
>>> println(strLenSafe("abc"))
3
```

如果使用 if 是解決可空性的唯一工具，那麼程式碼很快地會變得非常複雜。幸運的是，Kotlin 提供了許多其他工具來幫助你以更簡潔的方式來處理可空值。但在看這些工具之前，讓我們花點時間討論可空值的含意以及變數型態。

6.1.2 型態的意義

讓我們來思考最根本的問題：什麼是型態，為什麼變數要有型態？維基百科關於型態的文章（http://en.wikipedia.org/wiki/Data_type）給出了一個很好的答案：「型態是分類 … 它決定型態的可能值，以及作用於型態值的運算」。

讓我們嘗試著將這個定義應用於一些 Java 型態，從 double 型態開始。如你所知，double 是一個 64 位元的浮點數。你可以對這些值執行標準的數學運算。所有函式都同樣適用於 double 型態的所有值。因此，如果有一個型態為 double 的變數，那麼可以肯定的是，編譯器允許對值的任何操作都能成功執行。

現在讓我們將其與一個 String 型態的變數進行對比。在 Java 中，這樣的變數可以保存兩種值之一：String 類別的一個實例或 null。這些型態的值完全不同：甚至 Java 本身的 instanceof 運算子也會告訴你 null 不是 String。可以在變數的值上完成的操作也完全不同：實際的 String 實例允許你呼叫字串上的任何方法，而 null 只允許有限的一組操作。

這意味著 Java 的型態系統在這種情況下並不是很好。即使變數有一個宣告的型態——String——除非執行額外的檢查，你不知道你可以用這個變數的值做什麼。通常情況下，你跳過這些檢查，因為你知道你的程式中的一般資料流，在某個點上的值不能為 null。而有時候你出錯了，程式就會崩潰，出現 NullPointerException 例外。

處理 NullPointerException 錯誤的其他方法

Java 有一些工具來幫助解決 NullPointerException 的問題。舉例來說，有些人使用註解（例如 @Nullable 和 @NotNull）來表示可空性的值。有些工具（例如 IntelliJ IDEA 的內建程式碼檢查）可以使用這些註解來檢測可能拋出 NullPointerException 的地方。但是這些工具並不是標準的 Java 編譯過程的一部分，所以很難確保它們一致的應用。註解整個程式碼函式庫（包括專案使用的函式庫）也很困難，因此可以檢測到所有可能的錯誤位置。我們在 JetBrains 上的經驗表明，即使在 Java 中使用可空性註解也不能完全解決 NPE 的問題。

解決這個問題的另一個途徑是從不在程式碼中使用 `null`，並使用特殊的包裝型態（如 Java 8 中引入的 `Optional` 型態）來表示可能定義或可能不定義的值。這種方法有幾個缺點：程式碼變得更加冗長，額外的包裝器實例會影響運行時的性能，而且在整個生態系統中並不一致。即使你在自己的程式碼中每處都使用 `Optional`，你仍然需要處理從 JDK 的方法、Android 架構和其他第三方函式庫回傳的 `null` 值。

Kotlin 中的可為空的型態為這個問題提供了一個全面的解決方案。區分可空和非空的型態提供了對該值允許什麼操作的明確理解，以及在執行時可能導致例外的操作，因此被禁止。

注意>>> 執行時可空或非空型態的物件是相同的；可為空的型態不是非空型態的包裝。所有檢查都在編譯時執行。這意味著在 Kotlin 中使用可空的型態沒有執行時間的花費。

現在我們來看看如何在 Kotlin 中使用可為空的型態，以及為什麼處理它們絕不是煩人的。我們將從特殊運算子開始，來安全地存取可空值。

6.1.3 安全呼叫運算子：「?.」

Kotlin 工具中最有用的工具之一就是**安全呼叫**（*safe-call*）運算子：它允許你將一個空檢查和一個方法呼叫組合成一個單獨的操作。舉例來說，表示式 `s?.toUpperCase()` 相當於更麻煩的：`if (s != null) s.toUpperCase() else null`。

換句話說，如果試圖呼叫方法的值不為 `null`，則方法呼叫將正常執行。如果為空，則跳過呼叫，而將空值用作值。如圖 6.2 說明。

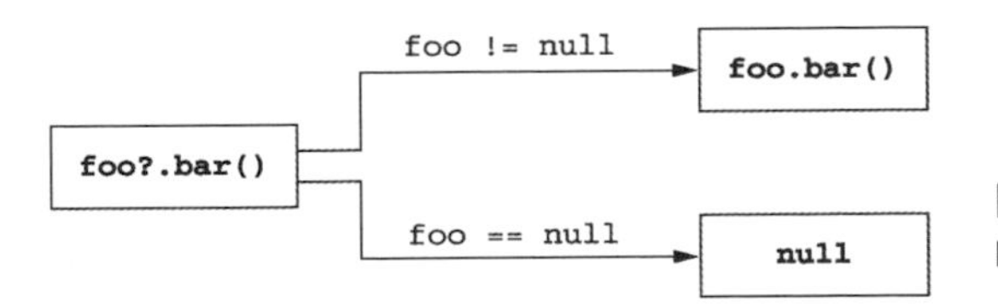

圖 6.2 安全呼叫運算子只在非空值上呼叫方法

請注意，這樣呼叫的結果的型態是可空的。儘管 `String.toUpperCase` 回傳一個 `String` 型態的值，當 `s` 為空時，表示式 `s?.toUpperCase()` 的結果型態是 `String?`：

```
fun printAllCaps(s: String?) {
    val allCaps: String? = s?.toUpperCase()
    println(allCaps)
}
>>> printAllCaps("abc")
ABC
>>> printAllCaps(null)
null
```

allCaps 可能為 null

安全呼叫也可用於存取屬性，而不僅僅是呼叫方法。下面的例子顯示了一個簡單的帶有可空屬性的 Kotlin 類別，示範了使用安全呼叫運算子來存取該屬性。

範例程式 6.2　使用安全呼叫來處理可空的屬性

```
class Employee(val name: String, val manager: Employee?)

fun managerName(employee: Employee): String? = employee.manager?.name

>>> val ceo = Employee("Da Boss", null)
>>> val developer = Employee("Bob Smith", ceo)
>>> println(managerName(developer))
Da Boss
>>> println(managerName(ceo))
null
```

如果你有一個物件圖，其中多個屬性具有可為空的型態，那麼在同一表示式中使用多個安全呼叫通常很方便。假設使用不同的類別來儲存關於一個人、他們的公司以及公司地址的資訊。公司和地址都可以省略。使用 `?.` 運算子，你可以在一行中存取 `Person` 的 `country` 屬性，而無需任何額外的檢查。

範例程式 6.3　鏈接多個安全呼叫運算子

```
class Address(val streetAddress: String, val zipCode: Int,
              val city: String, val country: String)

class Company(val name: String, val address: Address?)

class Person(val name: String, val company: Company?)

fun Person.countryName(): String {
    val country = this.company?.address?.country
    return if (country != null) country else "Unknown"
}
>>> val person = Person("Dmitry", null)
>>> println(person.countryName())
Unknown
```

幾個安全呼叫運算子可以在一個鏈中

具有 `null` 檢查的呼叫序列在 Java 程式碼中很常見，而且現在已經看到了 Kotlin 如何使它們更加簡潔。但是範例程式 6.3 包含不必要的重複：將值與 `null` 進行比較，如果值為 `null`，則回傳該值或其他值。讓我們看看 Kotlin 是否可以幫助減少這種重複。

6.1.4 Elvis 運算子：「?:」

Kotlin 有一個方便的運算子來提供預設值而不是 `null`。它被稱為 *Elvis* **運算子**（*Elvis operator*），或者如果你更喜歡更嚴肅的名字的話，可以稱為**空合併算子**（*null-coalescing operator*）。看起來像這樣：`?:`（如果你把頭轉過來，可以把它看作是貓王 Elvis 標誌性的飛機頭）。以下是它的使用方法：

```
fun foo(s: String?) {
    val t: String = s ?: ""
}
```

如果「s」為 null，則結果為空字串

運算子取兩個值，如果不為 `null`，則結果為第一個值，如果第一個值為 `null`，則結果為第二個值。圖 6.3 顯示了它是怎麼做的。

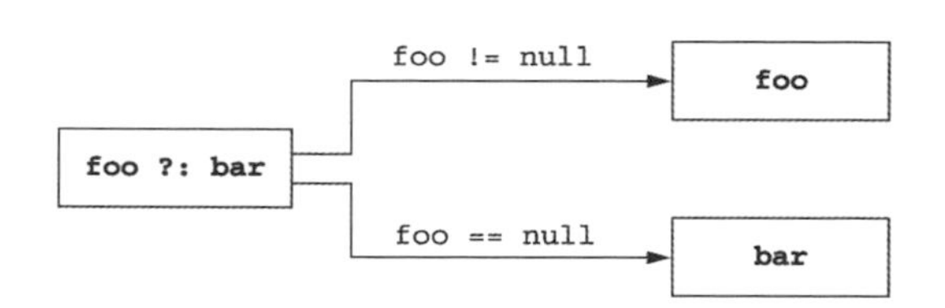

圖 6.3　Elvis 運算子將一個指定的值替換為 **`null`**

當呼叫該方法的物件為 `null` 時，Elvis 運算子經常與安全呼叫運算子一起使用，以替換非空值。以下是如何使用這種樣式來簡化範例程式 6.1。

範例程式 6.4　使用 Elvis 運算子來處理 `null` 值

```
fun strLenSafe(s: String?): Int = s?.length ?: 0

>>> println(strLenSafe("abc"))
3
>>> println(strLenSafe(null))
0
```

範例程式 6.3 中的 `countryName` 函式現在也適用於一行。

```
fun Person.countryName() =
    company?.address?.country ?: "Unknown"
```

在 Kotlin 中，使得 Elvis 運算子特別方便的是，將 `return` 和 `throw` 等作為表示式，因此可以在運算子的右側使用。在這種情況下，如果左側的值為 `null`，則函式將立即回傳值或拋出例外。這有助於檢查函式中的前提條件。

讓我們來看看如何使用這個運算子來實作一個函式，來印出一個帶有公司地址的運輸標籤。以下範例重複所有類別的宣告——在 Kotlin 中，它們非常簡潔，不會造成問題。

範例程式 6.5　使用 `throw` 和 Elvis 運算子

```
class Address(val streetAddress: String, val zipCode: Int,
              val city: String, val country: String)

class Company(val name: String, val address: Address?)

class Person(val name: String, val company: Company?)

fun printShippingLabel(person: Person) {
    val address = person.company?.address
      ?: throw IllegalArgumentException("No address")    ◄── 如果地址不存在則拋出例外
    with (address) {                                     ◄── 「address」不是 null
        println(streetAddress)
        println("$zipCode $city, $country")
    }
}

>>> val address = Address("Elsestr. 47", 80687, "Munich", "Germany")
>>> val jetbrains = Company("JetBrains", address)
>>> val person = Person("Dmitry", jetbrains)

>>> printShippingLabel(person)
Elsestr. 47
80687 Munich, Germany

>>> printShippingLabel(Person("Alexey", null))
java.lang.IllegalArgumentException: No address
```

如果一切正確，`printShippingLabel` 函式將印出一個標籤。如果沒有地址，它不會拋出一個只有行號的 `NullPointerException`，而是回報一個有意義的錯誤。如果地址存在，則標籤由街道地址、郵遞區號、城市和國家組成。請注意，在上一章中看到的 `with` 函式是如何避免連續重複四次地址。

既然你已經看到了 Kotlin 的方式來執行「如果非空」檢查，那麼我們來討論一下 `instanceof` 檢查的 Kotlin 安全版本：**安全轉型**（*safe-cast*）**運算子**，通常與安全呼叫和 Elvis 運算子一起出現。

6.1.5 安全轉型：「as?」

在第 2 章中，看到了型態轉換的一般 Kotlin 運算子：`as` 運算子。就像一般的 Java 型態轉換一樣，如果該值沒有你要轉換的型態，則拋出 `ClassCastException`。當然，可以將它與 is 檢查結合起來，以確保它具有正確的型態。但是作為一種安全簡潔的語言，Kotlin 不是提供了一個更好的解決方案嗎？確實如此。

as? 運算子試著將值轉換為指定的型態，如果值不具有正確的型態，則回傳 null。圖 6.4 說明了這一點。

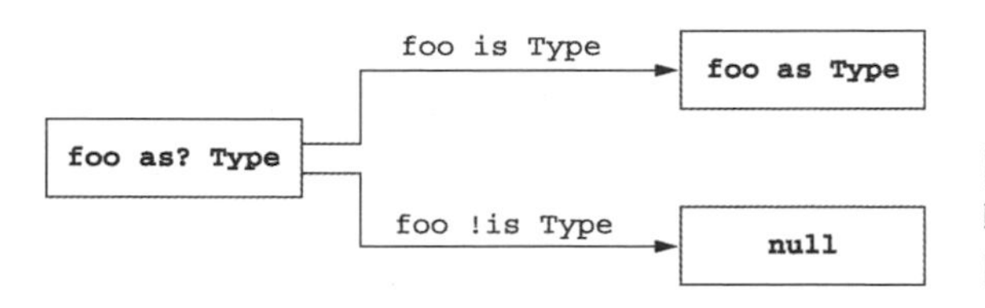

圖 6.4　安全轉型運算子試著將值轉換為指定的型態，如果型態不同，則回傳 null

使用安全轉型的一個常見樣式是將其與 Elvis 運算子相結合。舉例來說，這對於實作 equals 方法來說非常方便。

範例程式 6.6　使用安全轉型來實作 equals

```
class Person(val firstName: String, val lastName: String) {
    override fun equals(o: Any?): Boolean {
        val otherPerson = o as? Person ?: return false

        return otherPerson.firstName == firstName &&
               otherPerson.lastName == lastName
    }

    over ride fun hashCode(): Int =
        firstName.hashCode() * 37 + lastName.hashCode()
}

>>> val p1 = Person("Dmitry", "Jemerov")
>>> val p2 = Person("Dmitry", "Jemerov")
>>> println(p1 == p2)
true
>>> println(p1.equals(42))
false
```

檢查型態，如果不匹配則回傳 false

安全轉換後，變數 otherPerson 被智慧轉型為 Person 型態

== 運算子呼叫「equals」方法

使用這種樣式，你可以輕鬆檢查參數是否具有適當的型態，並進行強制轉型，如果型態不正確，則回傳 false——全部使用相同的表示式。當然，智慧轉型也適用於這種情況：在檢查型態並拒絕了 null 之後，編譯器知道 otherPerson 變數的型態是 Person，並且可以相對應地使用它。

安全呼叫、安全轉型和 Elvis 運算子是有用的，並經常以 Kotlin 程式碼出現。但有時你不需要 Kotlin 的支援來處理空值；你只需要告訴編譯器該值實際上不是 null。我們來看看如何實作這一點。

6.1.6 非空斷言：「!!」

非空斷言（*not-null assertion*）是 Kotlin 為處理可為空的型態的值而提供的最簡單、最自由的工具。它由雙重驚嘆號表示，並將任何值轉換為非空型態。對於 `null` 值，則會引發例外。邏輯如圖 6.5 所示。

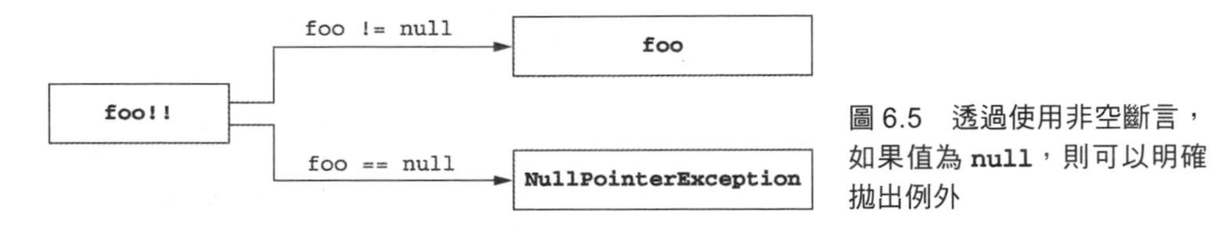

圖 6.5　透過使用非空斷言，如果值為 **null**，則可以明確拋出例外

下面是一個函式的簡單範例，它使用斷言將可空參數轉換為非空的參數。

範例程式 6.7　使用非空斷言

```
fun ignoreNulls(s: String?) {
    val sNotNull: String = s!!        ← 例外指向這一行
    println(sNotNull.length)
}

>>> ignoreNulls(null)
Exception in thread "main" kotlin.KotlinNullPointerException
    at <...>.ignoreNulls(07_NotnullAssertions.kt:2)
```

如果 `s` 在這個函式中是 `null`，會發生什麼？ Kotlin 沒有多少選擇：它會在運行時拋出一個例外（一種特殊的 `NullPointerException`）。但是請注意，引發例外的地方是斷言本身，而不是嘗試使用該值的後續程式碼。從本質上說，你告訴編譯器：「我知道這個值不是 `null`，如果我錯了，我已經準備好處理例外了。」

注意 »» 你可能會注意到，雙重驚嘆號看起來有些粗魯：幾乎就像你在編譯器上大喊大叫。這是故意的，Kotlin 的設計者正在試圖推動你朝著一個更好的解決方案發展，而這個解決方案並不涉及編譯器無法驗證的斷言。

但有些情況下，非空斷言是解決問題的恰當方法。當你在一個函式中檢查到空值並在另一個函式中使用該值時，編譯器無法識別該用法是否安全。如果你確定檢查是在另一個函式中執行的，可能不會希望在使用該值之前複製該檢查；那麼你可以使用一個非空斷言來代替。

這在實踐中會發生在許多 UI 架構（如 Swing）的動作類別中。在動作類別中，有更新動作狀態（啟用或禁用）和執行動作的單獨方法。在 `update` 方法中執行的檢查確保如果不滿足條件，則不會呼叫 `execute` 方法，但編譯器無法識別該方法。

讓我們來看一個在這種情況下使用非空斷言的 Swing 動作的例子。CopyRowAction 操作應該將列表中所選行的值複製到剪貼板。我們省略了所有不必要的細節，只保留負責檢查是否選擇了任何行的程式碼（意味著可以執行該操作）並獲取所選行的值。Action API 意味著只有在 isEnabled 為 true 時才呼叫 actionPerformed。

範例程式 6.8 在 Swing 動作中使用非空斷言

```
class CopyRowAction(val list: JList<String>) : AbstractAction() {
    override fun isEnabled(): Boolean =
        list.selectedValue != null

    override fun actionPerformed(e: ActionEvent) {
        val value = list.selectedValue!!
        // copy value to clipboard
    }
}
```

只有當 isEnabled 回傳「true」時，才會呼叫 actionPerformed

請注意，如果你不想在這種情況下使用 !!，可以用 val value = list.selectedValue ?: return 來獲得一個非空型態的值。如果使用該樣式，list.selectedValue 的可空的值將導致函式提前回傳，所以 value 將始終為非空。雖然使用 Elvis 運算子的非空檢查在這裡是多餘的，但是能夠保護 isEnabled 稍後不會變得更加複雜。

還有一點需要注意：當你使用 !!，它會導致一個例外，堆疊追蹤標識引發例外的行號，但不是特定的表示式。要清楚地確定哪個值為空，最好避免使用多個 !! 斷言在同一行上：

```
person.company!!.address!!.country
```

不要像這樣寫程式！

如果在此行中遇到例外，將無法判斷是 company 還是 address 為空值。

到目前為止，我們已經討論了如何存取可為空的型態的值。但是如果需要將一個可空值作為參數，傳遞給一個期望非空值的函式，你應該怎麼做？編譯器不允許你沒有檢查，因為這樣做是不安全的。Kotlin 語言對這種情況沒有任何特別的支援，但是有一個標準的函式庫函式可以幫助你：let。

6.1.7 let 函式

let 函式讓處理可空的表示式變得更容易。與安全呼叫運算子一起使用，它允許你評估一個表示式，檢查結果為 null，並將結果儲存在一個變數中，所有內容都以一個簡單的表示式表示。

其最常見的用法之一是，處理一個應該傳遞給需要非空參數的函式的可空參數。假設函式 sendEmailTo 接受一個 String 型態的參數，並發送一個電子郵件到該地址。這個函式是用 Kotlin 編寫的，需要一個非空的參數：

```
fun sendEmailTo(email: String) { /*...*/ }
```

不能將可為空的型態的值傳遞給此函式：

```
>>> val email: String? = ...
>>> sendEmailTo(email)
ERROR: Type mismatch: inferred type is String? but String was expected
```

必須明確檢查這個值是否為空：

```
if (email != null) sendEmailTo(email)
```

但是可以換個方法：使用 let 函式，並透過一個安全呼叫來呼叫它。所有的 let 函式都把它被呼叫的物件變成 lambda 的參數。如果將它與安全呼叫語法結合使用，它可以有效地將你呼叫的可為空的型態的物件轉換為非空型態（請參閱圖 6.6）。

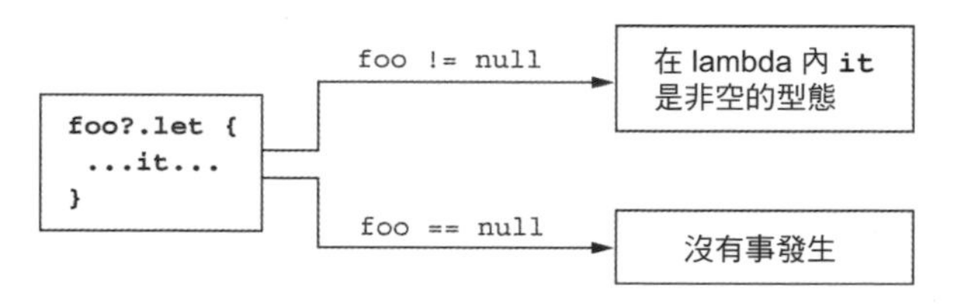

圖 6.6 只有當表示式不為 null 時，安全呼叫「let」才會執行 lambda 表示式

let 函式只有在 email 的值不為 null 的情況下才會被呼叫，所以你使用 email 作為 lambda 的非空參數：

```
email?.let { email -> sendEmailTo(email) }
```

使用短語法後，自動產生的名稱 it，結果就變短得多：email?.let { sendEmailTo(it) }。下面有一個更完整的例子來展示這個樣式。

範例程式 6.9 使用 let 來呼叫一個非空參數的函式

```
fun sendEmailTo(email: String) {
    println("Sending email to $email")
}

>>> var email: String? = "yole@example.com"
>>> email?.let { sendEmailTo(it) }
Sending email to yole@example.com
```

```
>>> email = null
>>> email?.let { sendEmailTo(it) }
```

請注意，如果必須使用較長表示式的值時，該值不是 null，則使用 let 符號特別方便。在這種情況下，你不必建立一個單獨的變數。將這個 if 檢查

```
val person: Person? = getTheBestPersonInTheWorld()
if (person != null) sendEmailTo(person.email)
```

與沒有額外變數的相同程式碼進行比較：

```
getTheBestPersonInTheWorld()?.let { sendEmailTo(it.email) }
```

這個函式回傳 null，所以 lambda 中的程式碼永遠不會被執行：

```
fun getTheBestPersonInTheWorld(): Person? = null
```

當你需要檢查多個值為 null 時，可以使用巢狀的 let 呼叫來處理它們。但在大多數情況下，這樣的程式碼結果相當冗長，難以遵循。使用一般 if 表示式一起檢查所有值通常更容易。

另一種常見的情況是有效非空的屬性，但不能在建構式中使用非空值進行初始化。讓我們看看 Kotlin 如何讓你處理這種情況。

6.1.8 後初始化的屬性

許多架構在建立物件實例之後呼叫的專用方法中初始化物件。舉例來說，在 Android 中，活動初始化發生在 onCreate 方法中。JUnit 要求將初始化邏輯放在用 @Before 註解的方法中。

但是你不能在建構式中保留一個沒有初始值的非空屬性，只能用特殊方法初始化它。Kotlin 通常要求你初始化建構式中的所有屬性，如果屬性具有非空型態，則必須提供一個非空的初始值。如果你無法提供該值，則必須使用可為空的型態。如果這樣做，每個存取屬性需要一個 null 檢查或 !! 運算子。

範例程式 6.10　使用非空斷言來存取可空屬性

```
class MyService {
    fun performAction(): String = "foo"
}

class MyTest {
```

```
    private var myService: MyService? = null

    @Before fun setUp() {
        myService = MyService()
    }

    @Test fun testAction() {
        Assert.assertEquals("foo",
            myService!!.performAction())
    }
}
```

宣告一個可為空的型態的屬性，用 null 初始化它

在 setUp 方法中提供一個真正的初始化器

必須處理可空性：使用「!!」或「?」

看起來很醜，特別是如果你存取多次屬性。為了解決這個問題，你可以宣告 myService 屬性為**後初始化**（*late-initialized*）的。這是透過應用 lateinit 修飾詞來完成的。

範例程式 6.11 使用後初始化的屬性

```
class MyService {
    fun performAction(): String = "foo"
}

class MyTest {
    private lateinit var myService: MyService

    @Before fun setUp() {
        myService = MyService()
    }

    @Test fun testAction() {
        Assert.assertEquals("foo",
            myService.performAction())
    }
}
```

宣告一個沒有初始值設定項的非空型態的屬性

像之前一樣初始化 setUp 方法中的屬性

存取屬性沒有額外的 null 檢查

請注意，後初始化的屬性是一個 var，因為你需要能夠在建構式外改變它的值，且 val 屬性被編譯成必須在建構式中初始化的 final 欄位。但是即使該屬性具有非空型態，你不再需要在建構式中初始化它。如果在初始化之前存取該屬性，則會收到「lateinit property myService has not been initialized」的例外。它清楚地標識發生了什麼，比通用的 NullPointerException 更容易理解。

注意>>> lateinit 屬性的常見例子是相依注入。在這種情況下，lateinit 屬性的值由相依注入架構在外部設置。為確保與廣泛的 Java 架構相容，Kotlin 產生一個與 lateinit 屬性具有相同可見性的欄位。如果該屬性被宣佈為 public，該領域也將為 public。

現在讓我們看看如何定義可為空的型態的延伸函式，來延伸 Kotlin 的一組處理空值的工具。

6.1.9 可為空的型態的延伸

定義可為空的型態的延伸函式是處理 null 的一個更好的方法。在呼叫方法之前，不確保變數不能為 null，而是允許將 null 作為接收器的呼叫，並在函式中處理 null。這只適用於延伸功能；一般成員呼叫透過物件實例分派，因此在實例為 null 時不能執行。

舉一個例子，函式 isEmpty 和 isBlank，定義為 Kotlin 標準函式庫中 String 的延伸。第一個檢查字串是否是空字串 " "，第二個檢查是否為 null，或者是否只包含空格字元。通常你會使用這些函式來檢查字串是不是無效，以便做一些有意義的事情。你可能會認為像處理空字串或空格字串一樣來處理 null。實際上，可以這樣做：函式 isEmptyOrNull 和 isBlankOrNull 可以用 String? 型態的接收器來呼叫。

範例程式 6.12　使用可空的接收器呼叫延伸函式

```
fun verifyUserInput(input: String?) {
    if (input.isNullOrBlank()) {          ◄── 需要非安全呼叫
        println("Please fill in the required fields")
    }
}

>>> verifyUserInput(" ")
Please fill in the required fields
>>> verifyUserInput(null)                 ◄── 當呼叫 isNullOrBlank，以「null」
Please fill in the required fields            作為接收器時，不會發生例外
```

可以呼叫一個延伸函式，這個延伸函式被宣告為沒有安全存取的可空接收器（請參閱圖 6.7），該函式處理可能出現的 null。

```
可為空的        可為空型
型態的值        態的延伸
  input.isNullOrBlank()
       ↑
    非安全呼叫！
```

圖 6.7　可以在沒有安全呼叫的情況下，存取可為空型態的延伸

函式 isNullOrBlank 明確地檢查 null，在這種情況下回傳 true，接著呼叫 isBlank，它只能在非空的 String 上呼叫：

```
fun String?.isNullOrBlank(): Boolean =     ◄── 延伸為可空字串
        this == null || this.isBlank()     ◄── 智慧轉型被應用到第二個「this」
```

當為一個可空的型態（以 ? 結尾）宣告一個延伸函式時，這意味著你可以呼叫這個函式的可空性。而這個在函式主體中可以是 null，所以你必須明確地檢查。在 Java 中，this 是非空，因為它參考了你所在的類別的實例。在 Kotlin 中，不再是這種情況：在一個可為空的型態的延伸函式中，this 可以為 null。

請注意，我們前面討論過的 let 函式也可以在一個可空的接收器上呼叫，但它並不檢查 null 的值。如果在不使用安全呼叫運算子的情況下，在可為空的型態上呼叫它，那麼 lambda 參數也是可空的：

```
>>> val person: Person? = ...
>>> person.let { sendEmailTo(it) }
ERROR: Type mismatch: inferred type is Person? but Person was expected
```

沒有安全呼叫，所以「it」有一個可為空的型態

因此，如果想用 let 來檢查非空的參數，必須使用安全呼叫運算子 ?.，正如之前看到的那樣：person?.let { sendEmailTo(it) }。

注意»» 在定義自己的延伸函式時，需要考慮是否應該將其定義為可為空的型態的延伸。預設情況下，將其定義為非空型態的延伸。如果事實證明它主要用於可空值，那麼以後就可以安全地更改它（沒有程式碼會崩潰），並且可以合理地處理空值。

本節展示了一些意外的情況。如果你在沒有額外檢查的情況下解參考一個變數，就像在 s.isNullOrBlank() 中那樣，它並不立即表示該變數是非空的：該函式可以是可為空的型態的延伸。接下來，讓我們來討論另一個可能讓你感到意外的例子：即使沒有問號，型態參數也是可空的。

6.1.10 型態參數的可空性

預設情況下，Kotlin 中的所有函式和類別的型態參數都是可空的。任何型態，包括可為空的型態，都可以替代型態參數；在這種情況下，即使型態參數 T 不以問號結尾，也可以使用型態參數作為型態的宣告為 null。看到下面的例子。

範例程式 6.13 處理可為空的型態的參數

```
fun <T> printHashCode(t: T) {
    println(t?.hashCode())
}
>>> printHashCode(null)
null
```

必須使用一個安全的呼叫，因為「t」可能是 null

「T」被推斷為「Any?」

在 printHashCode 呼叫中，型態參數 T 的推斷型態是可為空的型態 Any?。因此，即使 T 之後沒有問號，參數 t 也可以為 null。

為了使型態參數非空，需要為它指定一個非空的上限。這會拒絕可空的值作為參數。

範例程式 6.14　為一個型態參數宣告一個非空的上限

```
fun <T: Any> printHashCode(t: T) {
    println(t.hashCode())
}
>>> printHashCode(null)
Error: Type parameter bound for `T` is not satisfied
>>> printHashCode(42)
42
```

現在「T」不能為 null

此程式碼不能編譯：不能傳遞 null，因為預期為非空值

第 9 章將介紹到 Kotlin 的泛型，第 9.1.4 節將更詳細地介紹這個主題。

請注意，型態參數是規則的唯一例外情況，即最後一個問號需要將型態標記為可空，且沒有問號的型態不為空。下一節將展示另一個可空性的特例：來自 Java 程式碼的型態。

6.1.11　可空性和 Java

前面的討論涵蓋了在 Kotlin 世界中使用 null 的工具。但是 Kotlin 引以為傲的是它的 Java 互用性，而且你知道 Java 在它的型態系統中不支援可空性。那麼當把 Kotlin 和 Java 結合起來會發生什麼事呢？你會失去所有的安全性，還是你必須檢查每個值是否為 null？還是有更好的解決方案？讓我們找出來。

首先，正如我們所提到的，有時 Java 程式碼包含關於可空性的資訊，且用註解表示。當這些資訊出現在程式碼中時，Kotlin 就會使用它。因此 Java 中的 @Nullable String 被 Kotlin 視為 String?，而 @NotNull String 只是 String（請參閱圖 6.8）。

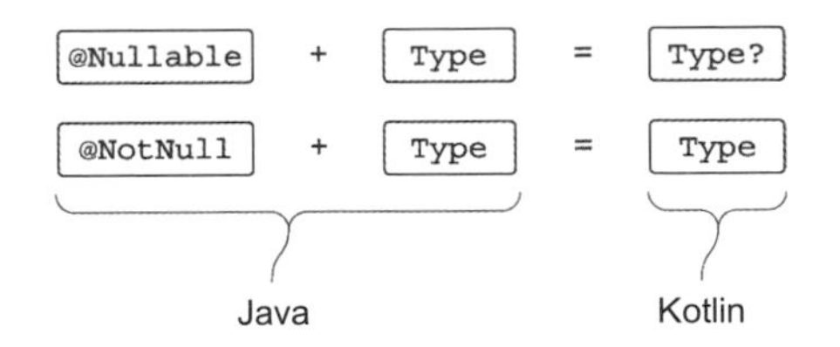

圖 6.8　根據註解，帶有註解的 Java 型態在 Kotlin 中表示為可空和非空型態

Kotlin 認可了許多不同的可空性註解，包括 JSR-305 標準（在 javax.annotation 套件中）、Android 標準（android.support.annotation）和 JetBrains 工具支援的標準（org.jetbrains.annotations）。有趣的問題是，當註解不存在時會發生什麼麼事？在這種情況下，Java 型態成為 Kotlin 中的**平台型態**（*platform type*）。

平台型態

平台型態本質上是 Kotlin 沒有可空性資訊的型態；你可以把它視作一個可空或者非空的型態（請參閱圖 6.9）。這意味著，就像在 Java 中一樣，你對使用該型態執行的操作負有全部責任。編譯器將允許所有操作。對於這樣的值，它也不會突出顯示為多餘的任何空安全操作，當你對非空型態的值執行空安全操作時，通常會執行這些操作。如果你知道該值可以為 null，則可以在使用前將其與 null 進行比較。如果你知道它不是 null，可以直接使用它。就像在 Java 中一樣，如果弄錯了，你會在使用頁面上得到一個 NullPointerException 例外。

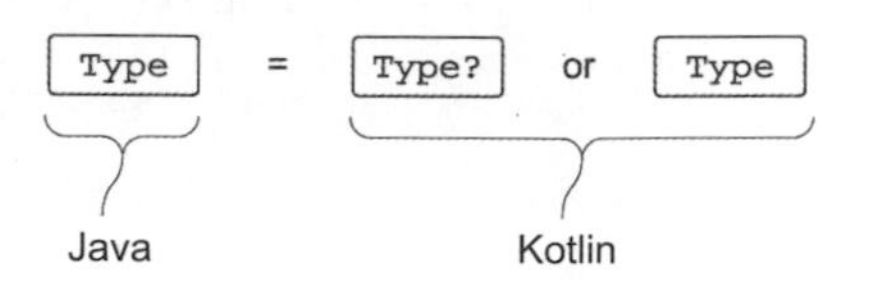

圖 6.9 Java 型態在 Kotlin 中表示為平台型態，可以將它們用作可為空的型態，也可以用作非空型態

讓我們假設類別 Person 是用 Java 宣告的。

範例程式 6.15 沒有可空性註解的 Java 類別

```
/* Java */
public class Person {
    private final String name;

    public Person(String name) {
        this.name = name;
    }

    public String getName() {
        return name;
    }
}
```

getName 可以回傳 null 嗎？在這種情況下，Kotlin 編譯器對 String 型態是否可空性一無所知，所以你必須自己處理它。如果你確定這個名字不是 null，你可以像平常一樣透過 Java 來反參考它，而不需要額外的檢查。但在這種情況下，就需要做好會獲得例外的準備。

範例程式 6.16 存取一個沒有空檢查的 Java 類別

```
fun yellAt(person: Person) {
    println(person.name.toUpperCase() + "!!!")
}

>>> yellAt(Person(null))
java.lang.IllegalArgumentException: Parameter specified as non-null
 is null: method toUpperCase, parameter $receiver
```

toUpperCase() 呼叫的接收器 person.name 為 null，所以拋出例外

請注意，若不是一個普通的 NullPointerException，你會得到一個更詳細的錯誤訊息，方法 toUpperCase 不能在空接收器上呼叫。

實際上，對於公開的 Kotlin 函式，編譯器會為每個非空型態的參數（和一個接收器）加以檢查，以便在呼叫具有不正確參數的函式時，立即回報為例外。請注意，檢查值（value-checking）的動作，會在呼叫函式時立即執行，而不是在使用參數時執行。這可以確保錯誤的呼叫會被提前檢測，如果在程式碼庫的不同層中的多個函式之間傳遞 null 然後擷取，不會導致難以理解的例外。

另一種選擇是將 getName() 的回傳型態解釋為可空的，並安全地存取它。

範例程式 6.17　存取一個有空檢查的 Java 類別

```
fun yellAtSafe(person: Person) {
    println((person.name ?: "Anyone").toUpperCase() + "!!!")
}

>>> yellAtSafe(Person(null))
ANYONE!!!
```

在這個例子中，null 處理正確，沒有執行例外拋出。

使用 Java API 時要小心，大多數的函式庫沒有註解，所以可以將所有型態解釋為非空，但這可能會導致錯誤。為了避免錯誤，你應該檢查正在使用的 Java 方法的文件（如果需要的話），並且檢查它們何時會回傳 null，為這些方法加上檢查。

為什麼是平台型態？

若 Kotlin 把所有來自 Java 的值視為可以為空是不是更安全？這樣的設計是可能的，但是它需要大量冗餘的空值檢查，因為 Kotlin 編譯器無法看到這些資訊。

對於泛型來說，情況會特別糟糕——舉例來說，來自 Java 的每個 ArrayList<String> 在 Kotlin 中都是 ArrayList<String?>?，且需要在每次存取時檢查 null 的值，或者使用強制轉型，否則就會降低安全性。編寫這樣的檢查非常煩人，所以 Kotlin 的設計人員採用了較為實用的選項，讓開發人員負責正確處理來自 Java 的值。

你不能在 Kotlin 中宣告一個平台型態的變數；這些型態只能來自 Java 程式碼。但是你可能會在錯誤訊息和 IDE 中看到它們：

```
>>> val i: Int = person.name
ERROR: Type mismatch: inferred type is String! but Int was expected
```

String! 符號是 Kotlin 編譯器如何表示來自 Java 程式碼的平台型態。你不能在自己的程式碼中使用這個語法，通常這個驚嘆號沒有與問題的源頭連接，所以通常可以忽略它。它只是強調型態不知道是否具可空性。

正如我們已經說過的，你可以用任何喜歡的方式解釋平台型態——可以為空或者非空——所以下面的兩個宣告都是有效的：

```
>>> val s: String? = person.name    ← Java 的屬性可以被看作是可空的 ...
>>> val s1: String = person.name    ← ... 或非空
```

在這種情況下，就像呼叫方法一樣，需要確保你的可空值是正確的。如果你將來自 Java 的空值指派給非空 Kotlin 變數，將在指派的位置得到一個例外。

我們已經討論了如何從 Kotlin 中看到 Java 型態。現在我們來談談建立混合 Kotlin 和 Java 層次結構的一些缺陷。

繼承

在覆寫 Kotlin 中的 Java 方法時，可以選擇是否將參數和回傳型態宣告為可空或非空。舉例來說，來看一下 Java 中的 StringProcessor 介面。

範例程式 6.18　帶有 String 參數的 Java 介面

```
/* Java */
interface StringProcessor {
    void process(String value);
}
```

在 Kotlin 中，下面的兩個實作都可被編譯器接受。

範例程式 6.19　用不同的參數可空值來實作 Java 介面

```
class StringPrinter : StringProcessor {
    override fun process(value: String) {
        println(value)
    }
}

class NullableStringPrinter : StringProcessor {
    override fun process(value: String?) {
        if (value != null) {
            println(value)
        }
    }
}
```

請注意，在 Java 類別或介面實作方法時，正確使用它們是非常重要的。由於可以從非 Kotlin 程式碼呼叫實作方法，因此 Kotlin 編譯器將為你宣告的非空型態的每個參數產生非空斷言。如果 Java 程式碼確實將 `null` 值傳遞給了方法，那麼將會觸發斷言，即使從未存取過實作中的參數值，你也會得到一個例外。

讓我們總結一下我們對可空性的討論。我們已經討論了可空和非空型態以及使用它們的方法：安全操作的運算子（安全呼叫 `?.`、Elvis 運算子 `?:` 和安全轉型運算子 `as?`），以及運算子的不安全反參考（非空斷言 `!!`）。你已經了解函式庫函式 `let` 如何幫助你完成簡潔的非空檢查，以及可為空型態的延伸如何幫助將非空檢查移入函式。還討論了在 Kotlin 中代表 Java 型態的平台型態。

現在已經討論了可空性的話題，讓我們來談談在 Kotlin 中如何表示原始型態。這種關於可空性的知識，對於理解 Kotlin 如何處理 Java 的 boxed 型態（boxed type）非常重要。

6.2 原始和其他基本型態

本節介紹程式中使用的基本型態，如 `Int`、`Boolean` 和 `Any`。與 Java 不同，Kotlin 不區分原始型態和包裝。你很快就會知道為什麼，以及它是如何運作的。你將看到 Kotlin 型態與 `Object` 和 `Void` 等 Java 型態之間的對應關係。

6.2.1 原始型態：Int、Boolean 等

如你所知，Java 在原始型態和參考型態之間進行了區分。**原始型態**（*primitive type*）的變數（如 `int`）直接保存其值。**參考型態**（*reference type*）的變數（如 `String`）保存對包含該物件的記憶體位置的參考。

原始型態的值可以更有效地儲存和傳遞，但不能在這些值上呼叫方法，或將其儲存在聚集中。Java 提供了特殊的封裝型態（如 `java.lang.Integer`），用於在需要物件的情況下包裝原始型態。因此，要定義一個整數聚集，不能用 `Collection<int>`；必須改用 `Collection<Integer>`。

Kotlin 不區分原始型態和包裝型態。你總是使用相同的型態（例如，`Int`）：

```
val i: Int = 1
val list: List<Int> = listOf(1, 2, 3)
```

這很方便，而且更重要的是，你可以在數字型態的值上呼叫方法。舉例來說，看一下這段程式碼，它使用 coerceIn 標準函式庫函式，將值限制在指定的範圍內：

```
fun showProgress(progress: Int) {
    val percent = progress.coerceIn(0, 100)
    println("We're ${percent}% done!")
}

>>> showProgress(146)
We're 100% done!
```

如果原始型態和參考型態相同，是否意味著 Kotlin 將所有數字都表示為物件？這不是非常沒效率嗎？事實上，Kotlin 不會那麼做。

在執行時，數字型態以最有效的方式表示。在大多數情況下，對於變數、屬性、參數和回傳型態，Kotlin 的 Int 型態被編譯為 Java 原始型態 int。唯一不可能的情況是泛型類別，比如聚集。用作泛型類別參數的原始型態被編譯為相對應的 Java 包裝型態。舉例來說，如果 Int 型態被用作聚集的型態參數，那麼聚集將儲存 java.lang.Integer 的實例，相對應的包裝器型態。

與 Java 原始型態相對應型態的完整列表是：

- **整數型態**——Byte、Short、Int、Long
- **浮點數型態**——Float、Double
- **字元型態**——Char
- **布林型態**——Boolean

像 Int 這樣的 Kotlin 型態可以很容易地在相對應的 Java 原始型態下編譯，因為兩種型態的值都不能儲存 null 的參考。另一個方向的工作方式類似：當使用 Kotlin 的 Java 宣告時，Java 原始型態變成非 null 型態（不是平台型態），因為它們不能包含 null 值。現在我們來討論相同型態的可空版本。

6.2.2 可空的原始型態：Int?、Boolean? 等等

Kotlin 中的可為空的型態不能用 Java 基本型態表示，因為 null 只能儲存在 Java 參考型態的變數中。這意味著無論何時在 Kotlin 中使用原始型態的可空版本，它都會被編譯為相對應的包裝器型態。

要查看正在使用的可為空的型態，讓我們回到本書的開頭範例，並回顧在那裡宣告的 Person 類別。這個類別代表一個人，他的名字是已知的，他的年齡可以是已知的，也可以是未知的。讓我們加上一個函式，來檢查一個人是否比另一個人年長。

範例程式 6.20　使用可空的原始型態

```
data class Person(val name: String,
                  val age: Int? = null) {

    fun isOlderThan(other: Person): Boolean? {
        if (age == null || other.age == null)
            return null
        return age > other.age
    }
}

>>> println(Person("Sam", 35).isOlderThan(Person("Amy", 42)))
false
>>> println(Person("Sam", 35).isOlderThan(Person("Jane")))
null
```

注意一般可空性規則在這裡如何應用。你不能只比較 Int? 型態的兩個值，因為它們中的一個可能是 null。相反地，你必須檢查兩個值是否為 null。之後，編譯器允許你正常使用它們。

Person 類別中宣告的 age 屬性的值儲存為 java.lang.Integer。但是這個細節只在使用 Java 的類別時才重要。要在 Kotlin 中選擇正確的型態，只需要考慮 null 是否是變數或屬性的可能值。

如前所述，泛型類別是包裝型態發揮作用的另一種情況。如果使用原始型態作為類別的型態參數，則 Kotlin 將使用該型態的 boxed 表示。例如，這會建立一個 boxed 的 Integer 值，即使你從未指定可空的型態或使用 null：

```
val listOfInts = listOf(1, 2, 3)
```

這是因為在 Java 虛擬機上實作泛型的方式。JVM 不支援使用原始型態作為型態參數，所以泛型類別（在 Java 和 Kotlin 中）都必須使用該型態的 boxed 表示。因此，如果你需要有效率地儲存大量原始型態的聚集，則需要使用為此類聚集提供支援的第三方函式庫（如 Trove4J，http://trove.starlight-systems.com），或者將它們儲存在陣列中。本章結尾將詳細討論陣列。

現在我們來看看如何在不同的原始型態之間轉換值。

6.2.3 數字轉換

Kotlin 和 Java 之間的一個重要區別是它們處理數字轉換的方式。即使其他型態的數字較大，Kotlin 不會自動將數字從一種型態轉換為另一種型態。舉例來說，下面的程式碼無法在 Kotlin 中編譯：

```
val i = 1
val l: Long = i        ◄── 錯誤：型態不正確
```

相反地，你需要明確應用轉型：

```
val i = 1
val l: Long = i.toLong()
```

轉型函式是為每個原始型態（布林除外）定義的：`toByte()`、`toShort()`、`toChar()` 等等。這些函式支援雙向轉換：將較小的型態延伸為較大的型態，如 `Int.toLong()`，或將較大的型態截斷為較小的型態，如 `Long.toInt()`。

Kotlin 使轉型明確，以避免意外，尤其是在比較 boxed 值時。兩個 boxed 值的 `equals` 方法檢查 boxed 的型態，而不僅僅是儲存在其中的值。因此，在 Java 中，`new Integer(42).equals(new Long(42))` 回傳 `false`。如果 Kotlin 支援隱含式轉換，則可以這樣寫：

```
val x = 1              ◄── Int 變數
val list = listOf(1L, 2L, 3L)    ◄── Long 值的列表
x in list              ◄── 如果 Kotlin 支援隱含式轉換，則為 False
```

這會被認為是 `false`，違背了大家的期望。因此，這個例子中 `x in list` 不能編譯。Kotlin 要求你明確地轉換型態，以便比較同一型態的值：

```
>>> val x = 1
>>> println(x.toLong() in listOf(1L, 2L, 3L))
true
```

如果在程式碼中同時使用不同的數字型態，則必須明確轉換變數以避免意外的行為。

原始型態文字

除了簡單的十進位數字之外，Kotlin 支援以下方法在程式碼中編寫數字：

- `Long` 型態的文字使用 `L` 字尾：`123L`。
- `Double` 型態的文字使用浮點數的標準表示：`0.12`、`2.0`、`1.2e10`、`1.2e-10`。
- `Float` 型態的文字使用 `f` 或 `F` 字尾：`123.4f`、`.456F`、`1e3f`。
- 十六進位文字使用 `0x` 或 `0X` 字首（如 `0xCAFEBABE` 或 `0xbcdL`）。
- 二進位文字使用 `0b` 或 `0B` 字首（如 `0b000000101`）。

請注意，數字文字下劃線僅支援從 Kotlin 1.1 開始。

對於字元文字，大多使用與 Java 中相同的語法。用單引號將字元寫出來，如果需要的話也可以使用轉義序列。以下是有效 Kotlin 字元文字的範例：`'1'`、`'\t'`（Tab 字元）、`'\u0009'`（使用 Unicode 轉義序列表示的 Tab 字元）。

請注意，在編寫數字文字時，通常不需要使用轉換函式。一種可能是使用特殊的語法來明確地標記常數的型態，例如 `42L` 或 `42.0f`。即使不使用它，如果使用數字文字來初始化已知型態的變數、或將其作為參數傳遞給函式，則必要的轉型將自動應用。另外，算術運算子被多載以接受所有適當的數字型態。例如，下面的程式碼能在沒有任何轉換的情況下正常執行：

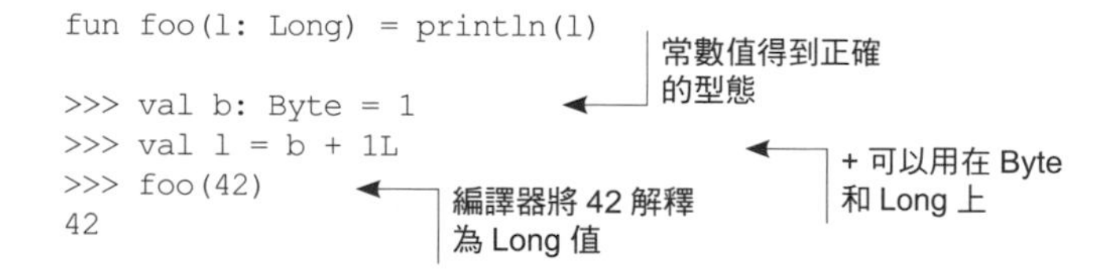

fun foo(l: Long) = println(l)
>>> val b: Byte = 1
>>> val l = b + 1L
>>> foo(42)
42
常數值得到正確的型態
+ 可以用在 Byte 和 Long 上
編譯器將 42 解釋為 Long 值

請注意，Kotlin 算術運算子關於數字範圍溢出的行為與 Java 完全相同；Kotlin 不會花額外的成本來處理溢出檢查。

從字串轉換

Kotlin 標準函式庫提供了一組類似的延伸函式，將字串轉換為原始型態（`toInt`、`toByte`、`toBoolean` 等）：

```
>>> println("42".toInt())
42
```

這些函式中的每一個函式都會嘗試，將字串的內容解析為相對應的型態，如果解析失敗，則會引發 `NumberFormatException`。

在我們繼續討論其他型態之前，還有三個我們需要提及的特殊型態：Any、Unit 和 Nothing。

6.2.4 「Any」和「Any?」：根型態

類似於 Object 是 Java 中類別層次結構的根，Any 型態是 Kotlin 中所有非空型態的父型態。但在 Java 中，Object 僅是所有參考型態的父型態，而原始型態不是層次結構的一部分。這意味著當需要 Object 時，必須使用諸如 java.lang.Integer 的包裝型態來表示原始型態值。在 Kotlin 中，Any 是所有型態的父型態，包括諸如 Int 的原始型態。

就像在 Java 中一樣，將一個原始型態的值指派給一個 Any 型態的變數，來執行自動 boxed：

```
val answer: Any = 42
```

值 42 被 boxed，因為 Any 是參考型態

請注意，Any 是不可空的型態，所以 Any 型態的變數不能包含 null 值。如果需要一個可以在 Kotlin 中包含任何可能值的變數，包括 null，則必須使用 Any? 型態。

實際上，Any 型態對應於 java.lang.Object。Java 方法的參數和回傳型態中使用的 Object 型態在 Kotlin 中被視為 Any。(更具體地說，它被視為一個平台型態，因為它不確定是否可以為空。) 當一個 Kotlin 函式使用 Any 時，它被編譯成 Java 位元組碼中的 Object。

正如在第 4 章看到的，所有 Kotlin 類別都有以下三種方法：toString、equals 和 hashCode。這些方法從 Any 延伸。在 java.lang.Object 上定義的其他方法（例如 wait 和 notify）在 Any 上不可用，但如果手動將值轉型為 java.lang.Object，則可以呼叫它們。

6.2.5 單元型態：Kotlin 的「void」

Kotlin 中的 Unit 型態與 Java 中的 void 有相同的功能。它可以被用作一個沒有回傳的函式的回傳型態：

```
fun f(): Unit { ... }
```

從語法上來說，就像在沒有型態宣告的情況下使用區塊主體編寫函式一樣：

```
fun f() { ... }
```

單元宣告被省略

在大多數情況下，你不會注意到 void 和 Unit 之間的區別。如果 Kotlin 函式有 Unit 回傳型態，並且不覆寫一個通用函式，那麼它就被編譯為一個很好的 void 函式。如果你從 Java 中覆寫它，Java 函式只需要回傳 void。

那麼，Kotlin 的 Unit 與 Java 的 void 有什麼區別呢？Unit 是一個完整的型態，與 void 不同，它可以用作型態參數。只有這種型態的值存在；它也被稱為單位，並**隱含式**回傳。當你重寫一個回傳泛型參數的函式，並且回傳一個 Unit 型態的值時，這是很有用的：

```
interface Processor<T> {
    fun process(): T
}

class NoResultProcessor : Processor<Unit> {
    override fun process() {          // ← 回傳 Unit，但省略型態規格
        // do stuff
    }                                  // ← 這裡不需要明確的回傳
}
```

介面的簽章要求 process 函式回傳一個值；而且，因為 Unit 型態有一個值，所以從方法回傳它沒有問題。但是你不需要在 NoResultProcessor.process 中寫一個明確的 return 敘述，因為 return Unit 是由編譯器隱含式加入的。

與 Java 相對比，解決使用「無值」作為型態參數問題的可能性，都不如 Kotlin 解決方案。一種選擇是使用單獨的介面（例如 Callable 和 Runnable）來表示不接收值的介面。另一種是使用特殊的 java.lang.Void 型態作為型態參數。如果你使用第二個選項，仍然需要明確回傳 null；回傳與該型態對應的唯一可能值，因為如果回傳型態不是 void，則必須有一個 return 敘述。

你可能想知道為什麼我們為 Unit 選擇了一個不同的名字，並沒有把它叫做 Void。Unit 在傳統上被用在函式程式設計中，意思是「只有一個實例」，這就是 Kotlin 的 Unit 與 Java 的真正區別。我們可以使用習慣的 Void 名稱，但 Kotlin 有一個名為 Nothing 的型態，它執行完全不同的功能。因為它們的意思是如此接近，有兩種叫做 Void 和 Nothing 的型態會讓人困惑。那麼這個 Nothing 型態是什麼？讓我們來看看。

6.2.6 Nothing 型態：這個函式永不回傳

對於 Kotlin 的某些函式，「回傳值」的概念沒有意義，因為它們從來沒有成功完成。例如，許多測試函式庫都有一個名為 fail 的函式，它透過拋出帶有指定訊息的例外，來使目前測試失敗。一個有無窮迴圈的函式也永遠不會成功完成。

分析呼叫這樣一個函式的程式碼時，知道該函式永遠不會正常終止很有用。為了表示這一點，Kotlin 使用了一個特殊的回傳型態 Nothing：

```
fun fail(message: String): Nothing {
    throw IllegalStateException(message)
}
>>> fail("Error occurred")
java.lang.IllegalStateException: Error occurred
```

Nothing 型態沒有任何值，所以它只能用作函式的回傳型態或型態參數，或者用作泛型函式回傳型態的型態參數。在所有其他情況下，宣告一個不能儲存任何值的變數是沒有意義的。

請注意，回傳 Nothing 的函式可以在 Elvis 運算子的右側使用，以執行預先條件檢查：

```
val address = company.address ?: fail("No address")
println(address.city)
```

這個例子說明了為什麼在型態系統中有 Nothing 是非常有用的。編譯器知道具有這種回傳型態的函式不會正常終止，並在分析呼叫該函式的程式碼時使用該資訊。在前面的例子中，編譯器推斷 address 的型態是非空的，因為處理 null 情況下的分支會拋出一個例外。

我們已經完成了關於 Kotlin 原始型態的討論：原始型態 Any、Unit 和 Nothing。現在來看看聚集型態，以及它們與 Java 物件的不同之處。

6.3 聚集和陣列

已經看到了許多使用各種聚集 API 的程式碼範例，並且知道 Kotlin 基於 Java 聚集函式庫進行建構，並透過延伸功能擴大其特性。Kotlin 的聚集支援以及 Java 和 Kotlin 聚集之間的對應關係更多，現在是了解細節的好時機。

6.3.1 可空性和聚集

在本章前面，我們討論了可為空的型態的概念，但是我們只簡單地提到了型態參數的可空性。但是這對於一致的型態系統來說至關重要：知道一個聚集是否可以保存空值，比知道一個變數的值是否為空同樣重要。好訊息是 Kotlin 完全支援型態參數的可空性。正如變數的型態可以有一個 ? 字元，用於指示變數可以保留為 null，用作型態參數的型態也可以用相同的方式標記。為了了解它是如何做的，我們來看一個函式的例子，該函式從檔案中讀取每一行，並嘗試將每一行解析為一個數字。

範例程式 6.21　建立可空值的聚集

```
fun readNumbers(reader: BufferedReader): List<Int?> {
    val result = ArrayList<Int?>()                  ◀ 建立一個可空的 Int 值列表
    for (line in reader.lineSequence()) {
        try {
            val number = line.toInt()
            result.add(number)                      ◀ 向列表中加入一個整數（非空值）
        }
        catch(e: NumberFormatException) {
            result.add(null)                        ◀ 將 null 加到列表中，因為目前行不能被解析為整數
        }
    }
    return result
}
```

List<Int?> 是一個可以保存 Int? 型態值的列表：換句話說，可以保存 Int 或 null。如果可以解析該行，則向 result 列表中加入一個整數，否則回傳 null。請注意，從 Kotlin 1.1 之後，可以使用函式 String.toIntOrNull 來縮減此範例，如果無法解析字串值，則回傳 null。

請注意，變數型態的可空性與用作型態參數的型態的可空性截然不同。圖 6.10 顯示了可空的 Int 列表和可空的 Int 列表之間的區別。

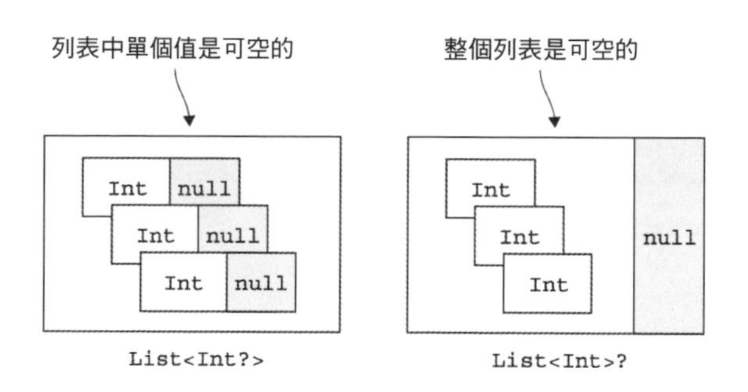

圖 6.10　要小心處理空值：聚集的元素還是聚集本身？

在第一種情況下，列表本身不為空，但列表中的每個值都可以為空。第二種型態的變數可以包含空參考，而不是列表實例，但列表中的元素保證為非空。

在另一個環境中，你可能想要宣告一個變數，該變數包含可空的數字的可空列表。Kotlin 寫這個的方法是 List<Int?>?，帶有兩個問號。在使用變數的值和使用列表中每個元素的值時，都需要應用空檢查。

要查看如何使用可空值的列表，我們編寫一個函式，將所有有效的數字相加，並分別計算無效的數字。

範例程式 6.22　使用可空值的聚集

```
fun addValidNumbers(numbers: List<Int?>) {
    var sumOfValidNumbers = 0
    var invalidNumbers = 0
    for (number in numbers) {          // 從列表中讀取一個可空的值
        if (number != null) {          // 檢查 null 值
            sumOfValidNumbers += number
        } else {
            invalidNumbers++
        }
    }
    println("Sum of valid numbers: $sumOfValidNumbers")
    println("Invalid numbers: $invalidNumbers")
}

>>> val reader = BufferedReader(StringReader("1\nabc\n42"))
>>> val numbers = readNumbers(reader)
>>> addValidNumbers(numbers)
Sum of valid numbers: 43
Invalid numbers: 1
```

這裡沒有太多特別的事情要做。當存取列表中的一個元素時，會得到一個 `Int?` 型態的值，並且在算術運算中使用它之前，需要檢查它是否為 `null`。

使用可空值的聚集並過濾掉 `null` 是一種常見的動作，Kotlin 提供了一個標準的函式庫函式 `filterNotNull` 來執行它。以下是如何使用它來大大簡化前面的範例。

範例程式 6.23　將 `filterNotNull` 與可空值的聚集一起使用

```
fun addValidNumbers(numbers: List<Int?>) {
    val validNumbers = numbers.filterNotNull()
    println("Sum of valid numbers: ${validNumbers.sum()}")
    println("Invalid numbers: ${numbers.size - validNumbers.size}")
}
```

當然，過濾也會影響聚集的型態。`validNumbers` 的型態是 `List<Int>`，因為過濾確保聚集不包含任何空元素。

現在你已經了解了 Kotlin 如何區分具有可空和非空元素的聚集，讓我們來看看 Kotlin 引入的另一個主要區別：唯讀與可變聚集。

6.3.2 唯讀和可變聚集

將 Kotlin 的聚集設計與 Java 分開來的一個重要特性是，它將用於存取聚集中資料的介面，和用於修改資料的介面分開。這種區別存在於處理聚集 `kotlin.collections.Collection` 的最基本的介面。使用此介面，可以迭代聚集中的元素、獲取其大小、檢查它是否包含某個元素，並執行從聚集中讀取資料的其他操作。但是這個介面沒有任何加入或刪除元素的方法。

要修改聚集中的資料，請使用 `kotlin.collections.MutableCollection` 介面。它延伸了一般的 `kotlin.collections.Collection`，並提供了加入和刪除元素，清除聚集等的方法。圖 6.11 顯示了兩個介面中定義的關鍵方法。

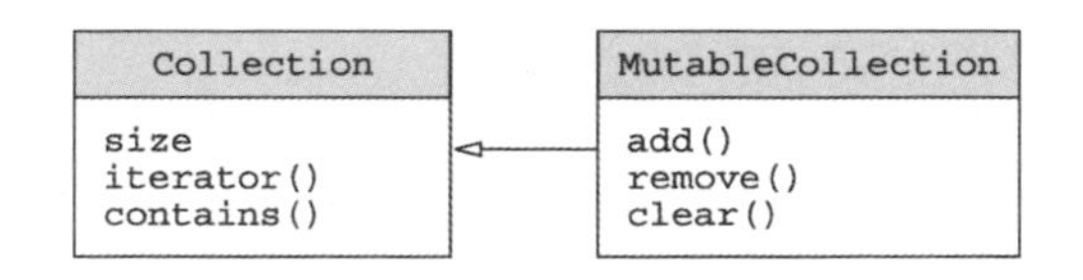

圖 6.11　`MutableCollection` 延伸了 `Collection`，並加入了修改聚集內容的方法

作為一般規則，你應該在程式碼中的任何地方使用唯讀介面。只有在程式碼將修改聚集時才使用可變的變體。

就像 `val` 和 `var` 之間的差異一樣，聚集的唯讀和可變介面的差異使得更容易理解程式中的資料。如果一個函式的參數是一個 `Collection` 而不是一個 `MutableCollection`，那麼你就知道不會修改這個聚集，而只是從它那裡讀取資料。如果一個函式需要傳遞一個 `MutableCollection`，你可以假設它將要修改資料。如果你的元件的內部狀態是聚集的一部分，則可能需要在將該聚集傳遞給此功能之前製作該聚集的副本。（這種樣式通常被稱為**防禦性備份**（*defensive copy*）。）

舉例來說，可以清楚地看到以下 `copyElements` 函式將修改目標聚集，但不會修改原始聚集。

範例程式 6.24　使用唯讀和可變的聚集介面

```
fun <T> copyElements(source: Collection<T>,
                     target: MutableCollection<T>) {
    for (item in source) {
        target.add(item)
    }
}

>>> val source: Collection<Int> = arrayListOf(3, 5, 7)
>>> val target: MutableCollection<Int> = arrayListOf(1)
>>> copyElements(source, target)
>>> println(target)
[1, 3, 5, 7]
```

迭代原始聚集中的所有項目

將項目加到可變目標聚集

即使其值為可變聚集，也不能將唯讀聚集型態的變數作為目標參數傳遞：

```
>>> val source: Collection<Int> = arrayListOf(3, 5, 7)
>>> val target: Collection<Int> = arrayListOf(1)
>>> copyElements(source, target)
Error: Type mismatch: inferred type is Collection<Int>
  but MutableCollection<Int> was expected
```

「target」參數錯誤

使用聚集介面時需要注意的一點是，**唯讀聚集不一定是不可變的**[4]。如果你正在使用具有唯讀介面型態的變數，則這可能只是對同一個聚集的許多參考之一。其他的參考可以有一個可變的介面型態，如圖 6.12 所示。

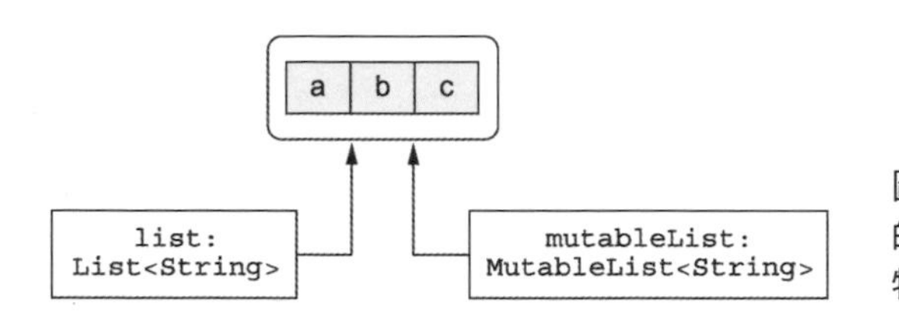

圖 6.12　兩個不同的參考，一個是唯讀的，一個是可變的，並指向同一個聚集物件

如果呼叫持有對聚集的其他參考的程式碼或者平行執行它，那麼仍然會遇到在使用該聚集時由其他程式碼修改了聚集的情況，這會導致 ConcurrentModificationException 錯誤和其他問題。因此，了解**唯讀聚集並不總是安全的執行緒**（*thread-safe*）是非常重要的。如果你正在使用多執行緒環境中的資料，則需要確保程式碼正確同步對資料的存取，或者使用支援並發存取的資料結構。

唯讀和可變聚集之間的分離是如何執行的？我們剛才不是說 Kotlin 聚集和 Java 聚集一樣嗎？是不是有矛盾？讓我們看看這裡發生了什麼。

6.3.3 Kotlin 的聚集和 Java

確實，每個 Kotlin 聚集都是相對應的 Java 聚集介面的一個實例。在 Kotlin 和 Java 之間移動時不涉及轉換；不需要包裝或複製資料。但是每個 Java 聚集介面在 Kotlin 中都有兩個**表示**（*representation*）：唯讀的和可變的，如圖 6.13 所示。

4　預計之後將不可變的聚集加到 Kotlin 標準函式庫中。

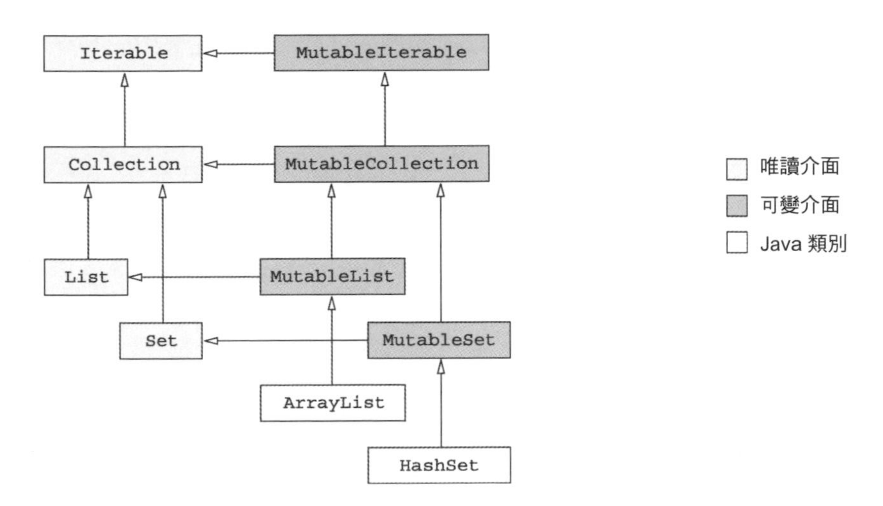

圖 6.13 Kotlin 聚集介面的層次結構。Java 類別 **ArrayList** 和 **HashSet** 延伸了 Kotlin 可變介面

圖 6.13 中顯示的所有聚集介面在 Kotlin 中宣告。Kotlin 唯讀和可變介面的基本結構，與 `java.util` 套件中 Java 聚集介面的結構平行。另外，每個可變介面延伸了相對應的唯讀介面。可變介面直接對應於 `java.util` 套件中的介面，而唯讀版本缺少所有的可變方法。

圖 6.13 還包含 Java 類別 `java.util.ArrayList` 和 `java.util.HashSet`，以顯示 Java 標準類別在 Kotlin 中的處理方式。Kotlin 將它們視為分別從 Kotlin 的 `MutableList` 和 `MutableSet` 介面延伸而來。Java 聚集函式庫（`LinkedList`、`SortedSet` 等）中的其他實作不在這裡展示，但是從 Kotlin 的角度來看，它們有相似的父型態。利用這種方式，可以相容並清晰地分開可變和唯讀介面。

除了聚集，`Map` 類別（不延伸 `Collection` 或 `Iterable`）在 Kotlin 中也被表示為兩個不同的版本：`Map` 和 `MutableMap`。表 6.1 顯示了可用於建立不同型態聚集的函式。

表 6.1　聚集建立函式

聚集型態	唯讀	可變
List	`listOf`	`mutableListOf, arrayListOf`
Set	`setOf`	`mutableSetOf, hashSetOf, linkedSetOf, sortedSetOf`
Map	`mapOf`	`mutableMapOf, hashMapOf, linkedMapOf, sortedMapOf`

請注意，setOf() 和 mapOf() 從 Java 標準函式庫（至少在 Kotlin 1.0 中）回傳類別的實例，這些實例都是可變的 [5]。但是你不應該依賴於它：未來版本的 Kotlin 可能會使用真正不可變的實作類別，來作為 setOf 和 mapOf 的回傳值。

當需要呼叫 Java 方法並將聚集作為參數傳遞時，可以直接執行，而不需要任何額外的步驟。舉例來說，如果你有一個將 java.util.Collection 作為參數的 Java 方法，則可以將任何 Collection 或 MutableCollection 值作為引數（argument）傳遞給該參數（parameter）。

這對聚集的可變性有重要的影響。因為 Java 不區分唯讀和可變聚集，所以即使聚集在 Kotlin 方面宣告為唯讀，Java 程式碼仍可以修改聚集。Kotlin 編譯器不能完全分析在 Java 程式碼中對聚集做了什麼，因此 Kotlin 無法拒絕將唯讀聚集傳遞給 Java 程式碼的呼叫。例如，以下兩段程式碼組成了一個可編譯的跨語言 Kotlin / Java 程式：

```
/* Java */
// CollectionUtils.java
public class CollectionUtils {
    public static List<String> uppercaseAll(List<String> items) {
        for (int i = 0; i < items.size(); i++) {
            items.set(i, items.get(i).toUpperCase());
        }
        return items;
    }
}

// Kotlin
// collections.kt
fun printInUppercase(list: List<String>) {       ← 宣告一個唯讀參數
    println(CollectionUtils.uppercaseAll(list))  ← 呼叫修改聚集的 Java 函式
    println(list.first())                        ← 顯示聚集已被修改
}

>>> val list = listOf("a", "b", "c")
>>> printInUppercase(list)
[A, B, C]
A
```

因此，如果正在編寫一個 Kotlin 函式，並將其傳遞給 Java，**則有責任為參數使用正確的型態**，具體取決於呼叫的 Java 程式碼是否將修改該聚集。

請注意，這個警告也適用於具有非空元素型態的聚集。如果將這樣的聚集傳遞給 Java 方法，則該方法可以將 null 賦予其中；Kotlin 不可能禁止，甚至不能在不影響效能的情況下發現它已經發生。因此，在將聚集傳遞給可修改聚集的 Java 程式

5 將東西包裝到 Collection.unmodifiable 中引進了間接成本，所以沒有完成。

碼時，需要採取特別的預防措施，以確保 Kotlin 型態正確地反映對聚集的所有可能的修改。

現在，讓我們仔細研究 Kotlin 如何處理 Java 程式碼中宣告的聚集。

6.3.4 作為平台型態的聚集

如果回想一下本章前面討論的可空性，會記得在 Java 程式碼中定義的型態，在 Kotlin 中被視為**平台型態**（*platform type*）。對於平台型態，Kotlin 沒有可空性的資訊，因此編譯器允許 Kotlin 程式碼將它們視為可空或非空。同樣，在 Java 中宣告的聚集型態的變數也被視為平台型態。具有平台型態的聚集本質上是未知可變性的聚集，Kotlin 程式碼可以將其視為唯讀或可變。通常這並不重要，因為實際上，你可能想要執行的所有操作都正常執行。

當你覆寫或實作在其簽章中，具有聚集型態的 Java 方法時，區別變得非常重要。在這裡，與可空性的平台型態一樣，需要決定要使用哪種 Kotlin 型態來表示來自要覆蓋或實作的方法的 Java 型態。

在這種情況下，需要做出多種選擇，所有這些都將反映在 Kotlin 中產生的參數型態中：

- 這個聚集是否可空的？
- 聚集中的元素是否可空的？
- 你的方法會修改聚集嗎？

要查看差異，請考慮以下情況。在第一個範例中，Java 介面表示處理檔案中的文字的物件。

範例程式 6.25　具有聚集參數的 Java 介面

```
/* Java */
interface FileContentProcessor {
    void processContents(File path,
        byte[] binaryContents,
        List<String> textContents);
}
```

這個介面的 Kotlin 實作需要做出以下選擇：

- 該列表將是可空的，因為一些檔案是二進位的，它們的內容不能被表示為文字。
- 列表中的元素將是非空的，因為檔案中的行不會為空。
- 該列表將是唯讀的，因為它表示檔案的內容，這些內容不會被修改。

下面是這個實作的樣子。

範例程式 6.26　FileContentProcessor 的 Kotlin 實作

```
class FileIndexer : FileContentProcessor {
    override fun processContents(path: File,
        binaryContents: ByteArray?,
        textContents: List<String>?) {

        // ...
    }
}
```

將其與另一個介面進行對比。在這裡，介面的實作將檔案列表中的一些資料解析為物件列表，將這些物件附加到輸出列表中，並透過將訊息加到獨立列表來報告解析時檢測到的錯誤。

範例程式 6.27　另一個具有聚集參數的 Java 介面

```
/* Java */
interface DataParser<T> {
    void parseData(String input,
        List<T> output,
        List<String> errors);
}
```

在這種情況下的選擇是不同的：

- List<String> 將是非空的，因為呼叫者需要接收錯誤訊息。
- 列表中的元素是可空的，因為輸出列表中的每一項都不會有相關的錯誤資訊。
- List<String> 將是可變的，因為實作程式碼需要加入元素。

以下是如何在 Kotlin 中實作該介面的方法。

範例程式 6.28　DataParser 的 Kotlin 實作

```
class PersonParser : DataParser<Person> {
    override fun parseData(input: String,
        output: MutableList<Person>,
        errors: MutableList<String?>) {

        // ...
    }
}
```

請注意，相同的 Java 型態列表 <String>——由兩種不同的 Kotlin 型態表示：`List<String>?`（可空的字串列表）和另一個 `MutableList<String?>`（可空字串的可變列表）。為了正確地做出這些選擇，必須知道 Java 介面或類別需要遵循的確切規範。基於你的實作需要做什麼，這通常很容易理解。

現在我們已經討論了聚集，該看陣列的時候了。正如我們之前提到的，預設情況下，你應該更喜歡使用聚集來儲存陣列。但是由於許多 Java API 仍然使用陣列，我們將介紹如何在 Kotlin 中使用它們。

6.3.5　物件和原始型態的陣列

Kotlin 陣列的語法出現在每個範例中，因為陣列是 Java 主函式標準簽章的一部分。下面提醒一下它的外觀：

範例程式 6.29　使用陣列

```
fun main(args: Array<String>) {
    for (i in args.indices) {          ← 使用 array.indices 延伸屬性迭代索引的範圍
        println("Argument $i is: ${args[i]}")   ← 透過 array[index] 的 index 來存取元素
    }
}
```

Kotlin 中的陣列是一個帶有型態參數的類別，而元素型態被指定為相對應的型態參數。

要在 Kotlin 中建立陣列，你有以下可能性：

- `arrayOf` 函式建立一個包含指定為此函式參數的元素陣列。
- `arrayOfNulls` 函式建立一個包含空元素的給定大小的陣列。它只能用於建立元素型態為空的陣列。

- Array 建構式獲取陣列和 lambda 的大小，並透過呼叫 lambda 來初始化每個陣列元素。這是你如何初始化一個非空元素型態的陣列，而不明確傳遞每個元素。

舉一個簡單的例子，下面是如何使用 Array 函式來建立從「a」到「z」的字串陣列。

範例程式 6.30　建立字元陣列

```
>>> val letters = Array<String>(26) { i -> ('a' + i).toString() }
>>> println(letters.joinToString(""))
abcdefghijklmnopqrstuvwxyz
```

lambda 採用陣列元素的索引，並回傳要放在該索引處的陣列中的值。在這裡，可以透過將索引加到 'a' 字元，並將結果轉換為字串來計算該值。為了清楚起見，顯示陣列元素型態；你可以用真正的程式碼省略它，因為編譯器可以推斷它。

話雖如此，在 Kotlin 程式碼中建立陣列最常見的情況之一是，當需要呼叫一個採用陣列的 Java 方法，或帶有 vararg 參數的 Kotlin 函式時。在這些情況下，你經常將資料儲存在聚集中，而只需將其轉換為陣列。可以使用 toTypedArray 方法來做到這一點。

範例程式 6.31　將聚集傳遞給 vararg 方法

```
>>> val strings = listOf("a", "b", "c")
>>> println("%s/%s/%s".format(*strings.toTypedArray()))
a/b/c
```

展開運算子（*）用於在需要可變參數時傳遞陣列

和其他型態一樣，**陣列型態的型態參數總是成為物件型態**。因此，如果宣告一個 Array<Int> 型態的東西，它將成為一個 boxed 整數陣列（它的 Java 型態是 java.lang.Integer[]）。如果需要建立原始型態的值的陣列而無需 boxed，則必須使用原始型態陣列中的一個專用類別。

為了表示原始型態的陣列，Kotlin 提供了許多單獨的類別，每個類別都有一個類別。例如，Int 型態的值的陣列稱為 IntArray。對於其他型態，Kotlin 提供了 ByteArray、CharArray、BooleanArray 等等。所有這些型態都被編譯為一般的 Java 原始型態陣列，如 int []、byte []、char [] 等等。因此，這種陣列中的值是以最有效的方式儲存的，沒有裝箱。

要建立一個原始型態的陣列，你有以下選擇：

- 該型態的建構式接受一個 `size` 參數，並回傳一個初始化為相對應原始型態（通常為零）的預設值的陣列。
- 工廠函式（`intArrayOf` 為 `IntArray` 及其他陣列型態）將可變數量的值作為參數，並建立一個包含這些值的陣列。
- 另一個建構式需要一個大小和一個 lambda 來初始化每個元素。

以下是前兩個選項如何建立一個包含五個零的整型陣列：

```
val fiveZeros = IntArray(5)
val fiveZerosToo = intArrayOf(0, 0, 0, 0, 0)
```

以下是如何使用接受 lambda 的建構式：

```
>>> val squares = IntArray(5) { i -> (i+1) * (i+1) }
>>> println(squares.joinToString())
1, 4, 9, 16, 25
```

或者，如果有一個陣列或一個持有原始型態的 boxed 值的聚集，則可以使用相對應的轉換函式（如 `toIntArray`）將它們轉換為該原始型態的陣列。

接下來，看看你可以用陣列做的一些事情。除了基本操作（獲取陣列的長度以及獲取和設置元素）之外，Kotlin 標準函式庫還支援與陣列相同的陣列延伸函式。在第 5 章中看到的所有函式（`filter`、`map` 等）也適用於陣列，包括原始型態的陣列。請注意，這些函式的回傳值是列表，而非陣列。

讓我們來看看如何使用 `forEachIndexed` 函式，和一個 lambda 來重寫範例程式 6.30。傳遞被呼叫函式的 lambda，給予陣列的每個元素，並接收兩個參數，分別是元素的索引和元素本身。

範例程式 6.32　在陣列上使用 `forEachIndexed`

```
fun main(args: Array<String>) {
    args.forEachIndexed { index, element ->
        println("Argument $index is: $element")
    }
}
```

現在知道如何在程式碼中使用陣列。使用它們就像在 Kotlin 中使用聚集一樣簡單。

6.4 總結

- Kotlin 對可為空的型態的支援在編譯時檢測到可能的 NullPointerException 錯誤。
- Kotlin 提供了諸如安全呼叫（?.）、Elvis 運算子（?:）、非空斷言（!!）以及簡潔地處理可為空的型態的 let 函式等工具。
- 「as?」運算子提供了一種簡單的方法來將值轉換為型態，並在具有不同型態時處理該情況。
- 來自 Java 的型態被解釋為 Kotlin 中的平台型態，允許開發人員將它們視為可空或非空。
- 代表基本數字（如 Int）外觀的型態和一般類別的函式，但通常編譯為 Java 原始型態。
- 可空的原始型態（如 Int?）對應於 Java 中的 boxed 原始型態（如 java.lang.Integer）。
- Any 是所有其他型態的父型態，類似於 Java 的 Object。Unit 是 void 的類比。
- Nothing 型態用作不正常終止的函式之回傳型態。
- Kotlin 使用標準的 Java 類別來進行聚集，並透過區分唯讀和可變聚集來增強它們。
- 當在 Kotlin 中延伸 Java 類別或實作 Java 介面時，需要仔細考慮參數的可空性和可變性。
- Kotlin 的 Array 類別看起來像一個普通的泛型類別，但它被編譯為一個 Java 陣列。
- 原始型態的陣列由 IntArray 等特殊類別表示。

Part 2

擁抱 Kotlin

到目前為止，你應該非常熟悉使用 Kotlin 存取現有的 API。在本書的這部分中，將學習如何在 Kotlin 中建構自己的 API。重要的是要記住，建構 API 不局限於函式庫的編寫：每次在程式中有兩個相互作用的類別，由其中一個向另一個提供 API。

在第 7 章中，將學習**慣例**（*convention*）的原則，這些原則在 Kotlin 中用於實現運算子多載和其他抽象技術，如委託屬性。第 8 章會仔細研究 lambda 表示式，會看到如何宣告將 lambda 作為參數的函式。你將熟悉 Kotlin 對一些更進階的 Java 概念，比如泛型（第 9 章）、註解和反映（第 10 章）。同樣在第 10 章中，會學習一個相當大的現實 Kotlin 專案：JKid，一個 JSON 序列化和反序列化函式庫。最後，在第 11 章中，將會看到 Kotlin 最關鍵的一點：支援建構特定域的語言。

7 運算子多載和其他慣例

本章涵蓋：

- 運算子多載
- 慣例：支援各種操作的特定名稱之函式
- 委託屬性

如你所知，在標準函式庫中，Java 的多種語言特性與特定類別綁定。例如，可以在 `for` 迴圈中實作 `java.lang.Iterable` 的物件，並且可以在 try-with-resources 敘述中實作 `java.lang.AutoCloseable` 的物件。

Kotlin 有許多特性都有類似的做法，特定的語言結構透過呼叫程式碼中定義的函式來實作。但是不要被束縛於特定的型態，在 Kotlin 中，這些功能與具有特定名稱的函式綁定。舉例來說，如果類別定義了一個名為 `plus` 的特殊方法，那麼按照慣例，可以在這個類別的實例上使用 + 運算子。因此，在 Kotlin 中，我們將這種技術稱為**慣例**（*convention*）。在本章中，將看到 Kotlin 支援的不同慣例，以及如何使用它們。

Kotlin 使用慣例的原則，不像 Java 那樣依賴於型態，因為這允許開發人員使現有的 Java 類別適應 Kotlin 語言特性的要求。由一個類別實作的一組介面是固定的，Kotlin 不能修改已經存在的類別，從而實作額外的介面。另一方面，透過繼承功能的機制，可以為一個類別定義新的方法。你可以將任何慣例方法定義為繼承，並在不修改其程式碼的情況下調整現有的 Java 類別。

作為本章的一個範例，我們將使用簡單的 Point 類別來表示螢幕上的一個點。這些類別在大多數 UI 架構中都可以使用，可以輕鬆地將這裡顯示的定義調整到你的環境中：

```
data class Point(val x: Int, val y: Int)
```

首先，我們在 Point 類別上定義一些算術運算子。

7.1 多載算術運算子

算術運算子是在 Kotlin 中使用慣例的最直接的例子。在 Java 中，整套算術運算只能用於原始型態，另外 + 運算子可以用於字串值。但是在其他情況下，這些操作可能也很方便。舉例來說，如果你透過 BigInteger 類別處理數字，則使用 + 進行求和，比使用呼叫 add 方法更為優雅。要將元素加到聚集中，可能需要使用 + = 運算子。Kotlin 允許你這樣做，在本節中，我們將向你展示它是怎麼做的。

7.1.1 多載二元算術運算子

你將要支援的第一個運算是將兩點加在一起。這個運算將點的 X 和 Y 座標做加總。以下是如何實作它。

範例程式 7.1　定義 plus 運算子

```
data class Point(val x: Int, val y: Int) {
    operator fun plus(other: Point): Point {
        return Point(x + other.x, y + other.y)
    }
}

>>> val p1 = Point(10, 20)
>>> val p2 = Point(30, 40)
>>> println(p1 + p2)
Point(x=40, y=60)
```

定義名為「plus」的運算子函式

加入座標，並回傳新的點

使用 + 符號呼叫「plus」函式

注意如何使用 operator 關鍵字來宣告 plus 函式。所有用於多載運算子的函式都需要用關鍵字標記。這明確表示你打算將該函式用作相應慣例的實作，並且你沒有定義意外地具有對應名稱的函式。

使用 operator 修飾詞宣告 plus 函式後，只需使用 + 符號就可以將物件相加。plus 函式被呼叫，如圖 7.1 所示。

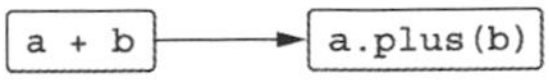

```
a + b ──────► a.plus(b)
```

圖 7.1　+ 運算子被轉換為 plus 函式呼叫

作為將運算子宣告為成員的替代方法，可以將運算子定義為繼承函式。

範例程式 7.2　定義運算子為繼承函式

```
operator fun Point.plus(other: Point): Point {
    return Point(x + other.x, y + other.y)
}
```

實作完全一樣。之後的例子將使用繼承函式的語法，因為它是定義外部函式庫類別的慣例繼承函式的常見樣式，相同的語法也適用於你自己的類別。

與其他一些語言相比，在 Kotlin 中定義和使用多載運算子更簡單，因為無法定義自己的運算子。Kotlin 有一組有限的運算子，你可以多載，每個運算子對應於你需要在類別中定義的函式的名稱。表 7.1 列出了你可以定義的所有二元運算子以及相應的函式名稱。

表 7.1　可多載的二元算術運算子

表示式	函式名稱
a * b	times
a / b	div
a % b	mod
a + b	plus
a - b	minus

你自己的型態的運算子總是使用與標準數字型態相同的優先權。舉例來說，如果你編寫 a + b * c，即使你自己定義了這些運算子，也會始終在加法之前執行乘法運算。運算子 *、/ 和 % 具有相同的優先權，高於 + 和 - 運算子的優先權。

運算子函式和 Java

Kotlin 運算子很容易從 Java 中呼叫：因為每個多載運算子都被定義為一個函式，所以使用全名稱作為一般函式。當你從 Kotlin 呼叫 Java 時，可以使用名稱與 Kotlin 慣例對應的任何方法的運算子語法。由於 Java 沒有定義任何用於標記運算子函式的語法，因此使用 `operator` 修飾詞的要求不適用，並且對應的名稱和參數數量是唯一的約束條件。如果一個 Java 類別定義了一個你需要的行為的方法，但是給它一個不同的名字，你可以定義一個具有正確名字的繼承函式，這個名字將委託給現有的 Java 方法。

當定義一個運算子時，不需要為這兩個運算元使用相同的型態。舉例來說，定義一個運算子，該運算子將允許你依某個數字縮放一個點。你可以使用它來轉換不同座標系之間的點。

範例程式 7.3　用不同運算元型態定義運算子

```
operator fun Point.times(scale: Double): Point {
    return Point((x * scale).toInt(), (y * scale).toInt())
}

>>> val p = Point(10, 20)
>>> println(p * 1.5)
Point(x=15, y=30)
```

請注意，Kotlin 運算子不會自動支援**交換**（*commutativity*）（交換運算子的左側和右側的能力）。如果你希望使用者能夠在 `p * 1.5` 之外編寫 `1.5 * p`，則需要為此定義一個單獨的運算子：`operator fun Double.times(p: Point): Point`。

運算子函式的回傳型態也可以不同於任一運算元型態。舉例來說，你可以定義一個運算子，透過多次重複字元來建立一個字串。

範例程式 7.4　用不同結果型態定義運算子

```
operator fun Char.times(count: Int): String {
    return toString().repeat(count)
}

>>> println('a' * 3)
aaa
```

該運算子將 `Char` 作為左運算元，將 `Int` 作為右運算元，並將 `String` 作為結果型態。運算元和結果型態的這種組合是完全可以接受的。

請注意，你可以像一般函式那樣多載 `operator` 函式：可以為同一方法名稱定義具有不同參數型態的多個方法。

位元運算沒有特殊的運算子

Kotlin 沒有為標準數字型態定義任何位元運算子；因此，它不允許你為自己的型態定義它們。相反地，它使用支援中綴呼叫語法的一般函式。你可以定義使用你自己的型態類似的函式。

以下是 Kotlin 提供的用於執行位元運算的完整函式列表：

- `shl`——Signed 左移
- `shr`——Signed 右移
- `ushr`——Unsigned 右移
- `and`——位元 and
- `or`——位元 or
- `xor`——位元 xor
- `inv`——位元反轉

下面的例子說明了這些函式如何使用：

```
>>> println(0x0F and 0xF0)
0
>>> println(0x0F or 0xF0)
255
>>> println(0x1 shl 4)
16
```

現在我們來討論像 += 這樣的運算子，它們合併了兩個動作：指派和相應的算術運算子。

7.1.2 多載複合指派運算子

通常，當你定義一個像 `plus` 這樣的運算子時，Kotlin 不僅支援 + 操作，而且支援 +=。運算子（如 +=、 -= 等）稱為**複合指派運算子**（*compound assignment operator*）。以下是一個例子：

```
>>> var point = Point(1, 2)
>>> point += Point(3, 4)
>>> println(point)
Point(x=4, y=6)
```

這與 `point = point + Point(3, 4)` 相同。當然，這只有在變數是可變的時才有效。

在某些情況下，定義 += 操作是有意義的，該操作將修改所使用的變數所參考的物件，但不會重新指派參考。以下的情況是將一個元素加到可變聚集中：

```
>>> val numbers = ArrayList<Int>()
>>> numbers += 42
>>> println(numbers[0])
42
```

如果使用 Unit 回傳型態定義一個名為 plusAssign 的函式，那麼當使用 += 運算子時，Kotlin 將會呼叫它。其他二元算術運算子也有類似的名稱：minusAssign、timesAssign 等等。

Kotlin 標準函式庫在可變聚集上定義了一個函式 plusAssign，前面的例子使用它：

```
operator fun <T> MutableCollection<T>.plusAssign(element: T) {
    this.add(element)
}
```

當在程式碼中寫入 += 時，理論上可以呼叫 plus 和 plusAssign 函式（請參閱圖 7.2）。如果是這種情況，並且這兩個函式都已定義並適用，則編譯器將報告一個錯誤。解決這個問題的一個可能性就是用普通的函式呼叫來替代你的運算子。另一種方法是用 val 替換 var，這樣 plusAssign 操作就不適用了。但總的來說，最好一致地設計新類別：盡量不要同時使用 plus 和 plusAssign 操作。如果你的類別是不可變的，就像前面例子中的 Point 一樣，你應該只提供回傳新值的操作（比如 plus）。如果你設計一個可變類別，像一個建構器，只提供 plusAssign 和類似的操作。

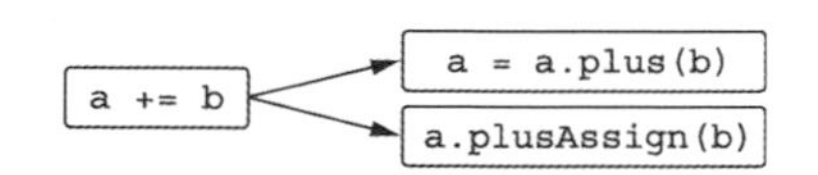

圖 7.2 += 運算子可以轉換為 plus 或 plusAssign 函式呼叫

Kotlin 標準函式庫支援兩種收集方法。+ 和 - 運算子總是回傳一個新的聚集。+= 和 -= 運算子透過修改它們在可變聚集上工作，在唯讀聚集上透過回傳修改後的副本工作。（這意味著如果參考它的變數被宣告為 var、+= 和 -= 只能與唯讀聚集一起使用。）作為這些運算子的運算元，可以使用具有對應元素型態的單個元素或其他聚集：

```
>>> val list = arrayListOf(1, 2)
>>> list += 3                            // += 改變「list」
>>> val newList = list + listOf(4, 5)    // + 回傳包含所有元素的新列表
>>> println(list)
[1, 2, 3]
>>> println(newList)
[1, 2, 3, 4, 5]
```

到目前為止，我們已經討論了**二元**（*binary*）運算子的多載——應用於兩個值的運算子，如 a + b。此外，Kotlin 允許你多載**單元**（*unary*）運算子，這些運算子應用於單個值，如 -a。

7.1.3 多載單元運算子

多載單元運算子的過程與之前看到的相同：使用預定義的名稱宣告函式（成員或繼承），並使用 operator 修飾詞標記它。我們來看一個例子。

範例程式 7.5　定義單元運算子

```
operator fun Point.unaryMinus(): Point {      // 單元減函式不接受參數
    return Point(-x, -y)                     // 回傳負的點座標
}

>>> val p = Point(10, 20)
>>> println(-p)
Point(x=-10, y=-20)
```

用於多載單元運算子的函式不帶任何參數。如圖 7.3 所示，單元加運算子的執行方式相同。表 7.2 列出了可以多載的所有單元運算子。

圖 7.3　單元 + 運算子被轉換成一個 **unaryPlus** 函式呼叫

表 7.2　多載單元算術運算子

表示式	函式名稱
+a	unaryPlus
-a	unaryMinus
!a	not
++a, a++	inc
--a, a--	dec

當定義 inc 和 dec 函式來多載遞增和遞減運算子時，編譯器會自動支援前後遞增運算子和一般數字型態相同的語義。看下面的例子，它多載了 BigDecimal 類別的 ++ 運算子。

範例程式 7.6　定義遞增運算子

```
operator fun BigDecimal.inc() = this + BigDecimal.ONE

>>> var bd = BigDecimal.ZERO
```

```
>>> println(bd++)    ← 在執行第一個 println 敘述之後的遞增
0
>>> println(++bd)    ← 第二個 println 敘述執行之前的遞增
2
```

後置運算 ++ 首先回傳 bd 變數的目前的值，然後增加它，而前綴操作則相反。印出的值與你使用 Int 型態的變數時所看到的相同，你不需要執行任何特殊的操作來支援此運算。

7.2 多載比較運算子

就像算術運算子一樣，Kotlin 可以讓任何物件使用比較運算子（==、!=、>、< 等），而不僅僅是基本型態。與在 Java 中呼叫 equals 或 compareTo 不同，你可以直接使用比較運算子，這是比較直觀的。在本節中，我們將看看用於支援這些運算子的慣例。

7.2.1 等於運算子：equals

第 4.3.1 節我們談到了相等的話題。你看到在 Kotlin 中使用 == 運算子會被轉換為 equals 方法的呼叫。這只是我們一直在討論的慣例原則的一個應用。

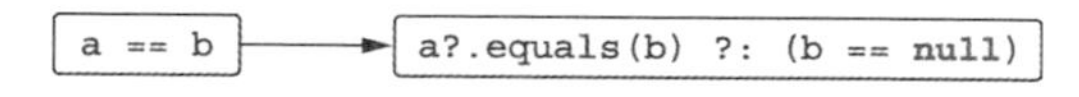

圖 7.4　一個相等性檢查 == 被轉換成一個等號呼叫和一個空的檢查

使用 != 運算子也會轉換為 equals 的呼叫，但其結果是相反的。請注意，與所有其他運算子不同，== 和 != 可以與可為空的運算元一起使用，因為這些運算子將檢查是否與 null 相等。比較 a == b 檢查 a 是否不為 null，如果不是，則呼叫 a.equals(b)（請參閱圖 7.4）。否則，只有兩個參數都是空參考時，結果才是真的。

對於 Point 類別來說，equals 的實作是由編譯器自動產生的，因為你已經將它標記為一個資料類別（第 4.3.2 節解釋了細節）。但是，如果你手動實作它，這是程式碼的樣子。

範例程式 7.7　實作 equals 方法

```
class Point(val x: Int, val y: Int) {
    override fun equals(obj: Any?): Boolean {     ← 多載在 Any 中定義的方法
        if (obj === this) return true             ← 最佳化：檢查參數是否與「this」相同的物件
        if (obj !is Point) return false           ← 檢查參數型態
        return obj.x == x && obj.y == y           ← 使用智慧轉型指向存取 x 和 y 屬性
    }
```

```
}

>>> println(Point(10, 20) == Point(10, 20))
true
>>> println(Point(10, 20) != Point(5, 5))
true
>>> println(null == Point(1, 2))
false
```

你可以使用**標識** ***equals*** 運算子（===）來檢查參數是否等於與呼叫 equals 相同的物件。標識 equals 運算子與 Java 中的 == 運算子完全相同：檢查它的兩個參數是否參考同一個物件（或者如果它們具有基本型態，則具有相同的值）。在實作 equals 時使用這個運算子是一個常見的最佳化。請注意，=== 運算子不能被多載。

equals 函式被標記為 override，因為與其他慣例不同，實作它的方法在 Any 類別中定義（Kotlin 中的所有物件均支援相等比較）。這也解釋了為什麼你不需要將它標記為 operator：Any 中的基本方法被標記為這樣，並且方法上的 operator 修飾詞也適用於實作或覆蓋它的所有方法。還要注意，equals 不能作為繼承來實作，因為從 Any 類別繼承的實作總是優先於繼承。

這個例子顯示使用 != 運算子也被轉換為 equals 方法的呼叫。編譯器自動否定回傳值，所以你不需要做任何事情就可以正常執行。

而其他比較運算子呢？

7.2.2 排序運算子：compareTo

在 Java 中，類別可以實作 Comparable 介面，以便在比較值的演算法中使用，比如尋找最大值或排序。在該介面中定義的 compareTo 方法用於確定一個物件是否大於另一個。但是在 Java 中，沒有簡短的語法來呼叫這個方法。只有原始型態的值可以用 < 和 > 來比較；所有其他型態都需要明確寫入 element1.compareTo(element2)。

Kotlin 支援相同的 Comparable 介面。但是可以按照慣例呼叫該介面中定義的 compareTo 方法，並將比較運算子（<、>、<= 和 >=）的使用轉換為 compareTo 的呼叫，如圖 7.5 所示。compareTo 的回傳型態必須是 Int。表示式 p1 < p2 相當於 p1.compareTo(p2)< 0。其他比較運算子的工作方式完全相同。

```
a >= b ──▶ a.compareTo(b) >= 0
```

圖 7.5　將兩個物件的比較轉化為將 compareTo 呼叫的結果與零進行比較

因為沒有明確的方法來比較點，所以我們使用 Person 類別來展示如何實作這個方法。實作將使用地址簿排序（按姓氏比較，如果姓氏相同，則按名字比較）。

範例程式 7.8　實作 compareTo 方法

```
class Person(
        val firstName: String, val lastName: String
) : Comparable<Person> {
    override fun compareTo(other: Person): Int {
        return compareValuesBy(this, other,
            Person::lastName, Person::firstName)
    }
}
>>> val p1 = Person("Alice", "Smith")
>>> val p2 = Person("Bob", "Johnson")
>>> println(p1 < p2)
false
```

按順序評估給定的回呼，並比較值

在這種情況下，你可以實作 Comparable 介面，以便讓 Person 物件不僅可以透過 Kotlin 程式碼進行比較，還可以透過 Java 函式（比如用於排序聚集的函式）進行比較。與等號一樣，operator 修飾詞應用於基本介面中的函式，所以在覆蓋函式時不需要重複關鍵字。

請注意，如何使用 Kotlin 標準函式庫中的 compareValuesBy 函式，輕鬆而簡潔地實作 compareTo 方法。該函式接收計算要比較的值的回呼（callback）列表。該函式呼叫每個回呼為了兩個物件，並比較回傳值。如果值不同，則回傳比較結果。如果它們是相同的，則進入下一個回呼，或者如果沒有更多的回呼，則回傳 0。回呼可以作為 lambda 表示式來傳遞，也可以像在這裡一樣，作為屬性參考來傳遞。

但是請注意，手動比較欄位的直接實作會更快，儘管它會包含更多的程式碼。與往常一樣，只有在知道實作將被頻繁呼叫的情況下，你才應該更喜歡簡潔的版本並擔心性能。

實作 Comparable 介面的所有 Java 類別，都可以在 Kotlin 中使用簡潔的運算子語法進行比較：

```
>>> println("abc" < "bac")
true
```

不需要加任何繼承即可使其執行。

7.3 用於聚集和範圍的慣例

處理聚集的一些最常見的操作是透過索引取得和設置元素，以及檢查元素是否屬於聚集。所有這些操作都透過運算子語法來支援：要透過索引取得或設置元素，請使用語法 a[b]（稱為**索引運算子**，*index operator*）。in 運算子可用於檢查元素是否位於聚集或範圍中，也可用於迭代聚集。你可以將這些操作加到作為聚集的自己類別中。現在我們來看看用來支援這些操作的慣例。

7.3.1 藉由索引存取元素：get 和 set

你已經知道，在 Kotlin 中，可以像存取 Java 中的陣列一樣存取映射中的元素——透過中括號：

```
val value = map[key]
```

可以使用相同的運算子，來更改可變映射中特定鍵的值：

```
mutableMap[key] = newValue
```

來看看這是怎麼做的。在 Kotlin 中，索引運算子是另一個慣例。使用索引運算子讀取元素將被轉換為 get 運算子方法的呼叫，寫入元素將成為呼叫 set 的方法。這些方法已經為 Map 和 MutableMap 介面定義了。來看看如何增加類似的方法到自己的類別。

你將允許使用方括號來參考點的座標：p[0] 存取 X 座標，p[1] 存取 Y 座標。以下是如何實作和使用它。

範例程式 7.9　實作 get 慣例

```
operator fun Point.get(index: Int): Int {      ← 定義名為「get」
    return when(index) {                          的運算子函式
        0 -> x          | 取得給定索引對
        1 -> y          | 應的座標
        else ->
            throw IndexOutOfBoundsException("Invalid coordinate $index")
    }
}

>>> val p = Point(10, 20)
>>> println(p[1])
20
```

所有你需要做的就是定義一個名為 get 的函式，並將其標記為 operator。一旦你這樣做，像 p[1] 這樣的表示式，就會被轉換成對 get 方法的呼叫，如圖 7.6 所示。

圖 7.6　透過方括號存取被轉換為 get 函式呼叫

請注意，get 的參數可以是任何型態，而不僅僅是 Int。例如，當在映射上使用索引運算子時，參數型態是映射的關鍵型態，它可以是任意型態。也可以用多個參數定義一個 get 方法。例如，如果要實作一個類別來表示一個二維陣列或矩陣，可以定義一個方法，如 operator fun get(rowIndex: Int, colIndex: Int)，並將其稱為 matrix[row, col]。如果可以使用不同的鍵型態存取聚集，則可以使用不同的參數型態定義多個多載的 get 方法。

以類似的方式，你可以定義一個函式，使你可以使用括號語法更改給定索引的值。Point 類別不可變，因此為 Point 定義這樣一個方法沒有意義。讓我們定義另一個類別來表示一個可變點，並以此為例。

範例程式 7.10　實作 set 慣例

```
data class MutablePoint(var x: Int, var y: Int)

operator fun MutablePoint.set(index: Int, value: Int) {   ← 定義名為「set」的運算子函式
    when(index) {
        0 -> x = value     | 改變對應於指定索引
        1 -> y = value     | 的座標
        else ->
            throw IndexOutOfBoundsException("Invalid coordinate $index")
    }
}

>>> val p = MutablePoint(10, 20)
>>> p[1] = 42
>>> println(p)
MutablePoint(x=10, y=42)
```

這個例子也很簡單：為了允許在指派中使用索引運算子，只需要定義一個名為 set 的函式。要設置的最後一個參數接收指派右側使用的值，其他參數取自括號內的索引，如圖 7.7 所示。

圖 7.7　透過中括號的指派被轉換成 set 函式呼叫

7.3.2 in 慣例

另一個由聚集支援的運算子是 in 運算子，它用於檢查物件是否屬於聚集。相應的函式被呼叫 contains。讓我們來實作它，以便你可以使用 in 運算子來檢查點是否在一個矩形內。

範例程式 7.11　實作 in 慣例

```
data class Rectangle(val upperLeft: Point, val lowerRight: Point)

operator fun Rectangle.contains(p: Point): Boolean {
    return p.x in upperLeft.x until lowerRight.x &&
           p.y in upperLeft.y until lowerRight.y
}

>>> val rect = Rectangle(Point(10, 20), Point(50, 50))
>>> println(Point(20, 30) in rect)
true
>>> println(Point(5, 5) in rect)
false
```

建立一個範圍，並檢查座標「x」是否屬於這個範圍

使用「until」功能來建立一個開放的範圍

in 右側的物件成為呼叫 contains 方法的物件，左側的物件成為傳遞給方法的參數（請參閱圖 7.8）。

a in c → c.contains(a)

圖 7.8　in 運算子被轉換為 contains 函式呼叫

在 Rectangle.contains 的實作中，使用 until 標準函式庫函式來建構一個**開放範圍**（*open range*），然後使用範圍內的 in 運算子來檢查一個點是否屬於它。

開放範圍是一個範圍，不包括其結束點。舉例來說，如果使用 10..20 建構一般（封閉）範圍，則此範圍包括 10 到 20 之間的所有數字，其中包括 20。10 until 20 之間的開放範圍包含 10 到 19 之間的數字，但不包括 20。矩形類別通常被定義其底部和右側座標不是矩形的一部分，所以在這裡使用開放的範圍是適當的。

7.3.3 rangeTo 慣例

要建立範圍，可以使用 .. 語法：例如，1..10 列舉從 1 到 10 的所有數字。你在第 2.4.2 節中遇到了範圍，但是現在讓我們來討論一下可以建立一個範圍的慣例。.. 運算子是呼叫 rangeTo 函式的簡潔方法（請參閱圖 7.9）。

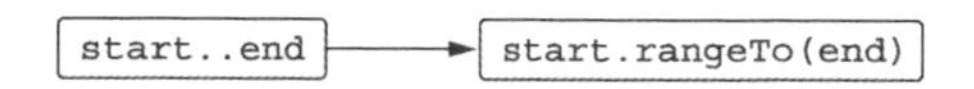

圖 7.9　將 .. 運算子轉換為 rangeTo 函式呼叫

rangeTo 函式回傳一個範圍。你可以為自己的類別定義這個運算子。但是如果你的類別實作了 Comparable 介面，則不需要：可以透過 Kotlin 標準函式庫建立一系列可比較的元素。該函式庫定義了可以在任何可比較的元素上呼叫的 rangeTo 函式：

```
operator fun <T: Comparable<T>> T.rangeTo(that: T): ClosedRange<T>
```

這個函式回傳一個範圍，允許檢查不同的元素是否包含在它之內。

舉一個例子，使用 LocalDate 類別（在 Java 8 標準函式庫中定義）建立一個日期範圍。

範例程式 7.12　使用一系列的日期

```
>>> val now = LocalDate.now()
>>> val vacation = now..now.plusDays(10)
>>> println(now.plusWeeks(1) in vacation)
true
```

從現在開始，建立一個 10 天的範圍

檢查特定日期是否在範圍內

now..now.plusDays(10) 被編譯器轉換為 now.rangeTo(now.plusDays(10))。rangeTo 函式不是 LocalDate 的成員，而是 Comparable 上的繼承函式，如前所示。

rangeTo 運算子的優先權低於算術運算子。但是為了避免混淆，最好使用括號來表示：

```
>>> val n = 9
>>> println(0..(n + 1))
0..10
```

可以寫 0..n + 1，但是使用括號可以看得更清楚

請注意，表示式 0..n.forEach {} 將不會編譯，因為必須用小括號括起一個範圍表示式來呼叫它的一個方法：

```
>>> (0..n).forEach { print(it) }
0123456789
```

在括號中放一個範圍來呼叫一個方法

現在我們來討論一下慣例是如何讓你迭代聚集或範圍的。

7.3.4 for 迴圈的 iterator 慣例

正如我們在第 2 章中所討論的，對於 Kotlin 中的 for 迴圈來說，在範圍檢查中使用相同的 in 運算子。但是在這種情況下它的含意是不同的：它用來執行迭代。這意

味著像 (x in list) { … } 這樣的敘述將被轉換為 list.iterator() 的呼叫，其中 hasNext 和 next 方法被重複呼叫，就像在 Java 中一樣。

請注意，在 Kotlin 中這也是一個慣例，這意味著 iterator 方法可以被定義為繼承。這就解釋了為什麼可以迭代普通的 Java 字串：標準函式庫在 CharSequence 上定義了一個繼承函式 iterator，它是 String 的父類別：

```
operator fun CharSequence.iterator(): CharIterator

>>> for (c in "abc") {}
```

← 這個函式庫函式可以迭代字串

可以為自己的類別定義 iterator 方法。例如，定義以下方法可以迭代日期。

範例程式 7.13　實作日期範圍的迭代器

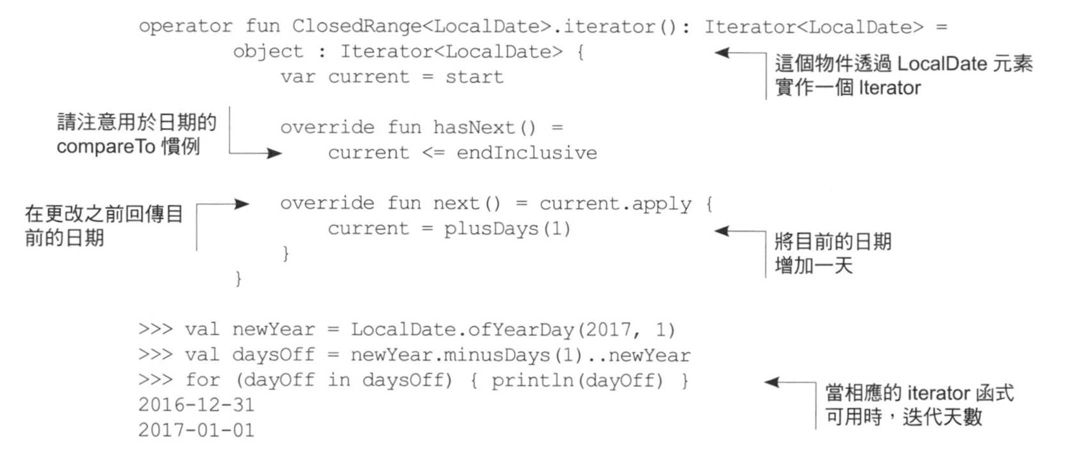
這個物件透過 LocalDate 元素實作一個 Iterator
請注意用於日期的 compareTo 慣例
在更改之前回傳目前的日期
將目前的日期增加一天
當相應的 iterator 函式可用時，迭代天數

```
operator fun ClosedRange<LocalDate>.iterator(): Iterator<LocalDate> =
        object : Iterator<LocalDate> {
            var current = start

            override fun hasNext() =
                current <= endInclusive

            override fun next() = current.apply {
                current = plusDays(1)
            }
        }

>>> val newYear = LocalDate.ofYearDay(2017, 1)
>>> val daysOff = newYear.minusDays(1)..newYear
>>> for (dayOff in daysOff) { println(dayOff) }
2016-12-31
2017-01-01
```

請注意如何在自定義範圍型態上定義 iterator 方法：使用 LocalDate 作為型態參數。在上一節中顯示的 rangeTo 函式庫函式回傳 ClosedRange 的一個實例，並且 ClosedRange <LocalDate> 上的 iterator 繼承，允許你在 for 迴圈中使用該範圍的一個實例。

7.4　解構宣告和元件函式

當我們在第 4.3.2 節中討論資料類別時，我們提到了它們的一些特徵稍後會被揭示。現在你已經熟悉了慣例的原則，我們可以看看最後的特徵：**解構宣告**。此功能允許你解壓縮一個複合值，並使用它來初始化幾個單獨的變數。

以下是範例：

```
>>> val p = Point(10, 20)
>>> val (x, y) = p          ← 宣告變數 x 和 y，用 p 的元件初始化
>>> println(x)
10
>>> println(y)
20
```

解構宣告看起來像一般的變數宣告，但它有多個變數分組在括號中。

在這個背後，解構宣告再次使用慣例的原則。要在解構宣告中初始化每個變數，將呼叫名為 componentN 的函式，其中 N 是宣告中變數的位置。換句話說，前面的例子將如圖 7.10 所示進行轉換。

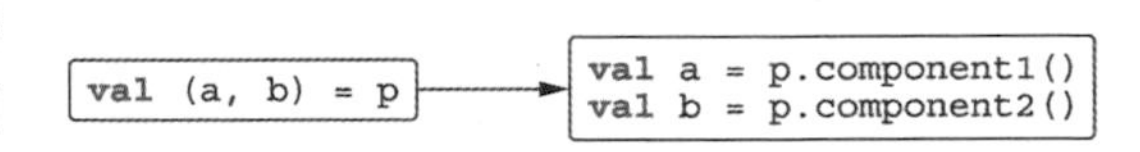

圖 7.10　解構宣告被轉換成元件函式呼叫

對於 data 類別，編譯器為主建構式中宣告的每個屬性產生一個 componentN 函式。以下範例顯示了如何為非 data 類別手動宣告這些函式：

```
class Point(val x: Int, val y: Int) {
    operator fun component1() = x
    operator fun component2() = y
}
```

解構宣告有用的主要用處之一是從函式回傳多個值。如果需要這樣做，你可以定義一個資料類別來保存需要回傳的值，並將其用作函式的回傳型態。在呼叫函式之後，解構宣告語法可以輕鬆地解開並使用這些值。為了說明這點，編寫一個簡單的函式來將檔案名稱分割成名稱和副檔名。

範例程式 7.14　使用解構宣告來回傳多個值

```
data class NameComponents(val name: String,
                          val extension: String)      ← 宣告一個資料類別來保存這些值

fun splitFilename(fullName: String): NameComponents {
    val result = fullName.split('.', limit = 2)
    return NameComponents(result[0], result[1])      ← 從函式回傳資料類別的一個實例
}
>>> val (name, ext) = splitFilename("example.kt")    ← 使用解構宣告語法解開類別
>>> println(name)
example
>>> println(ext)
kt
```

如果你注意到 componentN 函式也在陣列和聚集上定義，則可以進一步改進此範例。這在處理已知大小的聚集時非常有用——這種情況下，split 將回傳兩個元素的列表。

範例程式 7.15　使用有聚集的解構宣告

```
data class NameComponents(
        val name: String,
        val extension: String)

fun splitFilename(fullName: String): NameComponents {
    val (name, extension) = fullName.split('.', limit = 2)
    return NameComponents(name, extension)
}
```

當然，不可能定義無數個這樣的 componentN 函式，因此語法可以與任意數量的項目一起工作，但是這也是沒有用的。標準函式庫允許你使用此語法來存取容器的前五個元素。

從函式回傳多個值的更簡單方法，是使用標準函式庫中的 Pair 和 Triple 類別。它不那麼富有表現力，因為這些類別沒有清楚地說明回傳物件中包含了什麼，但是它需要更少的程式碼，因為你不需要定義自己的類別。

7.4.1　解構宣告和迴圈

解構宣告不僅可以作為函式中的頂層敘述，而且可以在其他可以宣告變數的地方（例如迴圈中）使用。一個很好的用途是映射（map）中的列舉項目。這裡有一個小例子，用這個語法來印出給定映射中的所有項目。

範例程式 7.16　使用解構宣告來迭代映射

```
fun printEntries(map: Map<String, String>) {
    for ((key, value) in map) {          // 在迴圈中的解構宣告
        println("$key -> $value")
    }
}

>>> val map = mapOf("Oracle" to "Java", "JetBrains" to "Kotlin")
>>> printEntries(map)
Oracle -> Java
JetBrains -> Kotlin
```

這個簡單的例子使用兩個 Kotlin 慣例：一個迭代物件，另一個去解構宣告。Kotlin 標準函式庫在映射上包含一個繼承函式 iterator，該映射將透過映射項目回傳一個迭代器。因此，與 Java 不同的是可以直接迭代映射。它還在 Map.Entry 中包含繼承函式 component1 和 component2，分別回傳其鍵和值。實際上，前面的迴圈被轉換成以下程式碼：

```
for (entry in map.entries) {
    val key = entry.component1()
    val value = entry.component2()
    // ...
}
```

這個例子再次說明了繼承函式對於慣例的重要性。

7.5 重複使用屬性存取器邏輯：委託屬性

為了總結本章，我們來看看依賴於慣例的另外一個特性，它是 Kotlin：**委託屬性**中最獨特和最強大的特性之一。透過此功能，你可以比在備份欄位中儲存值更複雜的方式下輕鬆的實作屬性，而無需重複每個存取器中的邏輯。例如，屬性可以將其值儲存在資料庫表、瀏覽器會話、映射中等等。

此功能的基礎是**委派**（*delegation*）：一種設計樣式，其中物件不是執行任務，而是將該任務委託給另一個輔助物件。輔助物件被稱為**委託**（*delegate*）。當我們在討論類別委託時，你在 4.3.3 節看到了這種樣式。而在這裡，這個樣式被應用於一個屬性，該屬性也可以將其存取器的邏輯委託給一個輔助物件。你可以手動實作（稍後看到例子）或使用更好的解決方案：利用 Kotlin 的語言支援。我們將從一般的解釋開始，然後看具體的例子。

7.5.1 委託屬性：基本概念

委託屬性的一般語法是這樣的：

```
class Foo {
var p: Type by Delegate()
}
```

屬性 p 將其存取器的邏輯委託給另一個物件：在這種情況下，是委託類別的新實例。該物件是透過評估 by 關鍵字後面的表示式獲得的，該關鍵字可以是任何滿足屬性委託慣例規則的任何內容。

編譯器建立一個隱藏的輔助屬性，用委託物件的實例初始化，初始屬性 p 委託給它。為了簡單起見，我們稱之為 delegate：

```
class Foo {
    private val delegate = Delegate()  ← 這個輔助屬性是由編譯器產生的
    var p: Type                          ← 產生的「p」屬性存取器呼叫「delegate」上的 getValue 和 setValue 方法
        set(value: Type) = delegate.setValue(..., value)
        get() = delegate.getValue(...)
}
```

按照慣例，Delegate 類別必須具有 getValue 和 setValue 方法（後者僅適用於可變屬性）。像往常一樣，它們可以是成員或繼承。為了簡化說明，我們省略了它們的參數；確切的簽章將在本章後面介紹。在簡單的格式中，Delegate 類別可能如下所示：

```
class Delegate {
    operator fun getValue(...) { ... }  ← getValue 方法包含實作 getter 的邏輯

    operator fun setValue(..., value: Type) { ... }  ← setValue 方法包含實作 setter 的邏輯
}
```

```
class Foo {
    var p: Type by Delegate()  ← 「by」關鍵字將一個屬性與一個委託物件關聯起來
}
```

```
>>> val foo = Foo()
>>> val oldValue = foo.p  ← 存取屬性 foo.p 呼叫 delegate.getValue(...)
>>> foo.p = newValue      ← 更改屬性值呼叫 delegate.setValue(..., newValue)
```

使用 foo.p 作為一般屬性，但在委託型態的 helper 屬性上的方法被呼叫。為了調查這個機制在實踐中的使用情況，我們首先看一下委託屬性的強大功能：函式庫支援延遲初始化。之後，我們將探索如何定義自己的委託屬性，以及何時有用。

7.5.2 使用委託屬性：惰性初始化和 by lazy()

惰性初始化（*lazy initialization*）是一種常見樣式，需要在第一次存取時按所需建立一部分物件。這在初始化過程消耗大量資源時非常有用，並且在使用該物件時並不總是需要資料。

舉例來說，看到 Person 類別，可以讓你存取電子郵件列表。電子郵件儲存在資料庫中，需要很長時間才能存取。你想要首次存取該屬性時載入電子郵件，只能這樣做一次。假設有以下函式 loadEmails，它從資料庫中檢索電子郵件：

```
class Email { /*...*/ }
fun loadEmails(person: Person): List<Email> {
    println("Load emails for ${person.name}")
    return listOf(/*...*/)
}
```

以下是如何使用額外的 _emails 屬性實現惰性載入，該屬性在載入任何內容之前儲存 null，接著再載入電子郵件列表。

範例程式 7.17　使用備份屬性實作惰性初始化

```
class Person(val name: String) {
    private var _emails: List<Email>? = null

    val emails: List<Email>
        get() {
            if (_emails == null) {
                _emails = loadEmails(this)
            }
            return _emails!!
        }
    }
>>> val p = Person("Alice")
>>> p.emails
Load emails for Alice
>>> p.emails
```

「_emails」屬性，用於儲存資料以及「電子郵件」委託給哪些人

載入有關存取的資料

如果之前載入了資料，則將其回傳

電子郵件在首次存取時載入

在這裡使用所謂的**備份屬性**（*backing property*）技術。你有一個屬性 _emails，它儲存值，而另一個屬性 emails，它提供了讀取權限。你需要使用兩個屬性，因為屬性具有不同的型態：_emails 可為空，而 emails 不為 null。這種技術可以經常使用，所以值得熟悉它。

但是程式碼有點麻煩：想像一下，如果有好幾個惰性屬性，程式碼會變得多長。更重要的是，它並不總是正常執行：實作不是執行緒安全的（thread-safe）。Kotlin 確實提供了一個更好的解決方案。

透過使用委託屬性，程式碼變得更加簡單，該委託屬性可以封裝用於儲存值的備份屬性，和確保值僅被初始化一次的邏輯。可以在這裡使用的委託由懶惰的標準函式庫函式回傳。

範例程式 7.18　使用委託屬性實作惰性初始化

```
class Person(val name: String) {
    val emails by lazy { loadEmails(this) }
}
```

lazy 函式回傳一個物件，該物件具有一個名為 getValue 的方法，並帶有正確的簽章，因此你可以將它與 by 關鍵字一起使用來建立一個委託屬性。lazy 參數是它呼叫來初始化值的 lambda。lazy 函式預設是執行緒安全的；如果需要，可以指定其他選項來告訴它使用哪個鎖，或者如果在多執行緒環境中從不使用該類別，則完全繞過同步。

在下一節中，我們將詳細介紹委託屬性的機制如何工作，並討論這裡的慣例。

7.5.3 實作委託屬性

為了看到如何實作委託屬性，我們再舉一個例子：當物件的屬性發生變化時通知監聽器的任務。這在很多不同的情況下都很有用：例如，在 UI 中呈現物件時，如果要在物件更改時自動更新 UI。Java 有這樣的通知的標準機制：PropertyChangeSupport 和 PropertyChangeEvent 類別。讓我們看看如何在 Kotlin 中使用它們，而不先使用委託屬性，然後將程式碼重構為委託屬性。

PropertyChangeSupport 類別管理監聽器的列表，並為其指派 PropertyChangeEvent 事件。為了使用它，通常將這個類別的一個實例作為 bean 類別的一個欄位儲存，並委託給它的屬性改變處理。

為避免將此欄位加到每個類別，建立一個小型輔助類別，該類別將儲存 PropertyChangeSupport 實例，並追蹤屬性更改監聽器。稍後，你的類別將繼承此輔助類別以存取 changeSupport。

範例程式 7.19　輔助類別使用 PropertyChangeSupport

```
open class PropertyChangeAware {
    protected val changeSupport = PropertyChangeSupport(this)

    fun addPropertyChangeListener(listener: PropertyChangeListener) {
        changeSupport.addPropertyChangeListener(listener)
    }

    fun removePropertyChangeListener(listener: PropertyChangeListener) {
        changeSupport.removePropertyChangeListener(listener)
    }
}
```

現在我們來編寫 Person 類別。定義一個唯讀屬性（該名稱通常不會更改）和兩個可寫入屬性：年齡和薪水。當人的年齡或薪水發生變化時，類別將通知其監聽器。

範例程式 7.20　手動實作屬性改變通知

```
class Person(
        val name: String, age: Int, salary: Int
) : PropertyChangeAware() {

    var age: Int = age
        set(newValue) {
            val oldValue = field
            field = newValue
            changeSupport.firePropertyChange(
                    "age", oldValue, newValue)
        }
    var salary: Int = salary
        set(newValue) {
            val oldValue = field
            field = newValue
            changeSupport.firePropertyChange(
                    "salary", oldValue, newValue)
        }
}

>>> val p = Person("Dmitry", 34, 2000)
>>> p.addPropertyChangeListener(
...     PropertyChangeListener { event ->
...        println("Property ${event.propertyName} changed " +
...                "from ${event.oldValue} to ${event.newValue}")
...   }
... )
>>> p.age = 35
Property age changed from 34 to 35
>>> p.salary = 2100
Property salary changed from 2000 to 2100
```

「欄位」標識符允許你存取屬性備份欄位

通知監聽器屬性改變

附加屬性更改監聽器

注意這段程式碼如何使用 `field` 標識符來存取 `age` 和 `salary` 屬性的備份欄位，正如在第 4.2.4 節中討論的那樣。

在 setters 中有很多重複的程式碼。讓我們提取一個將儲存屬性值，並觸發必要通知的類別。

範例程式 7.21　用輔助類別實作屬性改變通知

```
class ObservableProperty(
    val propName: String, var propValue: Int,
    val changeSupport: PropertyChangeSupport
) {
    fun getValue(): Int = propValue
    fun setValue(newValue: Int) {
        val oldValue = propValue
        propValue = newValue
        changeSupport.firePropertyChange(propName, oldValue, newValue)
    }
```

```
}

class Person(
    val name: String, age: Int, salary: Int
) : PropertyChangeAware() {

    val _age = ObservableProperty("age", age, changeSupport)
    var age: Int
        get() = _age.getValue()
        set(value) { _age.setValue(value) }

    val _salary = ObservableProperty("salary", salary, changeSupport)
    var salary: Int
        get() = _salary.getValue()
        set(value) { _salary.setValue(value) }
}
```

現在已經快要了解 Kotlin 委託的屬性是如何運作的。你建立了一個儲存屬性值的類別，並在修改後自動觸發屬性更改通知。你刪除了邏輯中的重複部分，但相當多的樣板需要為每個屬性建立 `ObservableProperty` 實例，並將 getter 和 setter 委託給它。Kotlin 的委託屬性功能可以讓你擺脫該樣板。但在這之前，需要更改 `ObservableProperty` 方法的簽章，以對應 Kotlin 慣例所需的簽章。

範例程式 7.22　`ObservableProperty` 作為屬性委託

```
class ObservableProperty(
    var propValue: Int, val changeSupport: PropertyChangeSupport
) {
    operator fun getValue(p: Person, prop: KProperty<*>): Int = propValue

    operator fun setValue(p: Person, prop: KProperty<*>, newValue: Int) {
        val oldValue = propValue
        propValue = newValue
        changeSupport.firePropertyChange(prop.name, oldValue, newValue)
    }
}
```

與以前的版本相比，此程式碼有以下更改：

- `getValue` 和 `setValue` 函式現在被標記為 `operator`，按照慣例使用的所有函式都需要。
- 可以為這些函式加入兩個參數：一個用於接收屬性取得或設置的實例，另一個用於表示屬性本身。該屬性表示為 `KProperty` 型態的物件。將在第 10.2 節中詳細介紹它；現在，只需要知道可以用 `KProperty.name` 存取該屬性的名稱即可。

- 從主建構式中刪除 name 屬性，因為現在可以透過 KProperty 存取屬性名稱。

終於可以使用 Kotlin 授權的屬性了。看看程式碼變得更短了嗎？

範例程式 7.23　使用委託屬性來更新屬性通知

```
class Person(
    val name: String, age: Int, salary: Int
) : PropertyChangeAware() {

    var age: Int by ObservableProperty(age, changeSupport)
    var salary: Int by ObservableProperty(salary, changeSupport)
}
```

透過 by 關鍵字，Kotlin 編譯器會自動執行，在以前版本的程式碼中手動執行的操作。將此程式碼與以前版本的 Person 類別進行比較：使用委託屬性時產生的程式碼非常相似。右側的物件稱為**委託**。Kotlin 自動將代理儲存在隱藏屬性中，並在存取或修改主屬性時呼叫代理上的 getValue 和 setValue。

你可以使用 Kotlin 標準函式庫，而不是手動實作 observable 屬性邏輯。事實上，標準函式庫已經包含一個類似於 ObservableProperty 的類別。標準函式庫類別沒有耦合到你在這裡使用的 PropertyChangeSupport 類別，所以需要傳遞一個 lambda 表示式，來告訴它如何報告屬性值的變化。以下是該如何做到這一點的範例。

範例程式 7.24　使用 Delegates.observable 來實作屬性改變通知

```
class Person(
    val name: String, age: Int, salary: Int
) : PropertyChangeAware() {

    private val observer = {
        prop: KProperty<*>, oldValue: Int, newValue: Int ->
        changeSupport.firePropertyChange(prop.name, oldValue, newValue)
    }

    var age: Int by Delegates.observable(age, observer)
    var salary: Int by Delegates.observable(salary, observer)
}
```

by 的右側表示式不一定是一個新的實例建立。它也可以是一個函式呼叫、另一個屬性或任何其他表示式，只要該表示式的值是編譯器，可以使用正確的參數型態呼叫 getValue 和 setValue 的物件。和其他慣例一樣，getValue 和 setValue 既可以是物件本身宣告的，也可以是繼承函式。

請注意，我們僅向你展示了如何使用 Int 型態的委託屬性來簡化範例。委託屬性機制是完全通用的，也適用於任何其他型態。

7.5.4 委託屬性轉換規則

讓我們總結委託屬性如何執行的規則。假設有一個具有委託屬性的類別：

```
class Foo {
    var c: Type by MyDelegate()
}

val foo = Foo()
```

MyDelegate 的實例將儲存在一個隱藏的屬性中，我們將其稱為 <delegate>。編譯器也將使用 KProperty 型態的物件來表示屬性。我們將這個物件稱為 <property>。

編譯器產生以下程式碼：

```
class Foo {
    private val <delegate> = MyDelegate()

    var c: Type
        get() = <delegate>.getValue(c, <property>)
        set(value: Type) = <delegate>.setValue(c, <property>, value)
}
```

因此，在每個屬性存取器中，編譯器都會呼叫相對應的 getValue 和 setValue 方法，如圖 7.11 所示。

```
val x = c.prop  ──►  val x = <delegate>.getValue(c, <property>)
c.prop = x      ──►  <delegate>.setValue(c, <property>, x)
```

圖 7.11 當你存取一個屬性時，呼叫 <delegate> 上的 getValue 和 setValue 函式

該機制相當簡單，然而它可以產生許多有趣的情節。你可以自定義屬性值的儲存位置（位於映射中、資料庫表中或使用者會話的 cookie 中），以及存取屬性（加入驗證，更改通知等等）時會發生什麼情況。所有這些都可以用緊湊的程式碼來完成。讓我們再看看標準函式庫中委託屬性的用法，然後看看如何在自己的架構中使用它們。

7.5.5 在映射中儲存屬性值

委託屬性產生作用的另一種常見樣式，是具有與其關聯的動態定義的一組屬性的物件。這樣的物件有時被稱為 *expando* **物件**。舉例來說，有一個聯絡人管理系統，它允許你儲存關於聯絡人的任意資訊。系統中的每個人都有一些必要的屬性（例如名字）以特殊的方式處理，以及任何數量的附加屬性（每個人都可以不同）（例如，最小的孩子的生日）。

實作這種系統的一種方式，是將人員的所有屬性儲存在映射中，並提供用於存取需要特殊處理的資訊的屬性。以下是一個例子。

範例程式 7.25　定義儲存值在映射中的屬性

```
class Person {
    private val _attributes = hashMapOf<String, String>()
    fun setAttribute(attrName: String, value: String) {
        _attributes[attrName] = value
    }

    val name: String
        get() = _attributes["name"]!!      ← 手動從映射中檢索屬性
}

>>> val p = Person()
>>> val data = mapOf("name" to "Dmitry", "company" to "JetBrains")
>>> for ((attrName, value) in data)
...    p.setAttribute(attrName, value)
>>> println(p.name)
Dmitry
```

在這裡，使用通用 API 將資料載入到物件中（在實際的專案中，這可能是 JSON 反序列化或類似的東西），然後使用特定的 API 來存取一個屬性的值。改變這個使用委託的屬性是微不足道的；你可以直接在 by 關鍵字後面放置映射。

範例程式 7.26　使用儲存值在映射中的委託屬性

```
class Person {
    private val _attributes = hashMapOf<String, String>()

    fun setAttribute(attrName: String, value: String) {
        _attributes[attrName] = value
    }

    val name: String by _attributes      ← 使用映射作為委託屬性
}
```

這能執行是因為標準函式庫在標準的 Map 和 MutableMap 介面上，定義了 getValue 和 setValue 繼承函式。該屬性的名稱將自動用作將值儲存在映射中的鍵。如範例程式 7.25 所示，p.name 隱藏了 _attributes.getValue(p, prop) 的呼叫，而後者又被實作為 _attributes[prop.name]。

7.5.6 架構內的委託屬性

更改物件的屬性儲存和修改的方式，對於架構開發人員非常有用。在第 1.3.1 節中，看到了一個使用委託屬性的資料庫架構範例。本節展示了一個類似的例子並解釋了它是如何運作的。

比方說，資料庫的表格 Users 有兩欄位：字串型態的 name 和整數型態的 age。你可以在 Kotlin 中定義 User 和 Users 類別。接著，所有儲存在資料庫中的使用者實體都可以透過 User 類別的實例載入，並更改為 Kotlin 程式碼。

範例程式 7.27 使用委託屬性存取資料庫欄位

```
object Users : IdTable() {
    val name = varchar("name", length = 50).index()
    val age = integer("age")
}

class User(id: EntityID) : Entity(id) {
    var name: String by Users.name
    var age: Int by Users.age
}
```

該物件對應於資料庫中的表格

屬性對應於此表中的欄位

使用者的每個實例對應於表中的特定實體

「name」的值是儲存在該使用者的資料庫中的值

使用者物件描述一個資料庫表；它被宣告為一個物件，因為它將表格描述為一個整體，所以你只需要它的一個實例。物件的屬性表示表格的欄位。

User 的 Entity 類別（父類別）包含資料庫欄位到實體值的映射。特定 User 的屬性具有資料庫中為該使用者指定的值 name 和 age。

使用架構特別方便，因為存取屬性會自動從 Entity 類別的映射中，取得相應的值，並且修改它會將物件標記為不好的，以便在需要時將其保存到資料庫中。你可以在 Kotlin 程式碼中編寫 user.age += 1，資料庫中相應的實體將自動更新。

現在你已經足夠了解了如何實作具有這種 API 的架構。使用欄位物件（Users.name、Users.age）作為委託，將每個實體屬性（name、age）實作為委託屬性：

```
class User(id: EntityID) : Entity(id) {
    var name: String by Users.name
    var age: Int by Users.age
}
```

Users.name 是「name」屬性的委託

我們來看看明確指定的欄位型態：

```
object Users : IdTable() {
    val name: Column<String> = varchar("name", 50).index()
    val age: Column<Int> = integer("age")
}
```

對於 Column 類別，架構定義了 getValue 和 setValue 方法，滿足代表的 Kotlin 慣例：

```
operator fun <T> Column<T>.getValue(o: Entity, desc: KProperty<*>): T {
    // retrieve the value from the database
}
operator fun <T> Column<T>.setValue(o: Entity, desc: KProperty<*>, value: T) {
    // update the value in the database
}
```

你可以使用 Column 屬性（Users.name）作為委託屬性（name）的委託。在程式碼中編寫 user.age += 1 時，程式碼將執行與 user.ageDelegate.setValue(user.ageDelegate.getValue() + 1) 類似的操作（省略屬性和物件實例的參數）。getValue 和 setValue 方法負責檢索和更新資料庫中的資訊。

本例中的類別的完整實作可以在 Exposed 架構的程式碼中找到（https://github.com/JetBrains/Exposed）。我們將在第 11 章回到這個架構，探討在那裡使用的 DSL 設計技術。

7.6 總結

- Kotlin 允許你用相應的名字定義函式，來多載一些標準的數學運算，但是不能定義自己的運算子。
- 比較運算子被映射到 equals 和 compareTo 方法的呼叫。
- 透過定義 get、set 和 contains 函式，你可以支援 [] 和在運算子中使你的類別與 Kotlin 聚集類似。
- 建立範圍並迭代聚集和陣列，也可以透過慣例來執行。

- 解構宣告允許你透過解開一個物件來初始化多個變數，這對於回傳函式中的多個值很方便。它們會自動處理資料類別，並且可以透過定義名為 componentN 的函式來支援自己的類別。
- 委託屬性允許你重複使用邏輯來控制如何儲存、初始化、存取和修改屬性值，這是建構架構的強大工具。
- lazy 標準函式庫函式提供了一個簡單的方法來實作惰性初始化屬性。
- Delegates.observable 函式允許你加入屬性更改的監聽器。
- 委託屬性可以使用任何映射作為屬性委託，為處理具有可變屬性集合的物件提供了一種靈活的方法。

8 高階函式：lambda 作為參數和回傳值

本章涵蓋：

- 函式型態
- 高階函式及其用於構造程式碼
- inline 函式
- 非區域回傳和標籤
- 匿名函式

第 5 章介紹了 lambda 表示式，其中我們探討了使用 lambda 的一般概念和標準函式庫函式。lambda 是建構抽象的一個很好的工具，當然它們的能力不限於標準函式庫中的聚集和其他類別。在本章中，你將學習如何建立**高階函式**（*higher-order function*）——以 lambda 作為引數或回傳它們的函式。將看到高階函式如何幫助簡化程式碼，刪除程式碼重複以及建構漂亮的抽象。還將熟悉 *inline* **函式**——強大的 Kotlin 函式，可消除與使用 lambda 相關的效能成本，並在 lambda 表示式中實作更靈活的控制流。

8.1 宣告高階函式

本章關鍵的新概念是**高階函式**（*higher-order function*）。根據定義，高階函式是將另一個函式作為參數或回傳一個函式的函式。在 Kotlin 中，可以使用 lambda 或函式參考將函式表示為值。因此，高階函式是可以將 lambda 或函式參考作為引數傳遞的任何函式，或者是回傳一個或兩個函式的函式。舉例來說，`filter` 標準函式庫函式將 predicate 函式作為引數，因此是高階函式：

```
list.filter { x > 0 }
```

在第 5 章中，你看到了 Kotlin 標準函式庫中宣告的許多其他高階函式：`map`、`with` 等等。現在，你將了解如何在自己的程式碼中宣告這些函式。要做到這一點，首先必須介紹**函式型態**（*function type*）。

8.1.1 函式型態

為了宣告一個將 lambda 作為引數的函式，你需要知道如何宣告相對應參數的型態。在做這件事之前，讓我們看一個更簡單的案例，並將 lambda 儲存在區域變數中。你已經看到了如何在不宣告型態的情況下做到這一點，依據 Kotlin 的型態推斷：

```
val sum = { x: Int, y: Int -> x + y }
val action = { println(42) }
```

在這種情況下，編譯器推斷 `sum` 和 `action` 變數都具有函式型態。現在看看這些變數的明確型態宣告是什麼樣的：

```
val sum: (Int, Int) -> Int = { x, y -> x + y }     ← 接受兩個 Int 參數並回傳一個 Int 值的函式
val action: () -> Unit = { println(42) }           ← 不帶引數且不回傳值的函式
```

要宣告一個函式型態，可以將函式參數型態放在括號中，後面跟著一個箭頭和函式的回傳型態（請參閱圖 8.1）。

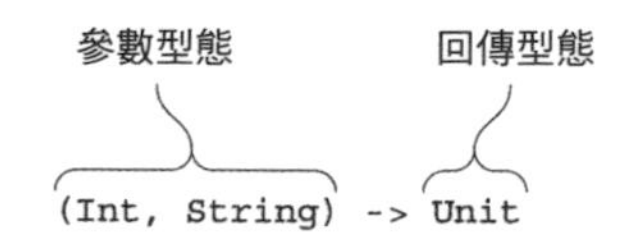

圖 8.1　Kotlin 中的函式型態語法

正如你所記得的那樣，Unit 型態用於指定一個函式沒有回傳任何有意義的值。在宣告一般函式時，可以省略 Unit 回傳型態，但函式型態宣告總是需要回傳型態，所以在此情境不能忽略 Unit。

請注意，如何在 lambda 表示式 { x, y -> x + y } 中省略參數 x、y 的型態。因為它們是在函式型態中指定的，並作為變數宣告的一部分，因此不需要在 lambda 本身中重複它們。

就像其他函式一樣，函式型態的回傳型態可以被標記為可空的：

```
var canReturnNull: (Int, Int) -> Int? = { null }
```

也可以定義一個函式型態的可為空的變數。要指定變數本身（而不是函式的回傳型態）是可以為空的，則需要將整個函式型態的定義括在括號中，並將問號放在括號後面：

```
var funOrNull: ((Int, Int) -> Int)? = null
```

注意這個例子和前一個例子之間的細微差別。如果省略小括號，則將宣告具有可為空的回傳型態的函式型態，而不是函式型態的可為空的變數。

函式型態的參數名稱

可以為函式型態的參數指定名稱：

```
fun performRequest(
       url: String,
       callback: (code: Int, content: String) -> Unit
) {
    /*...*/
}
```

函式型態現在具有命名參數

```
>>> val url = "http://kotl.in"
>>> performRequest(url) { code, content -> /*...*/ }
>>> performRequest(url) { code, page -> /*...*/ }
```

可以使用 API 中提供的名稱作為 lambda 引數名稱…

…或者可以改變它們

參數名稱不影響型態配對。在宣告 lambda 時，不必使用與函式型態宣告中所使用的參數名稱相同。但是這些名稱提高了程式碼的可讀性，而且可使用於 IDE 的程式碼。

8.1.2 呼叫函式作為參數傳遞

現在已經知道如何宣告高階的函式，接著來討論如何實作函式。第一個例子會盡可能簡單，並使用與前面看到 sum lambda 相同的型態宣告。該函式對兩個數字 2 和 3 執行任意運算，並印出結果。

範例程式 8.1 定義簡單的高階函式

```
fun twoAndThree(operation: (Int, Int) -> Int) {      ← 宣告一個函式型態的參數
    val result = operation(2, 3)      ← 呼叫函式型態的參數
    println("The result is $result")
}
>>> twoAndThree { a, b -> a + b }
The result is 5
>>> twoAndThree { a, b -> a * b }
The result is 6
```

呼叫作為引數傳遞的函式的語法與呼叫一般函式的語法相同：將括號放在函式名稱後面，並將參數放在括號內。

舉一個更有趣的例子，讓我們重新實作一個最常用的標準函式庫函式：filter 函式。簡單起見，將在 String 上實作 filter 函式，與作用於任何元素的聚集之泛型版本相類似。其宣告如圖 8.2 所示。

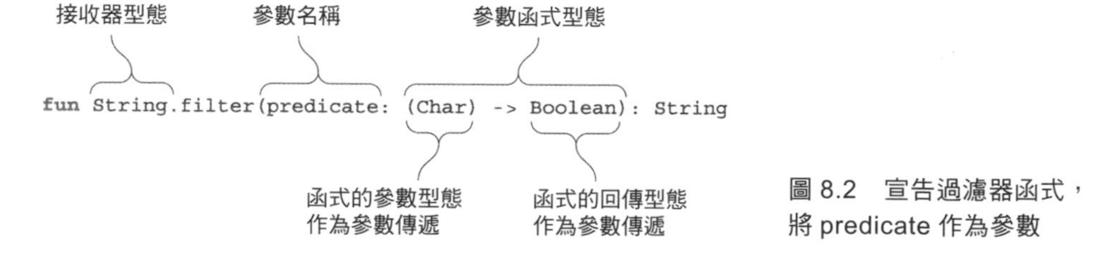

圖 8.2 宣告過濾器函式，將 predicate 作為參數

filter 函式將 predicate 作為參數。predicate 的型態是一個函式，它接受一個字元參數並回傳一個 boolean 值。如果傳遞給 predicate 的字元需要出現在結果字串中，則結果為 true，否則為 false。以下是該函式如何實作。

範例程式 8.2 實作一個簡單版本的過濾函式

```
fun String.filter(predicate: (Char) -> Boolean): String {
    val sb = StringBuilder()
    for (index in 0 until length) {
        val element = get(index)
        if (predicate(element)) sb.append(element)      ← 呼叫作為「predicate」參數引數傳遞的函式
    }
    return sb.toString()
```

```
}

>>> println("ab1c".filter { it in 'a'..'z' })
abc
```

傳遞一個 lambda 作為「predicate」的引數

filter 函式的實作非常簡單。它檢查每個字元是否滿足 predicate，並在成功時將其加到包含結果的 StringBuilder 中。

INTELLIJ IDEA 提示>>> IntelliJ IDEA 支援在除錯器中智慧型步進 lambda 程式碼。如果你逐步了解前面的範例，將看到在執行過程中，它如何在 filter 函式主體和傳遞給它的 lambda 之間移動，就像函式處理輸入列表中的每一個元素。

8.1.3 使用來自 Java 的函式型態

函式型態被宣告為一般介面：函式型態的變數是 FunctionN 介面的實作。Kotlin 標準函式庫定義了一系列介面，對應於不同數量的函式引數：Function0<R>（此函式不接受任何引數）、Function1<P1, R>（此函式接受一個引數），依此類推。每個介面定義一個單獨的 invoke 方法，並呼叫它將執行該函式。函式型態的變數是實作相對應 FunctionN 介面的類別的實例，其中包含 lambda 主體的 invoke 方法。

使用函式型態的 Kotlin 函式可以從 Java 輕鬆呼叫。Java 8 的 lambda 會自動轉換為函式型態的值：

```
/* Kotlin declaration */
fun processTheAnswer(f: (Int) -> Int) {
    println(f(42))
}

/* Java */
>>> processTheAnswer(number -> number + 1);
43
```

在較舊的 Java 版本中，可以從相對應的函式介面傳遞實作 invoke 方法的匿名類別的實例：

```
/* Java */
>>> processTheAnswer(
...     new Function1<Integer, Integer>() {
...         @Override
...         public Integer invoke(Integer number) {
...             System.out.println(number);
...             return number + 1;
```

使用 Java 程式碼中的 Kotlin 函式型態（在 Java 8 之前）

```
...         }
...     });
43
```

在 Java 中，可以輕鬆使用 Kotlin 標準函式庫中的延伸函式，該延伸函式期望 lambda 作為參數。但是請注意，它們看起來並不如 Kotlin 那麼好——必須明確地將接收器物件作為第一個引數傳遞：

```
/* Java */
>>> List<String> strings = new ArrayList();
>>> strings.add("42");
>>> CollectionsKt.forEach(strings, s -> {
...     System.out.println(s);
...     return Unit.INSTANCE;
... });
```

可以使用 Java 程式碼中的 Kotlin 標準函式庫中的函式

必須回傳 Unit 型態的值

在 Java 中，函式或 lambda 可以回傳 `Unit`。但是因為 `Unit` 型態在 Kotlin 中有一個值，所以需要明確地回傳它。你無法將回傳 `void` 的 lambda，作為回傳 `Unit` 的函式型態的引數傳遞，如前面範例中的 `(String)-> Unit`。

8.1.4 帶有函式型態的參數的預設值和空值

當宣告函式型態的參數時，也可以指定它的預設值。要看看這可以用在哪裡，請回到在第 3 章中討論的 `joinToString` 函式，下面是我們的實作。

範例程式 8.3 `joinToString` 與寫死的 `toString` 轉換

```
fun <T> Collection<T>.joinToString(
        separator: String = ", ",
        prefix: String = "",
        postfix: String = ""
): String {
    val result = StringBuilder(prefix)

    for ((index, element) in this.withIndex()) {
        if (index > 0) result.append(separator)
        result.append(element)
    }

    result.append(postfix)
    return result.toString()
}
```

使用預設的 toString 方法將物件轉換為字串

這個實作很靈活，但它不會讓你控制轉換的一個關鍵環節：聚集中的各個值如何轉換為字串。程式碼使用 `StringBuilder.append(o:Any?)`，它總是使用 `toString` 方法將物件轉換為字串。這在很多情況下都很好，但並不會總是如此。現在知道可以傳遞一個 lambda 來指定值如何轉換為字串。但要求所有呼叫者透過該 lambda 會很麻煩，因為大多數呼叫者都可以使用預設行為。為了解決這個問題，可以定義一個函式型態的參數，並為其指定一個預設值作為 lambda。

範例程式 8.4　指定函式型態的參數的預設值

```
fun <T> Collection<T>.joinToString(
        separator: String = ", ",
        prefix: String = "",
        postfix: String = "",
        transform: (T) -> String = { it.toString() }
): String {
    val result = StringBuilder(prefix)

    for ((index, element) in this.withIndex()) {
        if (index > 0) result.append(separator)
        result.append(transform(element))
    }

    result.append(postfix)
    return result.toString()
}

>>> val letters = listOf("Alpha", "Beta")
>>> println(letters.joinToString())
Alpha, Beta
>>> println(letters.joinToString { it.toLowerCase() })
alpha, beta
>>> println(letters.joinToString(separator = "! ", postfix = "! ",
...         transform = { it.toUpperCase() }))
ALPHA! BETA!
```

宣告一個 lambda 作為預設值的函式型態的參數

呼叫傳送引數的函式作為「transform」的參數

使用預設的轉換函式

傳遞一個 lambda 作為引數

使用命名的引數語法來傳遞幾個引數，包括 lambda

請注意，此函式是通用的：它具有型態參數 `T`，表示聚集中元素的型態。`transform` lambda 將收到該型態的引數。

宣告函式型態的預設值不需要特殊的語法，只需將該值作為 `=` 符號後面的 lambda 表示式即可。這些例子顯示了呼叫該函式的不同方法：完全省略 lambda（使用預設的 `toString()` 轉換）、將它傳遞到括號外，並將其作為命名引數傳遞。

另一種方法是宣告可為空的函式型態的參數。請注意，不能直接呼叫在這樣的參數中傳遞的函式：Kotlin 會拒絕編譯這樣的程式碼，因為它在這種情況下檢測到空指標例外的可能性。一種選擇是明確檢查 `null` 值：

```
fun foo(callback: (() -> Unit)?) {
    // ...
    if (callback != null) {
        callback()
    }
}
```

較短的版本利用了這樣一個事實，即函式型態是使用 invoke 方法實作的介面。作為一般方法，可以透過安全呼叫語法 callback?.invoke() 呼叫 invoke。

下面介紹如何使用這種技術來重寫 joinToString 函式。

範例程式 8.5　使用函式型態的可空參數

```
fun <T> Collection<T>.joinToString(
        separator: String = ", ",
        prefix: String = "",
        postfix: String = "",
        transform: ((T) -> String)? = null
): String {
    val result = StringBuilder(prefix)
    for ((index, element) in this.withIndex()) {
        if (index > 0) result.append(separator)
        val str = transform?.invoke(element)
            ?: element.toString()
        result.append(str)
    }

    result.append(postfix)
    return result.toString()
}
```

宣告函式型態的可為空參數

使用安全呼叫語法來呼叫該函式

當未指定回呼時，使用 Elvis 運算子處理

現在知道如何撰寫以函式為引數的函式，讓我們來看看其他型態的高階函式：回傳其他函式的函式。

8.1.5 從函式回傳函式

從另一個函式回傳一個函式的需求，並不像向其他函式傳遞函式那樣頻繁出現，但它仍然很有用。舉例來說，想像一個程式中的一個邏輯區塊，它可以根據程式的狀態或其他條件而變化，例如根據所選的運輸方式計算運輸成本。你可以定義一個函式來選擇適當的邏輯變體，並將其作為另一個函式回傳。以下是程式碼範例。

範例程式 8.6　定義一個回傳另一個函式的函式

```
enum class Delivery { STANDARD, EXPEDITED }

class Order(val itemCount: Int)

fun getShippingCostCalculator(
        delivery: Delivery): (Order) -> Double {      ← 宣告一個回傳函式的函式
    if (delivery == Delivery.EXPEDITED) {
        return { order -> 6 + 2.1 * order.itemCount }   ← 從函式回傳 lambda 表示式
    }

    return { order -> 1.2 * order.itemCount }          ← 從函式回傳 lambda 表示式
}

>>> val calculator =                                   ← 將回傳的函式儲存在變數中
...     getShippingCostCalculator(Delivery.EXPEDITED)
>>> println("Shipping costs ${calculator(Order(3))}")  ← 呼叫回傳的函式
Shipping costs 12.3
```

要宣告一個回傳另一個函式的函式，可以指定一個函式型態作為它的回傳型態。在範例程式 8.6 中，`getShippingCostCalculator` 回傳一個接受 `Order`，並回傳 `Double` 的函式。要回傳一個函式，需要寫一個 `return` 表示式，後面跟著一個 lambda 表示式、一個成員參考，或者函式型態的另一個表示式，比如一個區域變數。

來看另一個從函式回傳函式的例子。假設你正在使用 GUI 聯絡人管理應用程式，並且需要根據 UI 的狀態確定應顯示哪些聯絡人。使用者介面允許你輸入一個字串，然後僅顯示名稱以該字串開頭的聯絡人；它還可讓你隱藏未指定電話號碼的聯絡人。可以使用 `ContactListFilters` 類別來儲存選項的狀態。

```
class ContactListFilters {
    var prefix: String = ""
    var onlyWithPhoneNumber: Boolean = false
}
```

當使用者輸入 `D` 查看名字以 *D* 開頭的聯絡人時，prefix 的值將被更新。我們省略了進行必要更改的程式碼。（完整 UI 應用程式的程式碼太多，所以我們展示一個簡化的例子。）

要將過濾器 UI 中的聯絡人列表顯示邏輯解耦，可以定義一個函式來建立用於過濾聯絡人列表的 predicate。這個 predicate 檢查字首，並在需要時檢查電話號碼是否存在。

範例程式 8.7　使用在 UI 程式碼中回傳函式的函式

```
data class Person(
        val firstName: String,
        val lastName: String,
        val phoneNumber: String?
)

class ContactListFilters {
    var prefix: String = ""
    var onlyWithPhoneNumber: Boolean = false

    fun getPredicate(): (Person) -> Boolean {      ← 宣告回傳函式的函式
        val startsWithPrefix = { p: Person ->
            p.firstName.startsWith(prefix) || p.lastName.startsWith(prefix)
        }
        if (!onlyWithPhoneNumber) {
            return startsWithPrefix                 ← 回傳函式型態的變數
        }
        return { startsWithPrefix(it)
                && it.phoneNumber != null }         ← 從該函式回傳 lambda
    }
}

>>> val contacts = listOf(Person("Dmitry", "Jemerov", "123-4567"),
...                       Person("Svetlana", "Isakova", null))
>>> val contactListFilters = ContactListFilters()
>>> with (contactListFilters) {
>>>    prefix = "Dm"
>>>    onlyWithPhoneNumber = true
>>> }
>>> println(contacts.filter(
...    contactListFilters.getPredicate()))          ← 將 getPredicate 回傳的函式作為引數傳遞給「filter」
[Person(firstName=Dmitry, lastName=Jemerov, phoneNumber=123-4567)]
```

getPredicate 方法回傳一個作為引數傳遞給 filter 函式的函式值。Kotlin 函式型態允許你像使用其他型態的值一樣容易地完成此操作，例如字串。

高階函式提供了一個非常強大的工具，用於改進程式碼結構並消除重複的程式碼。我們來看看 lambda 如何幫助你從程式碼中擷取重複的邏輯。

8.1.6 透過 lambda 刪除重複

函式型態和 lambda 表示式共同構成了建立可重用程式碼的強大工具。現在可以透過使用簡潔的 lambda 表示式，來消除以前只能透過繁瑣的結構才能避免的重複程式碼 。

我們來看一個分析訪問網站的例子。SiteVisit 類別儲存每次訪問的路徑、持續時間和使用者的作業系統。以列舉表示各種作業系統。

範例程式 8.8　定義網站訪問資料

```
data class SiteVisit(
    val path: String,
    val duration: Double,
    val os: OS
)

enum class OS { WINDOWS, LINUX, MAC, IOS, ANDROID }

val log = listOf(
    SiteVisit("/", 34.0, OS.WINDOWS),
    SiteVisit("/", 22.0, OS.MAC),
    SiteVisit("/login", 12.0, OS.WINDOWS),
    SiteVisit("/signup", 8.0, OS.IOS),
    SiteVisit("/", 16.3, OS.ANDROID)
)
```

想像一下，你需要顯示 Windows 系統的平均訪問時間，可以使用 average 函式執行任務。

範例程式 8.9　使用寫死過濾器分析網站訪問資料

```
val averageWindowsDuration = log
    .filter { it.os == OS.WINDOWS }
    .map(SiteVisit::duration)
    .average()

>>> println(averageWindowsDuration)
23.0
```

現在，假設需要為 Mac 使用者計算相同的統計資訊。為避免重複的程式碼，可以將平台作為參數提取。

範例程式 8.10　使用一般函式刪除重複

```
fun List<SiteVisit>.averageDurationFor(os: OS) =
        filter { it.os == os }.map(SiteVisit::duration).average()

>>> println(log.averageDurationFor(OS.WINDOWS))
23.0
>>> println(log.averageDurationFor(OS.MAC))
22.0
```

重複的程式碼被提取到函式中

請注意，使此函式成為延伸可提高可讀性。如果僅在區域環境中有意義，甚至可以將此函式宣告為區域延伸函式。

但還不夠好，假設你對移動裝置的平均訪問時間感興趣（目前你知道其中的兩個：iOS 和 Android）。

範例程式 8.11　使用複雜的寫死過濾器分析現場訪問資料

```
val averageMobileDuration = log
    .filter { it.os in setOf(OS.IOS, OS.ANDROID) }
    .map(SiteVisit::duration)
    .average()

>>> println(averageMobileDuration)
12.15
```

現在代表平台的簡單參數不能完成這項工作。你也可能希望以更複雜的條件查詢日誌，例如「從 iOS 的註冊頁面的平均訪問持續時間是多少？」lambda 可以提供幫助解決這點。可以使用函式型態將所需條件提取到參數中。

範例程式 8.12　使用高階函式刪除重複項

```
fun List<SiteVisit>.averageDurationFor(predicate: (SiteVisit) -> Boolean) =
        filter(predicate).map(SiteVisit::duration).average()

>>> println(log.averageDurationFor {
...     it.os in setOf(OS.ANDROID, OS.IOS) })
12.15
>>> println(log.averageDurationFor {
...     it.os == OS.IOS && it.path == "/signup" })
8.0
```

函式型態可以幫助消除重複程式碼。如果你想複製和貼上一段程式碼，可能可以避免重複。使用 lambda 表示式，不僅可以提取重複的資料，還可以提取行為。

注意 >>> 使用函式型態和 lambda 表示式可以簡化一些眾所周知的設計模式。舉例來說，我們來看到策略模式（Strategy pattern）。如果沒有 lambda 表示式，它需要你為每個可能的策略宣告一個介面，並給出幾個實作。你可以使用通用函式型態來描述策略，並將不同的 lambda 表示式作為不同的策略傳遞。

我們已經討論了如何建立高階函式。接下來，來看看它們的表現。如果開始使用高階函式來處理所有事情，而不是寫出古老的迴圈和條件，那麼程式碼會不會變慢？下一節討論為什麼並非總是如此，以及 `inline` 關鍵字如何提供幫助。

8.2　inline 函式：消除 lambda 的成本

可能已經注意到，將 lambda 作為引數傳遞給 Kotlin 函式的縮寫語法，看起來與一般敘述（如 `if` 和 `for`）的語法類似。當我們討論 `with` 和 `apply` 函式時，在第

5 章中看到了這一點。但是效能呢？我們是否透過定義完全類似於 Java 敘述的函式，得到了令人不愉快的驚喜，而且執行速度更慢呢？

在第 5 章中，我們解釋了 lambda 通常編譯為匿名類別。但是這意味著每次使用 lambda 表示式時，都會建立一個額外的類別；如果 lambda 捕獲了一些變數，那麼每個呼叫都會建立一個新的物件。這會造成執行的成本，導致使用 lambda 的實作效率，低於直接執行相同程式碼的函式。

是否有可能告訴編譯器產生與 Java 敘述一樣高效的程式碼，然後讓你將重複的邏輯提取到函式庫函式中？事實上，Kotlin 編譯器允許你這樣做。如果使用 inline 修飾詞標記的函式，則編譯器將不會在使用此函式時產生函式呼叫，而是會用實作此函式的實際程式碼，來替換對函式的每次呼叫。讓我們來詳細探討一下如何執行，並看看具體的例子。

8.2.1 inline 如何運作

當將一個函式宣告為 inline 函式時，它的主體被 inline 了——換句話說，它被直接替換成函式被呼叫的地方，而不是被正常呼叫。舉一個例子來理解結果程式碼。

範例程式 8.13 中的函式可以用來確保共享資源不會被多個執行緒同時存取。　該函式鎖定一個 Lock 物件，執行給定的程式碼區塊，然後釋放該鎖。

範例程式 8.13　定義 inline 函式

```
inline fun <T> synchronized(lock: Lock, action: () -> T): T {
    lock.lock()
    try {
        return action()
    }
    finally {
        lock.unlock()
    }
}
val l = Lock()
synchronized(l) {
    // ...
}
```

呼叫此函式的語法與使用 Java 中的 synchronized 敘述完全相同。區別在於 Java 同步敘述可以與任何物件一起使用，而此函式需要你傳遞一個 Lock 實例。這裡顯示的定義僅僅是一個例子；Kotlin 標準函式庫定義了一個不同版本的 synchronized，它接受任何物件作為引數。

但使用明確的鎖進行同步，可以提供更可靠和可維護的程式碼。在第 8.2.5 節中，將介紹 Kotlin 標準函式庫中的 withLock 函式，你應該會更喜歡它在鎖之下執行給定的動作。

因為已將 synchronized 函式宣告為 inline 函式，所以每次呼叫它所產生的程式碼與 Java 中的 synchronized 敘述相同。看一下使用 synchronized() 的這個例子：

```
fun foo(l: Lock) {
    println("Before sync")
    synchronized(l) {
        println("Action")
    }
    println("After sync")
}
```

圖 8.3 顯示了將被編譯為相同位元組碼的等效程式碼：

```
fun __foo__(l: Lock) {
    println("Before sync")      ← 呼叫 foo 函式的程式碼
    l.lock()
    try {                       ← synchronized 函式的 inline 程式碼
        println("Action")       ← lambda 主體的 inline 程式碼
    } finally {
        l.unlock()
    }
    println("After sync")
}
```

圖 8.3　foo 函式的編譯版本

請注意，inline 應用於 lambda 表示式以及 synchronized 函式的實作。從 lambda 產生的位元組碼成為呼叫函式定義的一部分，不包含在實作函式介面的匿名類別中。

請注意，也可以呼叫 inline 函式並從變數傳遞函式型態的參數：

```
class LockOwner(val lock: Lock) {
    fun runUnderLock(body: () -> Unit) {
        synchronized(lock, body)    ← 函式型態的變數作為引數傳遞，而不是 lambda
    }
}
```

在這種情況下，lambda 的程式碼在 inline 函式被呼叫的位置上不可用，因此它沒有 inline。只有 synchronized 函式的主體是 inline；lambda 按照慣例呼叫。runUnderLock 函式將被編譯為類似於以下函式的位元組碼：

```
class LockOwner(val lock: Lock) {
    fun  runUnderLock (body: () -> Unit) {      ◄── 這個函式與真正的 runUnderLock
        lock.lock()                                  編譯成的位元組碼相似
        try {
            body()      ◄── 主體的程式碼非 inline，因為
        }                   呼叫時沒有 lambda
        finally {
            lock.unlock()
        }
    }
}
```

如果在不同位置使用不同 lambda 表示式的兩種 inline 函式，則每個呼叫端都將獨立 inline。inline 函式的程式碼將被複製到你使用它的兩個位置，並將不同的 lambda 代入它。

8.2.2 inline 函式的限制

由於執行 inline 的方式，並非每個使用 lambda 的函式都可以 inline。當函式被 inline 時，作為引數傳遞的 lambda 表示式的主體，直接被替換為結果程式碼。這限制了函式體中相對應參數的可能用法。如果呼叫此參數，則可以輕鬆 inline 這類程式碼。但是如果參數儲存在某個地方以供進一步使用，則 lambda 表示式的程式碼不可為 inline，因為必須有包含此程式碼的物件。

通常，如果直接呼叫該參數，或者將參數作為引數傳遞給另一個 inline 函式，則該參數可以 `inline`。否則，編譯器將禁止 inline 的參數，並顯示一條錯誤訊息，指出「Illegal usage of inline-parameter.」。

例如，對序列起作用的各種函式，回傳代表相對應序列操作的類別的實例，並接收 lambda 作為建構式參數。以下是定義 `Sequence.map` 函式的方法：

```
fun <T, R> Sequence<T>.map(transform: (T) -> R): Sequence<R> {
    return TransformingSequence(this, transform)
}
```

`map` 函式不直接呼叫作為 `transform` 參數傳遞的函式。相反地，它將此函式傳遞給將其儲存在屬性中的類別的建構式。為了支援這一點，作為 `transform` 引數傳遞的 lambda 需要被編譯為標準的非 inline 表示，作為實作函式介面的匿名類別。

如果有一個函式需要兩個或更多 lambda 表示式作為引數，可以選擇只 inline 其中的一些。當一個 lambda 需要包含很多程式碼，或者以不允許 inline 的方式使用時，這是有意義的。可以使用 `noinline` 修飾詞標記接受不是 inline 的 lambda 表

示式之參數：

```
inline fun foo(inlined: () -> Unit, noinline notInlined: () -> Unit) {
    // ...
}
```

請注意，編譯器完全支援跨模組的 inline 函式或第三方函式庫中定義的函式。還可以從 Java 呼叫大多數 inline 函式；這樣的呼叫不會被 inline，但會被編譯為一般函式呼叫。

在本書後面的第 9.2.4 節中，將看到另一個使用 noinline 有意義的例子（但是對 Java 互用性有一些限制）。

8.2.3 inline 聚集操作

讓我們考慮 Kotlin 標準函式庫的函式在聚集上的效能。標準函式庫中的大多數聚集函式都將 lambda 表示式作為引數。直接實作這些操作會比使用標準函式庫的函式更有效率嗎？

舉例來說，來比較一下過濾人員列表的方式，下面有兩個範例程式。

範例程式 8.14　使用 lambda 過濾聚集

```
data class Person(val name: String, val age: Int)

val people = listOf(Person("Alice", 29), Person("Bob", 31))

>>> println(people.filter { it.age < 30 })
[Person(name=Alice, age=29)]
```

前面的程式碼可以在不使用 lambda 表示式的情況下重寫，如下所示。

範例程式 8.15　手動過濾聚集

```
>>> val result = mutableListOf<Person>()
>>> for (person in people) {
>>>       if (person.age < 30) result.add(person)
>>> }
>>> println(result)
[Person(name=Alice, age=29)]
```

在 Kotlin 中，filter 函數被宣告為 inline。這意味著過濾器函數的位元組碼，以及傳遞給它的 lambda 的位元組碼，將被 inline 到 filter 被調用的地方。因此，為使用 filter 的第一個版本產生的位元組碼，與為第二個版本產生的位元組碼大致相同。你可以安全地使用聚集上的慣用操作，而 Kotlin 對 inline 函式的支援可確保你無需擔心效能。

現在想像一下，在一個鏈中應用兩個操作，即 filter 和 map。

```
>>> println(people.filter { it.age > 30 }
...                .map(Person::name))
[Bob]
```

這個例子使用 lambda 表示式和成員參考。filter 和 map 都再次被宣告為 inline，所以它們的主體被 inline，並且沒有額外的類別或物件被建立。但是程式碼建立一個中間聚集，來儲存過濾列表的結果。從 filter 函式產生的程式碼將元素加到該聚集，並從 map 產生的程式碼從中讀取。

如果要處理的元素數量很大，並且中間聚集的成本成為問題，則可以使用序列來替代，方法是將 asSequence 呼叫加到鏈中。但正如在上一節看到的，用於處理序列的 lambda 表示式沒有 inline。每個中間序列被表示為在其欄位中儲存 lambda 的物件，並且終端操作使得透過每個中間序列的呼叫鏈被執行。因此，即使對序列的操作是惰性的，也不應該將 asSequence 呼叫插入程式碼中的每個聚集操作鏈中。這只對大型聚集有幫助；透過定期聚集操作，可以很好地處理較小的那些。

8.2.4 決定何時將 inline 函式宣告為函式

既然已經了解了 inline 關鍵字的好處，那麼可能想要開始在整個程式碼函式庫中使用 inline，試圖使其執行速度更快。實際上這不是一個好主意。使用 inline 關鍵字可能只會將 lambda 作為引數的函式提高效能；所有其他情況則需要額外的觀察。

對於一般的函式呼叫，JVM 已經提供了強大的 inline 支援。它會分析程式碼的執行情況，並在每次這樣做時提供最大的好處。這會在位元組碼轉換為機器碼時自動發生。在位元組碼中，每個函式的實作只重複一次，並不需要複製到每個呼叫函式的地方，就像 Kotlin 的 inline 函式一樣。更重要的是，如果直接呼叫函式，堆疊追蹤將會更清晰。

另一方面，使用 lambda 引數的 inline 函式是有益的。首先，透過 inline 避免的成本更加明顯。不僅可以保存呼叫，還可以為每個 lambda 建立額外的類別，為 lambda 實例建立一個物件。其次，JVM 目前還不夠聰明，無法透過呼叫和 lambda 進行 inline。最後，inline 允許你使用不可能使用一般 lambda 表示式的函式，例如非區域回傳，本章稍後將討論這些函式。

但是在決定是否使用 inline 修飾詞時，仍然應該注意程式碼的大小。如果想 inline 的函式很大，則將位元組碼複製到每個呼叫端的成本會很高。在這種情況下，應該試著將與 lambda 引數無關的程式碼，抽取到單獨的非 inline 函式中。可以自己驗證 Kotlin 標準函式庫中的 inline 函式都是很小的。

接下來，讓我們看看高階函式如何幫助改善程式碼。

8.2.5 使用 inline 的 lambda 表示式進行資源管理

lambda 可以移除重複程式碼的一種常見模式是資源管理：在操作之前獲取資源並在之後發布。這裡的**資源**（*Resource*）可能意味著很多不同的東西：檔案、鎖、資料庫執行等等。實作這種模式的標準方法是使用 try / finally 敘述，其中資源在 try 之前取得，並在 finally 中釋放。

在本節前面，看到了一個如何將 try / finally 敘述的邏輯封裝在函式中，並將該資源作為 lambda 傳遞給該函式的範例。該範例顯示了同步函式，它與 Java 中的 synchronized 敘述具有相同的語法：它將鎖物件作為引數。Kotlin 標準函式庫定義了另一個名為 withLock 的函式，它為同一任務提供了一個更習慣的 API：它是 Lock 介面的延伸函式。以下是它的使用方法：

```
val l: Lock = ...
l.withLock {                                          ◄── 執行鎖的給定
    // access the resource protected by this lock          操作
}
```

以下是 Kotlin 函式庫中如何定義 withLock 函式的方法：

```
fun <T> Lock.withLock(action: () -> T): T {      ◄── 鎖的習慣用法是被提取到
    lock()                                            一個單獨的函式中
    try {
        return action()
    } finally {
        unlock()
    }
}
```

檔案是使用此模式的另一種常見型態的資源，Java 7 甚至為這種模式引入了特殊的語法：try-with-resources 敘述。以下範例程式顯示了使用此敘述從檔案讀取第一行的 Java 方法。

範例程式 8.16　在 Java 中使用 try-with-resources

```
/* Java */
static String readFirstLineFromFile(String path) throws IOException {
    try (BufferedReader br =
                  new BufferedReader(new FileReader(path))) {
        return br.readLine();
    }
}
```

Kotlin 沒有相對的語法，因為可以透過帶有函式型態參數（需要 lambda 作為引數）的函式完成相同的任務。該函式被稱為 use，並包含在 Kotlin 標準函式庫中。以下是如何使用此函式來重寫範例程式 8.16。

範例程式 8.17　使用 use 函式進行資源管理

```
fun readFirstLineFromFile(path: String): String {
    BufferedReader(FileReader(path)).use { br ->   ← 建立 BufferedReader、呼叫「use」函式，並傳遞一個 lambda 對檔案執行操作
        return br.readLine()   ← 從函式回傳行
    }
}
```

use 函式是在可關閉資源上呼叫的延伸函式；它收到一個 lambda 作為引數。該函式呼叫 lambda 並確保資源被關閉，無論 lambda 是正常完成還是引發例外。當然，use 函式是 inline 的，所以使用它不會導致任何效能成本。

請注意，在 lambda 主體中，使用非區域 return，從 readFirstLineFromFile 函式回傳一個值。我們來詳述在 lambda 表示式中使用 return 表示式。

8.3　高階函式的控制流程

當開始使用 lambda 來替換迴圈等命令式的程式碼結構時，很快就會遇到 return 表示式的問題。在迴圈中放置 return 敘述是不容易的。但是如果將迴圈轉換為使用 filter 之類的函式呢？在這種情況下 return 如何執行？我們來看一些例子。

8.3.1　在 lambda 中回傳敘述：從封閉函式回傳

我們將比較對聚集進行迭代的兩種不同方式。在下面的範例程式中很明顯，如果該人的姓名是 Alice，則從函式 lookForAlice 回傳。

範例程式 8.18　在一般迴圈中使用回傳

```
data class Person(val name: String, val age: Int)

val people = listOf(Person("Alice", 29), Person("Bob", 31))

fun lookForAlice(people: List<Person>) {
    for (person in people) {
        if (person.name == "Alice") {
            println("Found!")
            return
        }
    }
    println("Alice is not found")
}

>>> lookForAlice(people)
Found!
```

如果在「people」中沒有 Alice，則印出此行

使用 forEach 迭代重寫此程式碼是否安全？ return 敘述是否意味著同樣的事情？是的，使用 forEach 函式是安全的，如下所示。

範例程式 8.19　在傳遞給 `forEach` 的 lambda 中使用 `return`

```
fun lookForAlice(people: List<Person>) {
    people.forEach {
        if (it.name == "Alice") {
            println("Found!")
            return
        }
    }
    println("Alice is not found")
}
```

從範例程式 8.18 中的函式回傳

如果在 lambda 表示式中使用 return 關鍵字，它將**從你呼叫 *lambda* 的函式回傳**，而不僅僅是從 lambda 本身回傳。這樣的回傳敘述被稱為**非區域回傳**（*non-local return*），因為它比從包含 return 敘述的程式碼區塊，還要更大的區塊回傳。

要理解規則背後的邏輯，可以想一下在 for 迴圈中使用 return 關鍵字，或者在 Java 方法中使用 synchronized。很明顯地，它從函式回傳，而不是從迴圈或區塊回傳。當你從語言功能切換到以 lambda 作為引數的函式時，Kotlin 允許你保留相同的行為。

請注意，**只有以 *lambda* 作為引數的是 *inline* 函式時**，才能從外部函式回傳。在範例程式 8.19 中，forEach 函式的主體與 lambda 的主體一起 inline，因此編譯 return 表示式很容易，以便它從封閉函式回傳。在傳遞給非 inline 函式的 lambda 表示式中，使用 return 表示式是不允許的。非 inline 函式可以將傳遞給它的 lambda 保存

到變數中，並在函式已經回傳時執行它，所以當周圍函式回傳時，lambda 影響已經太晚了。

8.3.2 從 lambda 回傳：回傳一個標籤

也可以寫一個 lambda 表示式的**區域**（*local*）回傳。lambda 中的區域回傳類似於 for 迴圈中的 break。它會停止執行 lambda，並繼續執行 lambda 呼叫的程式碼。要區分區域和非區域回傳，請使用**標籤**（*label*）。你可以標記要回傳的 lambda 表示式，接著在 return 關鍵字之後參考此標籤。

範例程式 8.20　使用帶有標籤的區域回傳

```
fun lookForAlice(people: List<Person>) {
    people.forEach label@{
        if (it.name == "Alice") return@label
    }
    println("Alice might be somewhere")
}
```

標記 lambda 表示式

return@label 參考此標籤

始終印出這行

```
>>> lookForAlice(people)
Alice might be somewhere
```

要標記一個 lambda 表示式，請在 lambda 的開始大括號之前放置標籤名稱（可以是任何標識符號），後面加上 @ 字元。要從一個 lambda 回傳，請將 @ 字元加上回傳關鍵字後面的標籤名稱，如圖 8.4 所示。

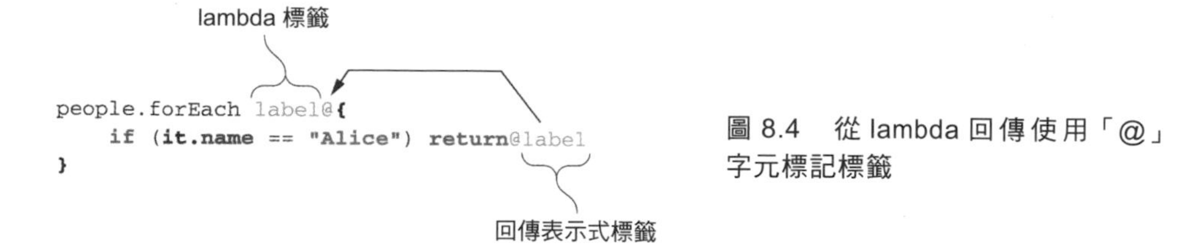
lambda 標籤
people.forEach label@{
if (it.name == "Alice") return@label
}
回傳表示式標籤

圖 8.4　從 lambda 回傳使用「@」字元標記標籤

或者，將此 lambda 作為引數的函式的名稱可以用作標籤。

範例程式 8.21　使用函式名稱作為回傳標籤

```
fun lookForAlice(people: List<Person>) {
    people.forEach {
        if (it.name == "Alice") return@forEach
    }
    println("Alice might be somewhere")
}
```

return@forEach 從 lambda 表示式回傳

請注意，如果明確指定了 lambda 表示式的標籤，則使用函式名稱的標籤不會起作用，且 lambda 表示式不能有多個標籤。

標有「this」的表示式

這些表示式的標籤也適用相同的規則。在第 5 章中，我們討論了使用 receiver——lambda 的 lambda，它包含一個隱含式的上下文物件，可以透過 lambda 中的 `this` 參考存取該物件（第 11 章將解釋如何撰寫自己的函式，該函式需要帶有接收器的 lambda 作為引數）。如果使用接收器指定 lambda 的標籤，則可以使用相對應的標記 `this` 表示式，來存取其隱含式接收器：

```
>>> println(StringBuilder().apply sb@{
...    listOf(1, 2, 3).apply {
...        this@sb.append(this.toString())
...    }
... })
[1, 2, 3]
```

這個 lambda 的隱含式接收器由 this@sb 存取

「this」是指範圍中最接近的隱含式接收器

所有隱含式接收器都可以被存取，外部接收器可以透過明確的標籤存取

與 `return` 表示式的標籤一樣，可以明確地指定 lambda 表示式的標籤，也可以使用函式名稱。

如果 lambda 包含多個回傳表示式，則非區域回傳語法相當冗長，並且變得很麻煩。要解決這件事，可以使用其他語法來傳遞程式碼區塊：**匿名函式**（*anonymous function*）。

8.3.3 匿名函式：預設區域回傳

匿名函式是寫入傳遞給函式的程式碼區塊的一種不同方式。我們從一個例子開始。

範例程式 8.22　在匿名函式中使用 `return`

```
fun lookForAlice(people: List<Person>) {
    people.forEach(fun (person) {
        if (person.name == "Alice") return
        println("${person.name} is not Alice")
    })
}

>>> lookForAlice(people)
Bob is not Alice
```

使用匿名函式而不是 lambda 表示式

「return」是指最接近的函式：匿名函式。

可以看到匿名函式與一般函式很像，只是省略了其名稱和參數型態。下面是另一個例子。

範例程式 8.23　使用帶 filter 的匿名函式

```
people.filter(fun (person): Boolean {
    return person.age < 30
})
```

匿名函式遵循與一般函式相同的規則來指定回傳型態。區塊主體的匿名函式（如範例程式 8.23 中的函式）需要明確地指定回傳型態。如果使用表示式主體，則可以省略回傳型態。

範例程式 8.24　對表示式主體使用匿名函式

```
people.filter(fun (person) = person.age < 30)
```

在匿名函式中，沒有標籤的回傳表示式將從匿名函式回傳，而不是從包含的函式回傳。規則很簡單：`return` **使用** `fun` **關鍵字宣告的最近函式的回傳值**。lambda 表示式不使用 `fun` 關鍵字，因此 lambda 中的 `return` 從外部函式回傳。匿名函式也使用 `fun`；因此在前面的範例中，匿名函式是最接近的對應函式。因此，`return` 表示式從匿名函式回傳，而不是從包含函式回傳。差別如圖 8.5 所示。

```
fun lookForAlice(people: List<Person>) {

    people.forEach(fun(person) {
        if (person.name == "Alice") return

    })
}

fun lookForAlice(people: List<Person>) {
    people.forEach {
        if (it.name == "Alice") return
    }
}
```

圖 8.5　回傳表示式從使用 **fun** 關鍵字宣告的函式回傳

請注意，儘管匿名函式看起來與一般函式宣告類似，但它是 lambda 表示式的另一種語法形式。此處討論了如何實作 lambda 表示式，以及 inline 函式應用於匿名函式如何被內崁。

8.4 總結

- 函式型態允許你宣告一個變數、參數或函式回傳值，該值保存對函式的參考。
- 高階函式將其他函式作為引數或回傳它們。可以使用函式型態作為函式參數、或回傳值的型態來建立此類函式。
- 當編譯一個 inline 函式時，它的位元組碼以及傳遞給它的 lambda 的位元組碼，被直接插入到呼叫函式的程式碼中，這確保了與直接撰寫的類似程式碼相比，沒有成本的負擔。
- 高階函式有助於在單個元件的各個部分內重複使用程式碼，並讓你建構強大的泛型函式庫。
- inline 函式允許你使用**非區域回傳**（*non-local return*）——回傳置放於 lambda 的表示式，而 lambda 是從封閉函式回傳的。
- 匿名函式為具有不同規則的 lambda 表示式，提供了一種替代語法來解析 `return` 表示式。如果需要撰寫具有多個退出點的程式碼區塊，則可以使用它們。

泛型

本章涵蓋：

- 宣告泛型函式和類別
- 型態擦除和具體化型態參數
- 宣告處和使用處的可變性

你已經在本書中看到了一些使用泛型的程式碼範例。在 Kotlin 中，宣告和使用泛型類別和函式的基本概念與 Java 類似，所以前面的例子應該清楚，沒有詳細的解釋。在本章中，我們將回頭並更詳細地來看一些範例。

接著，我們將深入探討泛型的主題，並探索 Kotlin 中引入的新概念，例如具體化型態參數和宣告位置的差異。這些概念對你來說可能是新的，但不要擔心；本章會完整介紹它們。

具體化型態參數（*reified type parameter*），讓你可以在執行時參考在 inline 函式呼叫中用作型態參數的特定型態。（對於普通的類別或函式是不可能的，因為型態參數在執行時被擦除。）

宣告處可變性（*declaration-site variance*）可讓你指定具有型態參數的泛型型態，是具有相同基本型態和不同型態參數的另一泛型型態的子型態或父型態。舉例來說，它能調節是否可以將 List<Int> 型態的引數傳遞給期望 List<Any> 的函式。**使用處可變性**（*use-site variance*）為特定型態的泛型型態實作相同的目標，因此完成與 Java 萬用字元相同的任務。

9.1 泛型參數

泛型允許你定義具有**型態參數**（*type parameter*）的型態。當建立這樣型態的實例時，型態參數被替換為特定的型態稱為**型態引數**（*type argument*）。舉例來說，如果有一個 List 型態的變數，那麼知道該列表中儲存了什麼型態的資料會很有用。型態參數可以讓你精確地指定——不是「這個變數保存了一個列表」，你可以這樣說：「這個變數保存了一個字串列表」。Kotlin 用於表示「字串列表」的語法看起來與 Java 中的相同 ：List<String>。還可以為一個類別宣告多個型態參數。例如，Map 類別具有鍵型態和值型態的型態參數：class Map <K, V>。我們可以用特定的引數來實例化它：Map <String, Person>。到目前為止看起來都和 Java 一樣。

就像一般的型態一樣，Kotlin 編譯器通常可以推斷出型態引數：

```
val authors = listOf("Dmitry", "Svetlana")
```

因為傳遞給 listOf 函式的兩個值都是字串，所以編譯器推斷你正在建立 List <String>。另一方面，如果需要建立一個空列表，沒有什麼可以推斷出型態引數，所以你需要明確地指定它。在建立列表的情況下，可以選擇將型態指定為變數宣告的一部分，並為建立列表的函式指定型態引數。以下範例顯示了這是如何完成的：

```
val readers: MutableList<String> = mutableListOf()

val readers = mutableListOf<String>()
```

這些宣告是相等的。請注意，聚集建立函式在第 6.3 節中介紹過。

注意》》》 與 Java 不同，Kotlin 總是要求型態引數由編譯器明確指定或推斷。由於泛型僅在 Java 版本 1.5 中才加入，因此它必須保持與為舊版本撰寫程式碼的相容性，因此它允許你使用不帶型態引數的泛型型態——也就是**原始型態**（*raw type*）。例如，在 Java 中可以宣告 List 型態的變數，而不指定它包含的型態。由於 Kotlin 從一開始就具有泛型，因此它不支援原始型態，並且必須始終定義型態引數。

9.1.1 泛型函式和屬性

如果要撰寫可以與列表一起執行的函式，並且希望它可以處理任何列表（泛型列表），而不是特定型態的元素列表，那麼需要撰寫一個**泛型函式**（*generic function*）。泛型函式具有自己的型態參數。這些型態參數必須以每個函式呼叫的特定型態引數來替換。

大多數使用聚集的函式庫函式都是泛型的。例如，看一下 slice 函式宣告，如圖 9.1 所示。該函式回傳一個只包含指定範圍內索引元素的列表。

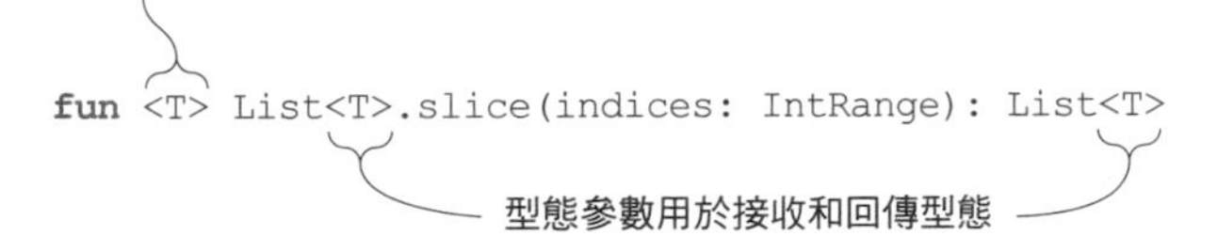
型態參數宣告
fun <T> List<T>.slice(indices: IntRange): List<T>
型態參數用於接收和回傳型態

圖 9.1　泛型函式 slice 具有型態參數 T

函式的型態參數 T 用於接收器型態和回傳型態中；它們都是 List<T>。當你在特定列表中呼叫此類別函式時，可以明確指定型態引數。但幾乎在所有情況下都不需要，因為編譯器會推斷它，如下所示。

範例程式 9.1　呼叫泛型函式

```
>>> val letters = ('a'..'z').toList()
>>> println(letters.slice<Char>(0..2))
[a, b, c]
>>> println(letters.slice(10..13))
[k, l, m, n]
```

明確指定型態參數

編譯器在這裡推斷 T 是 Char

這兩個呼叫的結果型態是 List<Char>。編譯器在函式回傳型態 List<T> 中將推斷的型態 Char 替換為 T。

在第 8.1 節中，你看到了 filter 函式的宣告，該函式使用函式型態 (T) -> Boolean 的參數。來看看如何將它應用於前面例子中的 readers 和 authors 變數。

範例程式 9.2　呼叫泛型的高階函式

```
val authors = listOf("Dmitry", "Svetlana")
val readers = mutableListOf<String>(/* ... */)

fun <T> List<T>.filter(predicate: (T) -> Boolean): List<T>

>>> readers.filter { it !in authors }
```

在這種情況下，自動產生的 lambda 參數 `it` 的型態是 `String`。編譯器必須推斷：畢竟在函式宣告中，lambda 參數具有泛型型態 `T`（它是 `(T) -> Boolean` 中函式參數的型態）。編譯器明白 `T` 是 `String`，因為它知道該函式應該在 `List<T>` 上被呼叫，且它的接收者 `readers` 的實際型態是 `List<String>`。

你可以在類別或介面、頂層函式和延伸函式的方法上宣告型態參數。在最後一種情況下，型態參數可以用在接收器和參數的型態中，如範例程式 9.1 和 9.2 所示：型態參數 `T` 是接收器型態 `List<T>` 的一部分，它用於參數函式型態 `(T) -> Boolean`。

也可以使用相同的語法宣告泛型繼承屬性。舉例來說，下面是一個繼承屬性，它回傳列表中倒數第二個元素：

```
val <T> List<T>.penultimate: T          ← 這個泛型的繼承屬性可以在
    get() = this[size - 2]                 任何型態的列表上呼叫

>>> println(listOf(1, 2, 3, 4).penultimate)    ← 在此呼叫中，型態參數 T
3                                                 被推斷為 Int
```

> **不能宣告泛型的非繼承屬性**
>
> 一般（非繼承）屬性不能有型態參數。不可能在類別的屬性中儲存多個不同型態的值，因此宣告泛型的非繼承屬性是沒有意義的。如果試著這樣做，編譯器會回報錯誤：
>
> ```
> >>> val <T> x: T = TODO()
> ERROR: type parameter of a property must be used in its receiver type
> ```

現在回顧一下如何宣告泛型類別。

9.1.2 宣告泛型類別

就像在 Java 中一樣，透過在尖括號中的類別名稱和型態參數後面加尖括號來宣告 Kotlin 泛型類別或介面。一旦這樣做了，就可以像任何其他型態一樣，在類別的主體中使用型態參數。來看看如何在 Kotlin 中宣告標準的 Java 介面 `List`。為了簡化它，我們已經省略了大部分方法：

```
                                  List 介面定義了一個
interface List<T> {          ←    型態參數 T
    operator fun get(index: Int): T      ← T 可以在介面或類別中
    // ...                                  用作一般型態
}
```

在本章後面的部分，當我們談到可變性的話題時，會改進這個例子，並看到如何在 Kotlin 標準函式庫中宣告 `List`。

如果你的類別繼承了泛型類別（或實作了泛型介面），則必須為基本型態的泛型參數提供型態引數。它可以是特定型態或其他型態參數：

```
class StringList: List<String> {
    override fun get(index: Int): String = ... }

class ArrayList<T> : List<T> {
    override fun get(index: Int): T = ...
}
```

請注意如何使用 String 而不是 T

這個類別實作 List，提供一個特定的型態引數：String

現在，ArrayList 的泛型型態參數 T 是 List 的型態引數

`StringList` 類別被宣告為只包含 `String` 元素，所以它使用 `String` 作為基本型態的型態引數。子類別中的任何函式都用這個適當的型態代替 `T`，所以你有一個簽章 `fun get(Int): String` 中的 `StringList`，而不是 `fun get(Int): T`。

`ArrayList` 類別定義了自己的型態參數 `T`，並將其指定為父類別的型態引數。請注意，`ArrayList<T>` 中的 `T` 與 `List<T>` 中的 `T` **不同**——它是一個新的型態參數，它不需要具有相同的名稱。

類別甚至可以將自己稱為型態引數。實作 `Comparable` 介面的類別是這種樣式的經典例子。任何可比較的元素都必須定義如何將其與相同型態的物件進行比較：

```
interface Comparable<T> {
    fun compareTo(other: T): Int
}

class String : Comparable<String> {
    override fun compareTo(other: String): Int = /* ... */
}
```

`String` 類別實作泛型的 `Comparable` 介面，為型態參數 `T` 提供 `String` 型態。

到目前為止，泛型與 Java 中的類似。我們將在本章後面的第 9.2 和 9.3 節中討論這些差異。現在讓我們來討論另一個類似 Java 的概念：它允許你撰寫用於處理類似項目的有用函式。

9.1.3 型態參數限制

型態參數限制（*Type parameter constraint*）使你可以限制可用作類別或函式的型態參數的型態。舉例來說，想像一個計算列表中元素總和的函式。它可以在 `List<Int>` 或 `List<Double>` 上使用，但不能用於 `List<String>`。為了表達這一

點，你可以定義一個型態參數限制，它指定 sum 的型態參數必須是一個數字。

當你將型態指定為泛型型態的型態參數的上限限制時，泛型型態的特定實例中的對應型態參數必須是指定型態或其子型態。（現在可以將**子型態**視為**子類別**的同義詞，第 9.3.2 節會說明其差異。）

要指定限制，需要在型態參數名稱後面加上冒號，後面加上型態，即型態參數的上限；請參閱圖 9.2。在 Java 中，使用關鍵字 extends 來表達相同的概念：`<T extends Number> T sum(List<T> list)`。

圖 9.2　透過在型態參數之後指定上限來定義限制

允許此函式呼叫，因為實際型態參數（下例中的 Int）繼承了 Number：

```
>>> println(listOf(1, 2, 3).sum())
6
```

一旦為型態參數 T 指定了邊界，就可以使用型態 T 的值作為其上限的值。例如，你可以呼叫作為邊界的類別中定義的方法：

```
fun <T : Number> oneHalf(value: T): Double {    ← 指定 Number 作為型態參數上限
    return value.toDouble() / 2.0              ← 呼叫 Number 類別中定義的方法
}

>>> println(oneHalf(3))
1.5
```

現在撰寫一個泛型函式來尋找兩個項目的最大值。因為只能找到可以相互比較的項目的最大值，所以你需要在函式的簽章中指定該項目。以下是該如何做到這一點的程式碼。

範例程式 9.3　宣告有型態參數限制的函式

```
fun <T: Comparable<T>> max(first: T, second: T): T {    ← 這個函式的參數必須是可比較的元素
    return if (first > second) first else second
}

>>> println(max("kotlin", "java"))    ← 字串按字母順序進行比較
kotlin
```

當試著對不可比較的項目呼叫 max 時，程式碼將無法編譯：

```
>>> println(max("kotlin", 42))
ERROR: Type parameter bound for T is not satisfied:
 inferred type Any is not a subtype of Comparable<Any>
```

T 的上界是一個泛型型態 Comparable<T>。正如之前看到的，String 類別繼承了 Comparable<String>，使得 String 成為 max 函式的有效型態參數。

請記住，根據 Kotlin 運算子慣例，簡寫形式 first > second 被編譯為 first.compareTo(second) > 0。這種比較是可能的，因為 first 的型態是 T，從 Comparable<T> 繼承，因此可以將 first 與另一個 T 型態的元素進行比較。

在極少數情況下，當需要為型態參數指定多個限制時，可以使用稍微不同的語法。舉例來說，下面的範例程式是有一泛型方法，它確保在 CharSequence 最後有一句點。它適用於標準的 StringBuilder 類別和 java.nio.CharBuffer 類別。

範例程式 9.4　為型態參數指定多個限制

```
fun <T> ensureTrailingPeriod(seq: T)
        where T : CharSequence, T : Appendable {    // 型態參數限制列表
    if (!seq.endsWith('.')) {                        // 為 CharSequence 介面定義的延伸函式
        seq.append('.')                              // 從 Appendable 介面呼叫該方法
    }
}

>>> val helloWorld = StringBuilder("Hello World")
>>> ensureTrailingPeriod(helloWorld)
>>> println(helloWorld)
Hello World.
```

在這種情況下，指定用作型態引數的型態，必須同時實作 CharSequence 和 Appendable 介面。這意味著存取資料的操作（endsWith）以及修改它的操作（append）都可以與該型態的值一起使用。

接下來，我們將討論另一種型態參數限制常見的情況：當想宣告一個非 null 型態的參數時。

9.1.4　使型態參數非空

如果你宣告了泛型類別或函式，則可以用任何型態引數（包括可為空的型態參數）替代其型態參數。實際上，沒有指定上限的型態參數將具有 Any? 的上限。請看下面的例子：

```
class Processor<T> {
    fun process(value: T) {
        value?.hashCode()
    }
}
```

「value」是可以為空的，所以必須使用安全呼叫

在 process 函式中，即使 T 未標記問號，參數 value 也可為空。這是因為 Processor 類別的特定實例可以為 T 使用可為空的型態：

```
val nullableStringProcessor = Processor<String?>()
nullableStringProcessor.process(null)
```

String? 用 T 代替，它是一個可為空的型態

這段程式碼編譯得很好，將「null」作為「value」引數

如果你想保證一個非 null 型態將總是替代一個型態參數，可以透過指定一個限制來實作這一點。如果除了可空性之外沒有其他限制條件，則可以使用 Any 作為上限，替換預設的 Any?：

```
class Processor<T : Any> {
    fun process(value: T) {
        value.hashCode()
    }
}
```

指定非「null」上限

型態 T 的「value」現在不是「null」

<T : Any> 限制確保 T 型態始終為非空的型態。程式碼 Processor<String?> 不會被編譯器接受，因為型態參數 String? 不是 Any 的子型態（它是 Any? 的子型態，它是一個不太具體的型態）：

```
>>> val nullableStringProcessor = Processor<String?>()
Error: Type argument is not within its bounds: should be subtype of 'Any'
```

請注意，你可以透過將任何非空的型態指定為上限，來建立非空型態參數，而不僅僅是 Any 型態。

到目前為止，我們已經介紹了泛型的基礎知識——與 Java 最相似的主題。現在我們來討論另一個可能比較熟悉的概念，如果你是 Java 開發人員：泛型在執行時會有什麼行為。

9.2 執行時的泛型：刪除和指定的型態參數

正如你可能知道的那樣，JVM 上的泛型通常透過**型態擦除**（*type erasure*）來實作，這意味著泛型類別實例的型態參數，在執行時不會被保留。在本節將討論型態擦除對 Kotlin 的實際影響，以及如何透過將函式宣告為 inline 來解決其限制。你可

以宣告一個 inline 函式，這樣它的型態參數就不會被擦除（或者用 Kotlin 術語來說，就是具體化）。我們將詳細討論具體化型態參數，並在有用時看一些範例。

9.2.1 執行時的泛型：型態檢查和強制轉型

就像在 Java 中一樣，Kotlin 的泛型在執行時被擦除。這意味著泛型類別的實例，不會攜帶有關用於建立該實例的型態引數的資訊。舉例來說，如果建立一個 List<String>，並將一串字串放入其中，則在執行時只能看到它是一個 List，不可能確定列表打算包含哪些型態的元素。（當然，你可以得到一個元素並檢查它的型態，但是這不會給你任何保證，因為其他元素可能有不同的型態。）

看一下執行程式碼時這兩個列表會發生什麼事（如圖 9.3 所示）：

```
val list1: List<String> = listOf("a", "b")
val list2: List<Int> = listOf(1, 2, 3)
```

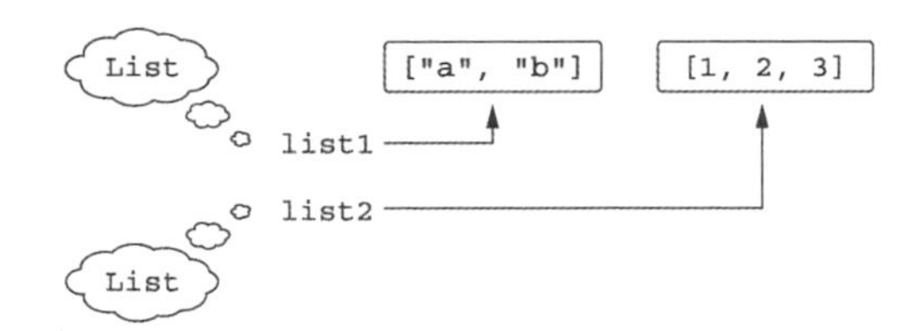

圖 9.3 在執行時，你不知道 **list1** 和 **list2** 是否被宣告為字串或整數列表。它們都只是 **List**

儘管編譯器在列表中看到兩種不同的型態，但在執行時它們看起來完全一樣。儘管如此，通常可以確定 List<String> 僅包含字串，並且 List<Int> 僅包含整數，因為編譯器知道型態引數，確保只有正確型態的元素儲存在每個列表中。（你可以透過型態轉換、或透過使用 Java 原始型態存取列表，來欺騙編譯器，但是你需要做出特別的努力來實作這一點。）

接下來我們來討論擦除型態資訊時的限制。由於型態引數未被儲存，因此你無法檢查它們，舉例來說，無法檢查列表是否是字串列表而不是其他物件。一般規則中，在 is 檢查中不能使用帶有型態引數的型態。以下程式碼不會被編譯：

```
>>> if (value is List<String>) { ... }
ERROR: Cannot check for instance of erased type
```

儘管在執行時很容易發現這個值是一個 List，但無法判斷它是字串、人物還是其他的列表：這些資訊已被擦除。請注意，擦除泛型型態資訊有其好處：應用程式使用的記憶體總量較小，因為只有少數型態資訊需要保存在記憶體中。

正如我們前面所述，Kotlin 不會讓你使用泛型型態而不指定型態引數。因此，你可能想知道如何檢查該值是一個列表，而不是一個集合或另一個物件。你可以透過使用特殊的**星型投影**（*star projection*）語法來實作這一點：

```
if (value is List<*>) { ... }
```

實際上，你需要為型態所具有的每個型態參數包含 `*`。本章稍後將詳細討論星型投影（包括為什麼稱為**投影**）；現在可以把它看作一個具有未知參數的型態（或者 Java 的 `List<?>` 類似物）。在前面的例子中，檢查了 `value` 是否是 `List`，且沒有得到關於它的元素型態的任何資訊。

請注意，你仍然可以使用正常的泛型型態 `as` 和 `as?`。但是如果類別具有正確的基本型態和錯誤的型態引數，則轉型不會失敗，因為在執行轉型時不知道型態引數。因為這個原因，編譯器會在這樣的轉型上發出「unchecked cast」警告。這只是一個警告，因此你可以稍後使用該值作為必要型態，如下所示。

範例程式 9.5　使用泛型的型態轉換

```
fun printSum(c: Collection<*>) {
    val intList = c as? List<Int>
            ?: throw IllegalArgumentException("List is expected")
    println(intList.sum())
}

>>> printSum(listOf(1, 2, 3))
6
```

在這裡警告。未檢查的強制轉型：List<*> to List<Int>

一切按預期地執行

編譯成功了：編譯器只有發出警告，這意味著這段程式碼是合法的。如果在整數或聚集列表中呼叫 `printSum` 函式，它將按預期地執行：它在第一種情況下輸出總和，並在第二種情況下拋出 `IllegalArgumentException`。但是，如果你傳入錯誤型態的值，則會在執行時收到 `ClassCastException`：

```
>>> printSum(setOf(1, 2, 3))
IllegalArgumentException: List is expected
>>> printSum(listOf("a", "b", "c"))
ClassCastException: String cannot be cast to Number
```

集合不是一個列表，所以拋出例外

轉型成功了，稍後會拋出另一個例外

來討論一下，如果在字串列表中呼叫 `printSum` 函式時拋出的例外。你不會收到 `IllegalArgumentException`，因為無法檢查參數是否為 `List<Int>`。因此轉型成功了，無論如何這個列表上呼叫了函式 `sum`。在執行期間，拋出例外。發生這種情況的原因是，該函式試圖從列表中取得 `Number` 值，並將它們加在一起。試著將 `String` 用作數字會導致執行時發生 `ClassCastException`。

請注意，Kotlin 編譯器夠聰明，允許 is 在編譯時檢查對應的型態資訊是否已知。

範例程式 9.6　使用具有已知型態參數的型態檢查

```
fun printSum(c: Collection<Int>) {
    if (c is List<Int>) {          ← 這個檢查是合法的
        println(c.sum())
    }
}

>>> printSum(listOf(1, 2, 3))
6
```

在範例程式 9.6 中，檢查 c 是否具有 List<Int> 型態是可能的，因為你在編譯時知道此聚集（不管它是列表還是另一種聚集）包含整數。

一般來說，Kotlin 編譯器負責讓你知道哪些檢查是危險的（禁止檢查和發布警告）、哪些檢查是可能的。你只需知道這些警告的含意，並了解哪些操作是安全的。

正如我們已經提到的，Kotlin 確實有一個特殊的構造，它允許你在函式主體中使用特定的型態引數，但這只適用於 inline 函式，來看看這個函式。

9.2.2　宣告有具體化型態參數的函式

正如我們前面所討論的，Kotlin 泛型在執行時被刪除，這意味著如果有一個泛型類別的實例，則無法找到實例建立時使用的型態引數。這同樣適用於函式的型態引數。當呼叫泛型函式時，在它的主體中，無法確定它被呼叫的型態引數：

```
>>> fun <T> isA(value: Any) = value is T
Error: Cannot check for instance of erased type: T
```

在一般情況是這樣，但有一種情況下可以避免這種限制：inline 函式。inline 函式的型態參數可以被具體化，這意味著你可以在執行時參考實際的型態引數。

我們在第 8.2 節中詳細討論了 inline 函式。提醒一下，如果使用 inline 關鍵字標記函式，編譯器將用該函式的實際程式碼，來替換函式的每個呼叫。如果此函式使用 lambdas 作為參數，則 inline 函式可以提高效能：lambda 程式碼也可使用 inline，因此不會建立匿名類別。本節展示了另一種 inline 函式有用的情況：它們的型態參數可以被具體化。

如果將前面的 isA 函式宣告為 inline，並將型態參數標記為 reified，則可以檢查 value，看看它是否是 T 的實例。

範例程式 9.7　宣告有具體化的型態參數函式

```
inline fun <reified T> isA(value: Any) = value is T      ← 現在這個程式碼
                                                            能夠被編譯
>>> println(isA<String>("abc"))
true
>>> println(isA<String>(123))
false
```

來看看一些使用實體型態參數的例子。其中一個最簡單的例子就是 filterIsInstance 標準函式庫函式。該函式接受一個聚集，選擇指定類別的實例，並僅回傳那些實例。以下是如何使用它。

範例程式 9.8　使用 filterIsInstance 標準函式庫函式

```
>>> val items = listOf("one", 2, "three")
>>> println(items.filterIsInstance<String>())
[one, three]
```

你說你只對字串感興趣，透過指定 <String> 作為函式的型態引數。因此函式的回傳型態將是 List<String>。在這種情況下，**型態引數在執行時是已知的**，filterIsInstance 使用它來檢查列表中的哪些值，是指定為型態引數的類別的實例。

以下是 Kotlin 標準函式庫中的 filterIsInstance 宣告的簡化版本。

範例程式 9.9　filterIsInstance 的簡化實作

```
inline fun <reified T>                              ← 「reified」宣告此型態參數在
        Iterable<*>.filterIsInstance(): List<T> {      執行時不會被擦除
    val destination = mutableListOf<T>()
    for (element in this) {
        if (element is T) {                         ← 可以檢查元素是否指定為型態
            destination.add(element)                   引數的類別之實例
        }
    }
    return destination
}
```

為什麼只有 inline 函式的 reification 才起作用

為什麼能起作用？為什麼允許你在 `inline` 函式中寫 `element is T`，但在普通的類別或函式中不行？

正如在第 8.2 節中討論的，編譯器將 inline 函式的位元組碼插入呼叫的每個地方。每次用一個具體化的型態參數呼叫該函式時，編譯器都會知道該特定呼叫中用作型態參數的確切型態。因此，編譯器可以產生參考特定類別用作型態參數的位元組碼。實際上，對於範例程式 9.8 中顯示的 `filterIsInstance<String>` 呼叫，產生的程式碼將等同於以下內容：

```
for (element in this) {
    if (element is String) {     <-- 參考特定的類別
        destination.add(element)
    }
}
```

由於產生的位元組碼參考了特定的類別，而不是型態參數，因此它不受在執行時發生的型態參數刪除的影響。

請注意，不能從 Java 程式碼呼叫具有 `reified` 型態參數的 `inline` 函式。Java 可以像一般函式一樣存取正常的 inline 函式——它們可以被呼叫但不被 inline。具有指定型態參數的函式需要額外的處理，來將型態引數值替換為位元組碼，因此它們必須始終是 inline。這使得無法像 Java 程式碼那樣以一般方式呼叫它們。

inline 函式可以具有多個具體化型態參數，除了具體化型態參數外，還可以包含非具體化型態參數。請注意，`filterIsInstance` 函式被標記為 `inline`，即使它不指望任何 lambda 表示式作為引數。在第 8.2.4 節中，我們討論了當函式具有函式型態的參數，且相對應的引數 lambdas 與函式一起 inline 時，將函式標記為 inline 函式只具有效能優勢。但在這種情況下，由於效能方面的原因，並未將該函式標記為 `inline` 函式；相反地，這樣做是為了使用具體化型態參數。

為了確保良好的效能，你仍需要跟蹤標記為 `inline` 函式的大小。如果函式變大，最好將不相依於指定型態參數的程式碼，提取到單獨的非 `inline` 函式中。

9.2.3 用具體化型態參數替換類別參考

泛型型態參數的一個常見範例是，為採用 `java.lang.Class` 型態的參數的 API 構建轉接器。這種 API 的一個例子是來自 JDK 的 `ServiceLoader`，它接受表示介面或抽象類別的 `java.lang.Class`，並回傳實作該介面的服務類別的實例。來看看如何利用 reified 型態參數，使這些 API 更簡單地呼叫。

要使用 ServiceLoader 的標準 Java API 載入服務，請利用以下呼叫：

```
val serviceImpl = ServiceLoader.load(Service::class.java)
```

::class.java 語法顯示如何獲得對應於 Kotlin 類別的 java.lang.Class。這與 Java 中的 Service.class 完全相同。我們將在第 10.2 節中更詳細地討論這個問題。

現在讓我們用一個帶有具體化型態參數的函式重寫這個例子：

```
val serviceImpl = loadService<Service>()
```

更短了，不是嗎？現在要載入的服務類別，被指定為 loadService 函式的型態引數。將類別指定為型態參數比較容易閱讀，因為它比你需要使用的 ::class.java 語法短。

接下來，看看如何定義這個 loadService 函式：

```
inline fun <reified T> loadService() {
    return ServiceLoader.load(T::class.java)
}
```

型態參數被標記為「reified」

以 T ::class 的形式存取型態參數的類別

可以在一般類別上使用的指定型態參數上使用相同的 ::class.java 語法。使用這種語法可以為你提供與指定為型態參數的類別對應的 java.lang.Class，然後你可以正常使用它。

簡化 Android 上的 startActivity 函式

如果你是 Android 開發人員，可能會發現另一個更熟悉的範例：顯示活動。不要將活動的類別作為 java.lang.Class 傳遞，也可以使用一個具體化的型態參數：

```
inline fun <reified T : Activity>
        Context.startActivity() {
    val intent = Intent(this, T::class.java)
    startActivity(intent)
}

startActivity<DetailActivity>()
```

型態參數被標記為「reified」

以 T::class 的形式存取型態參數的類別

呼叫該方法來顯示活動

9.2.4 對泛型型態參數的限制

儘管泛型型態參數是一個方便的工具，但它們有一定的限制。有些是固有的概念，而另一些則由當下的實作來決定，並可能在未來版本的 Kotlin 中釋出。

更明確地說，下面是如何使用一個泛型型態參數：

- 在型態檢查和強制轉型中（`is`、`!is`、`as`、`as?`）
- 使用 Kotlin 反射 API，將在第 10 章討論（`::class`）
- 要獲得相對應的 `java.lang.Class`（`::class.java`）
- 作為呼叫其他函式的型態引數

不能執行以下操作：

- 建立指定為型態參數的類別的新實例
- 呼叫型態參數類別的伴生物件上的方法
- 使用具體化型態參數呼叫函式時，使用非具體化型態參數作為型態引數
- 將類別、屬性或非 inline 函式的型態參數標記為 `reified`

最後一個限制會產生一個有趣的結果：因為具體化型態參數只能用於 inline 函式，所以使用具體化型態參數意味著，該函式以及傳遞給它的所有 lambda 表示式都被 inline。因為 inline 函式使用它們，所以 lambda 不可以被 inline，或者出於效能原因不希望將它們加以 inline，則可以使用第 8.2.2 節中介紹的 `noinline` 修飾詞，將它們標記為不是 inline 的（non-inlineable）。

現在我們已經討論了泛型如何作為一種語言功能，讓我們更詳細地看一下，每個 Kotlin 程式中出現最常見的泛型型態：聚集及其子類別。我們將用它們作為探索子型態和可變性概念的起點。

9.3 差異：泛型和子型態

可變性（*variance*）概念描述了具有相同基本型態和不同型態參數的型態如何相互關聯：例如 `List<String>` 和 `List<Any>`。首先，將討論為什麼這個關係很重要，接著將看看它在 Kotlin 中的表達方式。當你撰寫自己的泛型類別或函式時，理解可

變性非常重要：它可以幫助你建立不會以不方便的方式限制使用者的 API，且不會違反安全型態性的期望。

9.3.1 為什麼存在差異：將一個參數傳遞給一個函式

想像一下，有一個將 List<Any> 作為參數的函式。將 List<String> 型態的變數傳遞給此函式是否安全？將字串傳遞給期望 Any 的函式是絕對安全的，因為 String 類別繼承了 Any。但是，當 Any 和 String 成為 List 介面的型態引數時，它就不再那麼清楚了。

舉例來說，看一下印出列表內容的函式。

```
fun printContents(list: List<Any>) {
    println(list.joinToString())
}

>>> printContents(listOf("abc", "bac"))
abc, bac
```

看起來字串列表在這裡正常能執行。該函式將每個元素都視為 Any，並且因為每個字串都是 Any，所以它是完全安全的。

現在看看另一個函式，它修改列表（因此將 MutableList 作為參數）：

```
fun addAnswer(list: MutableList<Any>) {
    list.add(42)
}
```

如果將字串列表傳遞給此函式，會發生什麼不好的情況？

```
>>> val strings = mutableListOf("abc", "bac")
>>> addAnswer(strings)
>>> println(strings.maxBy { it.length })
ClassCastException: Integer cannot be cast to String
```

如果編譯這行 ...

... 會在執行時得到一個例外

你宣告了一個型態為 MutableList<String> 的變數 strings。接著試著把它傳遞給函式。如果編譯器接受它，你可以將一個整數加到字串列表中，當試圖以列表形式存取列表內容時，將會導致執行時例外。因此這個呼叫不會被編譯。這個例子說明，當期望 MutableList<Any> 時，傳遞 MutableList<String> 作為參數是不安全的；Kotlin 編譯器明確地禁止了這一點。

現在可以回答將某個字串列表，傳遞給期望列出任何物件的函式是否安全的問題。如果函式新增或替換列表中的元素，這是不安全的，因為它會造成型態不一致的可能性。反之是安全的（將在本節後面更詳細地討論為什麼）。在 Kotlin 中，這可以透過選擇正確的介面來輕鬆控制，具體取決於列表是否可變。如果函式接受唯讀列表，則可以傳遞具有更具體元素型態的 `List`。如果列表是可變的，你不能這樣做。

在本節的後面，將歸納任何泛型類別的相同問題，而不僅僅是 `List`。還會明白為什麼兩個介面 `List` 和 `MutableList` 在型態參數方面有所不同。但在此之前，我們需要討論**型態**和**子型態**的概念。

9.3.2 類別、型態和子型態

正如在第 6.1.2 節中討論的那樣，變數的型態指定了這個變數的可能值。我們有時會使用術語**型態**（*type*）和**類別**（*class*）作為相同的東西，但其實不是，現在來看一下有什麼差異。

在最簡單的情況下，對於非泛型類別，類別的名稱可以直接用作型態。舉例來說，如果撰寫 `var x: String`，則宣告一個可以存放 `String` 類別實例的變數。但請注意，同樣的類別名稱也可以用來宣告一個可為空的型態：`var x: String?`。這意味著每個 Kotlin 類別可以用來建構至少兩種型態。

泛型類別變得更加複雜了。要獲得有效的型態，必須將特定的型態替換為類別的型態參數的型態參數。`List` 不是一個型態（是一個類別），但所有下列替換都是有效的型態：`List<Int>`、`List<String?>`、`List<List<String>>` 等等。每個泛型類別都會產生出無限的型態。

為了討論型態之間的關係，你需要熟悉術語**子型態**（*subtype*）。型態 `B` 是型態 `A` 的子型態，如果可以使用型態 `B` 的值，就會需要型態 `A` 的值。舉例來說，`Int` 是 `Number` 的子型態，但 `Int` 不是 `String` 的子型態。這個定義還表明一個型態被認為是它自己的一個子型態。圖 9.4 說明了這一點。

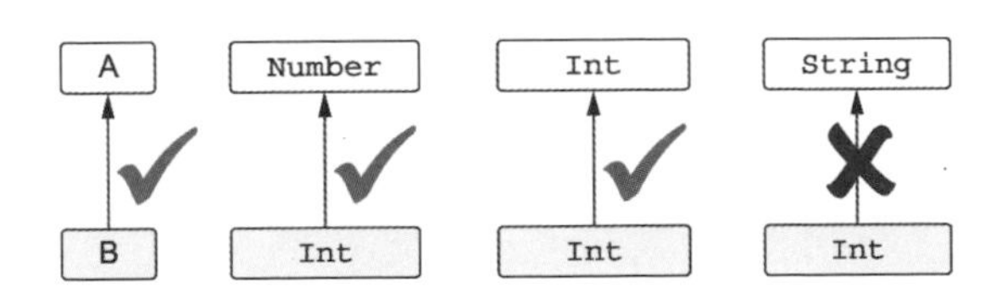

圖 9.4 **`B`** 是 **`A`** 的子型態，如果可以使用 **`B`**，就會需要 **`A`**

術語父**型態**（*supertype*）與**子型態**（*subtype*）相反。如果 A 是 B 的一個子型態，那麼 B 是 A 的父型態。

為什麼一種型態是另一種型態的子型態很重要？每次將值指派給變數或將參數傳遞給函式時，編譯器都會執行此檢查。看到下面的例子。

範例程式 9.10 檢查一個型態是否是另一個型態的子型態

```
fun test(i: Int) {
    val n: Number = i          // 可以編譯，因為 Int 是 Number 的子型態

    fun f(s: String) { /*...*/ }
    f(i)                       // 不會編譯，因為 Int 不是 String 的子型態
}
```

只有當值型態是變數型態的子型態時，才允許將值儲存在變數中；例如，變數初始值設定項 i 的型態 Int，是變數型態 Number 的子型態，所以 n 的宣告是有效的。只有當表示式的型態是函式參數型態的子型態時，才允許將表示式傳遞給函式。在範例中，參數 i 的型態 Int 不是函式引數 String 的子型態，因此 f 函式的呼叫不會編譯。

在簡單情況下，子型態與子類別基本相同（*subclass*）。例如，Int 類別是 Number 的子類別，因此 Int 型態是 Number 型態的子型態。如果一個類別實作了一個介面，它的型態就是介面型態的一個子型態：String 是 CharSequence 的一個子型態。

可空型態提供了一個子型態與子類別不相同的例子；請參閱圖 9.5。

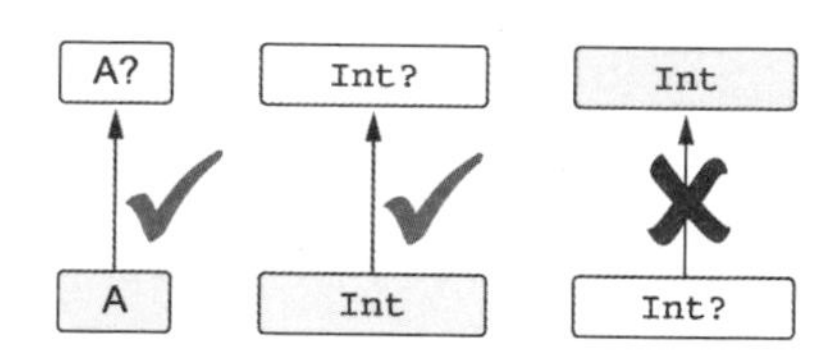

圖 9.5 非空型態 **A** 是可空的 **A?** 的子型態，但反之亦然

非空型態是它可空版本的子型態，但它們都對應於一個類別。你可以將非空型態的值，儲存在可空型態的變數中，但反之亦然（對於非空型態的變數，null 不是可接受的值）：

```
val s: String = "abc"
val t: String? = s         // 這個指派是合法的，因為 String 是 String? 的子型態
```

當開始談論泛型時，子類別和子型態之間的區別變得尤其重要。上一節中提到的，將 List<String> 型態的變數傳遞給期望 List<Any> 的函式是否安全的問題，現在可以透過子型態進行重新表述：List<String> 是 List<Any> 的子型態？你已經知道為什麼把 MutableList<String> 當作 MutableList<Any> 的一個子型態是不安全的。很明顯地，反過來也是不正確的：MutableList<Any> 不是 MutableList<String> 的子型態。

如果對於任何兩種不同型態 A 和 B，MutableList<A> 不是 MutableList<B> 的子型態或父型態，則泛型類別（例如 MutableList）稱為**不變**（*invariant*）型態。在 Java 中，所有類別都是不變的（即使這些類別的特定用途可以標記為非不變，之後將會看到）。

在上一節中，看到了子型態規則不同的類別：List。Kotlin 中的 List 介面表示一個唯讀聚集。如果 A 是 B 的子型態，那麼 List<A> 是 List<B> 的子型態。這樣的類別或介面被稱為**共變**（*covariant*）。下一節將詳細討論共變的概念，並解釋何時可以將類別或介面宣告為共變。

9.3.3 共變：保留子型態關係

共變類別是一個泛型類別（將使用 Producer<T> 作為例子），其中以下成立：如果 A 是 B 的一個子型態，Producer<A> 是 Producer<B> 的一個子型態。我們說那是**子型態被保留**（*the subtype is preserved*）。舉例來說，Producer<Cat> 是 Producer<Animal> 的一個子型態，因為 Cat 是 Animal 的一個子型態。

在 Kotlin 中，要宣告該類別對某個型態參數是共變的，可以將 out 關鍵字放在型態參數的名稱之前：

```
interface Producer<out T> {
    fun produce(): T
}
```

這個類別在 T 上被宣告為共變

將類別的型態參數標記為共變，可以將類別的值作為函式參數傳遞，並在型態參數與函式定義中的**型態參數不完全匹配**時回傳值。舉例來說，想像一個能夠照顧飼養一群動物的函式，以 Herd 類別為代表。Herd 類別的型態參數標識了群中動物的型態。

範例程式 9.11　定義不變的類聚集類別

```
open class Animal {
    fun feed() { ... }
}

class Herd<T : Animal> {
    val size: Int get() = ...
    operator fun get(i: Int): T { ... }
}

fun feedAll(animals: Herd<Animal>) {
    for (i in 0 until animals.size) {
        animals[i].feed()
    }
}
```

型態參數未宣告為共變

假設程式碼的使用者有一群貓，且需要照顧牠們。

範例程式 9.12　使用不變的聚集類別

```
class Cat : Animal() {
    fun cleanLitter() { ... }
}

fun takeCareOfCats(cats: Herd<Cat>) {
    for (i in 0 until cats.size) {
        cats[i].cleanLitter()
        // feedAll(cats)
    }
}
```

貓是動物

錯誤：推斷的型態是 Herd <Cat>，但預期是 Herd <Animal>

不幸的是，這些貓仍然飢腸轆轆：如果試著將該貓群傳遞給 `feedAll` 函式，編譯過程中會出現型態不對的錯誤。因為你沒有在 `Herd` 類別的 `T` 型參數上使用可變性修飾詞，所以貓群不是動物群的子類別。你可以使用明確的強制轉型來解決該問題，但該方法冗長、容易出錯，並且不是解決型態不對問題的正確方法。

由於 `Herd` 類別具有類似於 `List` 的 API，並且不允許其客戶端新增或更改群中的動物，因此可以使它共變，並相對應地更改呼叫程式碼。

範例程式 9.13　使用共變類聚集類別

```
class Herd<out T : Animal> {
    ...
}

fun takeCareOfCats(cats: Herd<Cat>) {
    for (i in 0 until cats.size) {
        cats[i].cleanLitter()
```

T 參數現在是共變的

```
    }
    feedAll(cats)
}
```

不需要轉型

不能做任何類別的共變：是不安全的。使類別對某個型態參數進行共變，限制了該型態參數在類別中的可能用法。為了保證安全型態，它只能用於所謂的 *out* 位置，這意味著類別可以產生型態 `T` 的值，但不會使用它們。

類別成員宣告中型態參數的使用可以分為 *in* 和 *out* 位置。讓我們看到一個宣告型態參數 `T`，並包含一個使用 `T` 的函式的類別。我們說如果 `T` 被用作函式的回傳型態，它就處於 out 位置。在這種情況下，該函式會**產生** `T` 型態的值。如果將 `T` 用作函式參數的型態，則它位於原位。這樣的函式**使用**型態 `T` 的值。圖 9.6 說明了這一點。

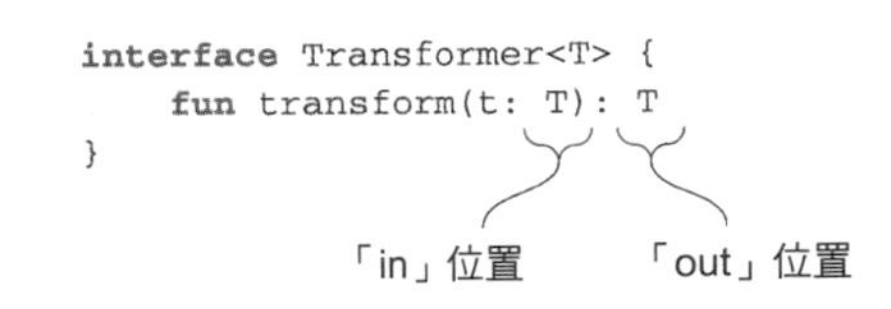

圖 9.6　函式參數型態在 in 位置呼叫，函式回傳型態在 out 位置呼叫

關於類別的型態參數的 `out` 關鍵字，要求使用 `T` 的所有方法只在 `out` 位置有 `T`，而不在 `in` 位置。這個關鍵字限制了 `T` 的可用範圍，但保證了相對應子型態關係的安全性。

舉個例子，看到 `Herd` 類別。它只在一個地方使用型態參數 `T`：`get` 方法的回傳值。

```
class Herd<out T : Animal> {
    val size: Int get() = ...
    operator fun get(i: Int): T { ... }
}
```

使用 T 作為回傳型態

這是一個 `out` 位置，這使得將類別宣告為共變是安全的。如果方法回傳一個 `Cat`，任何呼叫 `Herd <Animal>` 的 `get` 的程式碼都會完成，因為 `Cat` 是 `Animal` 的一個子型態。

重申一下，型態參數 `T` 的 `out` 關鍵字意味著兩件事：

- 子型態被保留（`Producer<Cat>` 是 `Producer<Animal>` 的子型態）。
- `T` 只能用於 `out` 位置。

現在看到 List<T> 介面。List 在 Kotlin 中是唯讀的，所以它有一個方法 get 回傳 T 型態的元素，但沒有定義任何在列表中儲存型態 T 的值的方法。因此，它也是共變的。

```
interface List<out T> : Collection<T> {
    operator fun get(index: Int): T
    // ...
}
```

只定義回傳 T 的方法的唯讀介面（所以 T 處於「out」位置）

請注意，型態參數不僅可以直接用作參數型態或回傳型態，還可以用作其他型態的型態引數。舉例來說，List 介面包含一個回傳 List<T> 的方法 subList。

```
interface List<out T> : Collection<T> {
    fun subList(fromIndex: Int, toIndex: Int): List<T>
    // ...
}
```

這裡 T 也處於「out」位置

在這種情況下，函式 subList 中的 T 用於 out 位置。我們在這裡不會深入討論細節；如果對確定哪個位置處於 out 或 in 的確切演算法感興趣，可以在 Kotlin 文件中找到這些資訊。

請注意，不能將 MutableList<T> 宣告為其型態參數的共變，因為它包含將 T 型態的值作為參數並回傳此值（因此 T 出現在 in 和 out 位置中）的方法。

```
interface MutableList<T>
        : List<T>, MutableCollection<T> {
    override fun add(element: T): Boolean
}
```

MutableList 不能在 T 上宣告為共變 ...

... 因為 T 在「in」位置中使用

編譯器強制執行此限制。如果該類別宣告為共變，它將回報錯誤：Type parameter T is declared as 'out' but occurs in 'in' position。

請注意，建構式參數既不在 in 也不在 out 位置。即使型態參數被宣告為 out，仍然可以在建構式參數宣告中使用它：

```
class Herd<out T: Animal>(vararg animals: T) { ... }
```

如果將它作為更泛型型態的實例使用，那麼可變性可以保護類別實例避免遭到濫用：你不能呼叫潛在的危險方法。建構式不是可以稍後呼叫的方法（建立實例之後），因此它不具有潛在的危險性。

但是，如果將 val 或 var 關鍵字與建構式參數一起使用，則還要宣告一個 getter 和一個 setter（如果該屬性是可變的）。因此，型態參數用於唯讀屬性的 out 位置，以及可變屬性的 out 和 in 位置：

```
class Herd<T: Animal>(var leadAnimal: T, vararg animals: T) { ... }
```

在這種情況下，T 不能標記為 out，因為該類別包含 leadAnimal 屬性的 setter，該屬性在 in 位置中使用 T。

還要注意，位置規則只涵蓋了一個類別的外部可見性（public、protected、internal）API。private 方法的參數既不在 in，也不在 out 位置。可變性規則保護類別不被外部客戶端濫用，並且不會在類別的實作中發揮作用：

```
class Herd<out T: Animal>(private var leadAnimal: T, vararg animals: T) { ... }
```

現在讓 Herd 在 T 上共變是安全的，因為 leadAnimal 屬性已經變為 private。

你可能會問，型態參數僅用於 in 位置的類別或介面會發生什麼情況。在這種情況下，相反的關係會成立。下一節將會介紹細節。

9.3.4 反變：逆轉子型態的關係

反變（*contravariance*）的概念可以被認為是共變的一面鏡子：對於一個反變類別，子型態關係與用作型態引數的類別的子型態關係相反。我們從一個例子開始：Comparator 介面。該介面定義了用來比較兩個給定物件的 compare 方法：

```
interface Comparator<in T> {
    fun compare(e1: T, e2: T): Int { ... }
}
```

在「in」位置使用 T

你可以看到，此介面的方法僅使用型態 T 的值。這意味著 T 僅用於 in 位置，因此其宣告可以用 in 關鍵字開頭。

為特定型態的值定義的比較器，當然可以比較該型態的任何子型態的值。舉例來說，如果你有 Comparator<Any>，則可以使用它來比較任何特定型態的值。

```
>>> val anyComparator = Comparator<Any> {
...     e1, e2 -> e1.hashCode() - e2.hashCode()
... }
>>> val strings: List<String> = ...
>>> strings.sortedWith(anyComparator)
```

可以將比較器用於任何物件來比較特定的物件，如字串

sortedWith 函式需要一個 Comparator<String>（可以比較字串的比較器），並且可以安全地傳遞一個可以比較更一般型態的比較器。如果需要對特定型態

的物件執行比較，則可以使用處理該型態或其任何父型態的比較器。這意味著 Comparator<Any> 是 Comparator<String> 的子型態，其中 Any 是 String 的父型態。兩種不同型態比較器之間的子型態關係，與這些型態之間的子型態關係相反。

現在你已經準備好了反變的完整定義。型態參數上**反變**的類別是一個泛型類別（以 Consumer<T> 為例），其中以下成立：如果 B 是 A 的子型態的話，Consumer<A> 是 Consumer<B> 的子型態。型態參數 A 和 B 改變了位置，所以我們說這個子型態是顛倒過來的。例如，Consumer<Animal> 是 Consumer<Cat> 的子型態。

圖 9.7 顯示了在型態參數上共變和反變的類別的子型態關係之間的差異。你可以看到，對於 Producer 類別，子型態關係複製型態引數的子型態關係，而對於 Consumer 類別，關係是相反的。

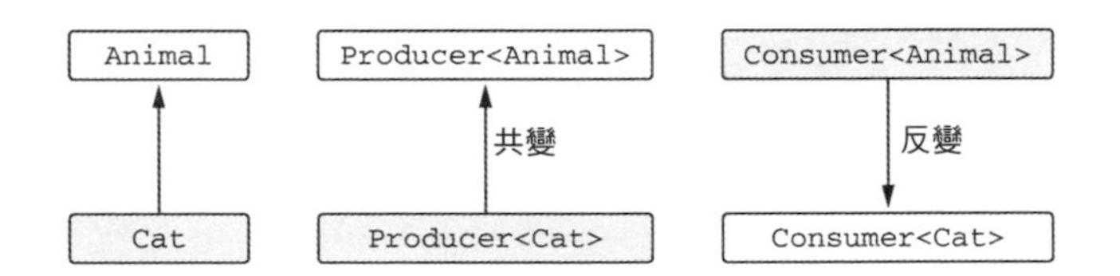

圖 9.7　對於共變型態 Producer<T>，子型態被保留，但對於反變型態 Consumer<T>，子型態被顛倒

in 關鍵字表示相對應型態的值傳入此類別的方法，並由這些方法使用。類似於共變情況，限制使用型態參數導致特定的子型態關係。型態參數 T 中的 in 關鍵字表示子型態被顛倒，T 只能用於 in 位置。表 9.1 總結了可能的可變性選擇之間的差異。

表 9.1　共變、反變和不變類別

共變	反變	不變
Producer<out T>	Consumer<in T>	MutableList<T>
該類別的子型態保留： Producer <Cat> 是 Producer <Animal> 的子型態	子型態顛倒了： Consumer <Animal> 是 Consumer <Cat> 的子型態	沒有子型態
T 只在 out 的位置	T 只在 in 的位置	T 可以在任何位置

類別或介面可以在一個型態參數上是共變的，而在另一個型態參數上是反變的。典型的例子是 Function 介面。以下宣告顯示了單一參數的 Function：

```
interface Function1<in P, out R> {
    operator fun invoke(p: P): R
}
```

Kotlin 符號 (P) -> R 是表示 Function1<P, R> 的另一種可讀性更高的形式。你可以看到 P（參數型態）僅用於 in 位置，並用 in 關鍵字標記，而 R（回傳型態）僅用於 out 位置，並用 out 關鍵字標記。這意味著函式型態的子型態在其第一個型態引數中被顛倒，並保留在第二個型態引數中。舉例來說，如果有一個試著列舉你的貓的高階函式，你可以傳遞一個接受任何動物的 lambda。

```
fun enumerateCats(f: (Cat) -> Number) { ... }
fun Animal.getIndex(): Int = ...

>>> enumerateCats(Animal::getIndex)
```

此程式碼在 Kotlin 中是合法的。Animal 是 Cat 的父型態，Int 是 Number 的子型態

圖 9.8　說明了前面例子中的子型態關係。

請注意，到目前為止的所有範例中，類別的可變性直接在其宣告中指定，並適用於所有使用該類別的地方。但 Java 不支援它，而是使用萬用字元來指定類別的特定用途的差異。來檢視這兩種方法之間的區別，並看看如何在 Kotlin 中使用第二種方法。

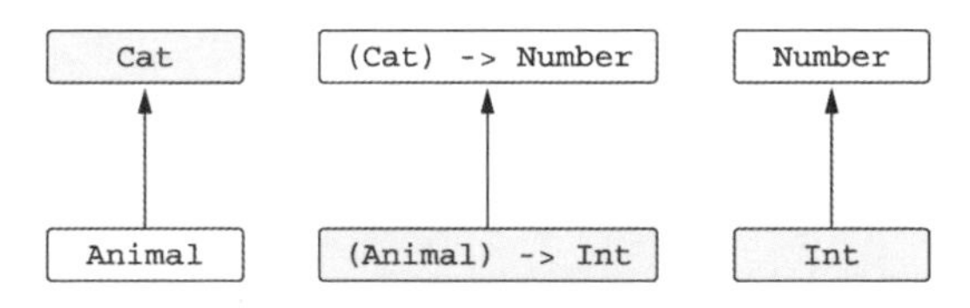

圖 9.8　函式 (T) -> R 在它的引數上是反變的，在它的回傳型態上是共變的

9.3.5 使用處可變性：指定型態出現的可變性

在類別宣告中指定可變性修飾詞是很方便的，因為修飾詞適用於所有使用類別的地方，這被稱為**宣告處可變性**（*declaration-site variance*）。如果你熟悉 Java 的萬用字元型態（?extends 和 ?super），則會發現 Java 處理可變性的方式不同。在 Java 中，每次使用帶有型態參數的型態時，還可以指定此型態參數是否可以用其子型態或父型態替換。這被稱為**使用處可變性**（*use-site variance*）。

Kotlin 與 Java 萬用字元中的宣告處可變性

宣告處可變性允許更簡潔的程式碼，因為只需指定可變性修飾詞一次，而你的類別的使用者不必考慮它們。在 Java 中，為了建立符合使用者期望的 API，函式庫撰寫者必須始終使用萬用字元：`Function<? super T, ? extends R>`。如果檢查 Java 8 標準函式庫的程式碼，則可以在每次使用 `Function` 介面時找到萬用字元。例如，下面是如何宣告 `Stream.map` 方法：

```
/* Java */
public interface Stream<T> {
    <R> Stream<R> map(Function<? super T, ? extends R> mapper);
}
```

在宣告中指定一次可變性會使程式碼更加簡潔和優雅。

Kotlin 也支援使用處可變性，即使它不能在類別宣告中宣告為共變或反變，也可以為特定型態參數的出現指定可變性。來看看它是怎麼做的。

已經看到了許多介面，如 `MutableList`，在一般情況下不是共變或反變，因為它們既可以產生也可以使用由它們的型態參數指定的型態的值。但是，特定函式中的這種型態的變數，通常只能用於其中一個角色：作為生產者或作為消費者。舉例來說，看到下面這個簡單的函式。

範例程式 9.14　具有不變參數型態的資料複製函式

```
fun <T> copyData(source: MutableList<T>,
                 destination: MutableList<T>) {
    for (item in source) {
        destination.add(item)
    }
}
```

該函式將元素從一個聚集複製到另一個聚集。儘管兩個聚集都有一個不變型態，但原始聚集僅用於讀取，而目標聚集僅用於寫入。在這種情況下，聚集的元素型態不需要完全對應。例如，將一組字串複製到可包含任何物件的聚集中是完全可行的。

為了使這個函式可以處理不同型態的列表，可以引入第二個泛型參數。

範例程式 9.15　具有兩個型態參數的資料複製函式

```
fun <T: R, R> copyData(source: MutableList<T>,
                       destination: MutableList<R>) {
    for (item in source) {
        destination.add(item)
    }
```

（原始的元素型態應該是目標元素型態的子型態）

```
}
>>> val ints = mutableListOf(1, 2, 3)
>>> val anyItems = mutableListOf<Any>()
>>> copyData(ints, anyItems)
>>> println(anyItems)
[1, 2, 3]
```

可以呼叫這個函式，因為 Int 是 Any 的一個子型態

你宣告了兩個泛型參數，分別代表原始和目標列表中的元素型態。為了能夠將元素從一個列表複製到另一個列表中，原始元素型態應該是目標列表中元素的一個子型態，如 Int 是範例程式 9.15 中的 Any 的子型態。

但 Kotlin 提供了一種更優雅的方式來表達這一點。當一個函式的實作只呼叫在 out（或只在 in）位置具有型態參數的方法時，可以利用它並在函式定義中的型態參數的特定用法中，加入可變性修飾詞。

範例程式 9.16　具有 out 投影型態參數的資料複製函式

```
fun <T> copyData(source: MutableList<out T>,
                 destination: MutableList<T>) {
    for (item in source) {
        destination.add(item)
    }
}
```

可以將「out」關鍵字加到型態使用中：使用「in」位置中沒有 T 的方法

可以在型態宣告中對型態參數的任何用法指定可變性修飾詞：對於參數型態（如範例程式 9.16 中）、區域變數型態、函式回傳型態等。這裡出現的是所謂的**型態投影**（*type projection*）：source 不是一個一般的 MutableList，而是一個**投影**（受限的）。你只能呼叫回傳泛型型態參數的方法，或者嚴格來說只能使用它在 out 位置。編譯器禁止呼叫此型態參數用作參引數的方法（在 in 位置時）：

```
>>> val list: MutableList<out Number> = ...
>>> list.add(42)
Error: Out-projected type 'MutableList<out Number>' prohibits
the use of 'fun add(element: E): Boolean'
```

請不要驚訝，如果使用投影型態，則不能呼叫某些方法。如果需要呼叫它們，需要使用一般型態而不是投影。這可能需要宣告第二個型態參數，該參數取決於最初的投影，如範例程式 9.15 所示。

當然，實作函式 copyData 的正確方法，是使用 List<T> 作為 source 引數的型態，因為我們只使用在 List 中宣告的方法，而不是在 MutableList 中，並且 List 型態參數的可變性在其宣告中指定。但是這個例子對於說明這個概念仍然很重要，特別是要記住，大多數類別沒有獨立的共變讀取介面和不變的讀 / 寫介面，例如 List 和 MutableList。

取得已經具有 out 可變性的型態參數的 out 投影沒有意義，例如 List<out T>。這意味著與 List<T> 相同，因為 List 被宣告為 class List<out T>。Kotlin 編譯器會警告這樣的投影是多餘的。

用類似的方式，可以使用 in 修飾詞來使用型態參數，以指示在此特定位置相對應的值充當消費者，並且可以用任何父型態替換型態參數。以下是如何使用 in 投影重寫範例程式 9.16。

範例程式 9.17　具有 in 投影型態參數的資料複製函式

```
fun <T> copyData(source: MutableList<T>,
                 destination: MutableList<in T>) {
    for (item in source) {
        destination.add(item)
    }
}
```

允許目標元素型態是原始元素型態的父型態

注意 >>> Kotlin 中的使用處可變性宣告，直接對應於 Java 的限界萬用字元。Kotlin 中的 MutableList<out T> 的含意與 Java 中的 MutableList<? extends T> 相同。in-projected MutableList<in T> 對應於 Java 的 MutableList<? super T>。

使用處投影可以幫助擴大可接受型態的範圍。現在來討論極端情況：何時可以接受所有可能的型態參數。

9.3.6 星型投影：使用 * 而不是型態引數

在本章前面討論型態檢查和強制轉型時，我們提到了特殊的**星型投影**（*star-projection*）語法，可以用來指示你沒有關於泛型參數的資訊。舉例來說，未知型態的元素列表使用 List <*> 的語法表示。現在來詳細研究星型投影的語義。

首先，請注意 MutableList<*> 與 MutableList<Any> 不同（這很重要，MutableList<T> 在 T 上是不變的）。MutableList<Any?> 是一個列表，你知道它可以包含任何型態的元素。另一方面，MutableList<*> 是一個包含特定型態元素的列表，但你不知道它是什麼型態。該列表是作為特定型態的元素列表建立的，例如 String（不能建立新的 ArrayList<*>），並且建立它的程式碼期望它只包含該型態的元素。由於不知道型態是什麼，因此無法將任何內容放入列表中，因為放置的任何值都可能違反呼叫程式碼的期望。但是可以從列表中獲取元素，因為你確實知道儲存在那裡的所有值都將對應 Any? 型態，它是所有 Kotlin 型態的父型態：

```
>>> val list: MutableList<Any?> = mutableListOf('a', 1, "qwe")
>>> val chars = mutableListOf('a', 'b', 'c')
>>> val unknownElements: MutableList<*> =
...         if (Random().nextBoolean()) list else chars
>>> unknownElements.add(42)
Error: Out-projected type 'MutableList<*>' prohibits
the use of 'fun add(element: E): Boolean'
>>> println(unknownElements.first())
a
```

MutableList <*> 與 MutableList <Any?> 不一樣

編譯器禁止你呼叫這個方法

取得元素是安全的：first() 回傳 Any? 型態的元素

為什麼編譯器將 `MutableList<*>` 參考為 out 投影型態？在這種情況下，`MutableList<*>` 被預測為（用作）`MutableList<out Any?>`：當對元素的型態一無所知時，獲取 `Any?` 型態的元素是安全的，但將元素放入列表並不安全。談到 Java 萬用字元，Kotlin 中的 `MyType<*>` 相對應於 Java 的 `MyType<?>`。

注意 >>> 對於反變型態參數，例如 `Consumer<in T>`，星型投影相當於 `<in Nothing>`。實際上，你不能在這樣的星型投影中呼叫簽章中具有 `T` 的任何方法。如果型態參數是反變，它只能作為一個消費者，而且，正如我們前面所討論的那樣，你並不知道它可以消費什麼。因此，你不能給它任何消費。如果對細節感興趣，請參閱 Kotlin 線上文件（http://mng.bz/3Ed7）。

當關於型態參數的資訊不重要時，可以使用星型投影語法：你不使用參考簽章中的型態參數的任何方法，或者唯讀取資料，且不關心其資料的具體型態。例如，你可以實作將 `List<*>` 作為參數的 `printFirst` 函式：

```
fun printFirst(list: List<*>) {
    if (list.isNotEmpty()) {
        println(list.first())
    }
}

>>> printFirst(listOf("Svetlana", "Dmitry"))
Svetlana
```

每個列表都是可能的引數

isNotEmpty() 不使用泛型型態參數

現在 first() 回傳 Any?，但在這種情況下就足夠了

與使用處可變性的情況一樣，可以選擇導入泛型型態參數：

```
fun <T> printFirst(list: List<T>) {
    if (list.isNotEmpty()) {
        println(list.first())
    }
}
```

再次地，每個列表都是一個可能的引數

現在 first() 回傳 T 值

使用星型投影的語法會更加簡潔，但只有在對泛型型態參數的確切值不感興趣時才有效：你只使用產生值的方法，而不關心這些值的型態。

現在來看看另一個使用具有星型投影的型態，和使用該方法時可能遇到的常見陷阱的範例。假設你需要驗證使用者輸入，並宣告一個介面 FieldValidator。它僅在 in 位置時包含它的型態參數，所以它可以被宣告為反變。事實上，當想要以字串驗證器來驗證任何元素時（這就是將它宣告為反變函式可以讓你做的），使用驗證器是對的。還宣告了兩個驗證器來處理 String 和 Int 輸入。

範例程式 9.18　用於輸入驗證的介面

```
interface FieldValidator<in T> {        // 介面在 T 上宣告為反變
    fun validate(input: T): Boolean     // T 僅用於「in」位置（此方法使用的值為 T）
}

object DefaultStringValidator : FieldValidator<String> {
    override fun validate(input: String) = input.isNotEmpty()
}

object DefaultIntValidator : FieldValidator<Int> {
    override fun validate(input: Int) = input >= 0
}
```

現在想像一下，你想要將所有驗證器儲存在同一容器中，並根據輸入型態取得正確的驗證器。第一次可能會使用映射來儲存它們。你需要為任何型態儲存驗證器，因此，可以從 KClass（它代表 Kotlin 類別——第 10 章將詳細介紹 KClass）宣告一個映射到 FieldValidator<*>（它可能指任何型態的驗證器）：

```
>>> val validators = mutableMapOf<KClass<*>, FieldValidator<*>>()
>>> validators[String::class] = DefaultStringValidator
>>> validators[Int::class] = DefaultIntValidator
```

一旦這樣做了，你可能在試著使用驗證器時遇到困難，無法使用 FieldValidator<*> 型態的驗證程式驗證字串。這是不安全的，因為編譯器不知道它是什麼型態的驗證器：

```
>>> validators[String::class]!!.validate("")       // 儲存在映射中的值具有 FieldValidator<*> 型態
Error: Out-projected type 'FieldValidator<*>' prohibits
the use of 'fun validate(input: T): Boolean'
```

之前試著將元素放入 MutableList<*> 時，已經看過此錯誤。在這種情況下，這個錯誤意味著，給一個未知型態的驗證器賦予一個特定型態的值是不安全的。解決這個問題的方法之一，是將驗證器明確地轉換為你需要的型態。這是不安全的，並不推薦，但作為一個快速的技巧，我們會在這裡展示它，讓你的程式碼編譯，以便你可以在之後重新建構它。

範例程式 9.19　使用明確的強制轉型取得驗證器

```
>>> val stringValidator = validators[String::class]
                            as FieldValidator<String>     ← 警告：未經檢查的強制轉型
>>> println(stringValidator.validate(""))
false
```

編譯器發出關於未經檢查的強制轉型的警告。但是請注意，此程式碼是在驗證時失敗，而不是在執行轉換時執行，因為在執行時，所有泛型型態資訊都將被擦除。

範例程式 9.20　錯誤地取得驗證器

```
>>> val stringValidator = validators[Int::class]   ← 得到一個不正確的驗證器（可能是錯誤的），但是這個程式碼可以編譯
                          as FieldValidator<String>   ← 這只是一個警告
>>> stringValidator.validate("")   ← 在使用驗證器之前，真正的錯誤是被隱藏的
java.lang.ClassCastException:
  java.lang.String cannot be cast to java.lang.Number
  at DefaultIntValidator.validate
```

這種不正確的程式碼和範例程式 9.19 在某種意義上是相似的，在這兩種情況下，只發出警告。轉換成正確型態的值是你的責任。

此解決方案並非安全型態的，且容易出錯。因此，讓我們來研究一下，如果你想在一個地方儲存不同型態的驗證器，還有什麼其他的選擇。

範例程式 9.21 中使用相同的 `validators` 映射的解決方案，但將其所有存取封裝為兩個泛型方法，負責僅註冊和回傳正確的驗證器。此程式碼還會發出關於未經檢查的強制轉型的警告（同一個），但此處物件 `Validators` 將控制對映射的所有存取權限，從而確保沒有人會錯誤地更改映射。

範例程式 9.21　封裝對驗證器聚集的存取

```
object Validators {
    private val validators =                          ← 使用與之前相同的映射，但現在無法從外部存取它
            mutableMapOf<KClass<*>, FieldValidator<*>>()
    fun <T: Any> registerValidator(
            kClass: KClass<T>, fieldValidator: FieldValidator<T>) {
        validators[kClass] = fieldValidator   ← 當驗證器對應一個類別時，只將正確的鍵值對放入映射中
    }

    @Suppress("UNCHECKED_CAST")   ← 禁止關於對 FieldValidator<T> 進行未檢查強制轉型的警告
    operator fun <T: Any> get(kClass: KClass<T>): FieldValidator<T> =
        validators[kClass] as? FieldValidator<T>
                ?: throw IllegalArgumentException(
                "No validator for ${kClass.simpleName}")
}
```

```
>>> Validators.registerValidator(String::class, DefaultStringValidator)
>>> Validators.registerValidator(Int::class, DefaultIntValidator)

>>> println(Validators[String::class].validate("Kotlin"))
true
>>> println(Validators[Int::class].validate(42))
true
```

現在有了一個安全型態的 API。所有不安全的邏輯都隱藏在類別的主體中；並透過集中在一單獨的地方，保證它不能被錯誤地使用。編譯器禁止使用不正確的驗證器，因為 Validators 物件總是給你正確的驗證器實作：

```
                                  現在「get」方法回傳一個 FieldValidator
                                  <String> 的實例
>>> println(Validators[String::class].validate(42))  <--
Error: The integer literal does not conform to the expected type String
```

這種樣式可以很容易地繼承到任何自定義泛型類別的儲存。將不安全的程式碼集中在一個單獨的地方，可以防止濫用並使容器安全使用。請注意，這裡描述的樣式並不特定於 Kotlin；也可以在 Java 中使用相同的方法。

Java 泛型和可變性通常被認為是語言中最棘手的部分。在 Kotlin，我們努力想出一個更容易理解和更易於使用的設計，同時保持與 Java 的互用性。

9.4 總結

- Kotlin 的泛型非常類似於 Java 中的泛型：以相同的方式宣告泛型函式或類別。
- 和 Java 一樣，泛型型態的型態引數只在編譯時才存在。
- 不能將帶有型態引數的型態與 is 運算子一起使用，因為型態引數在執行時會被刪除。
- inline 函式的型態參數可以被標記為 reified，這允許你在執行時使用它們來執行 is 檢查，並取得 java.lang.Class 實例。
- 如果其中一個型態引數是另一個型態引數的子型態，則可變性是指定具有相同基本類別，和不同型態引數的兩個泛型型態中的一個，是否為另一型態的子型態或父型態的方法。
- 如果參數僅用於 out 位置，則可以將類別宣告為型態參數的共變。

- 相反的情況則適用於反變情況：如果僅用於 `in` 位置，則可以將類別宣告為型態參數的反變。
- Kotlin 中的唯讀介面 `List` 被宣告為共變，這意味著 `List<String>` 是 `List<Any>` 的一個子型態。
- 函式介面在其第一個型態參數中宣告為反變，在第二個函式介面宣告為共變，使得 `(Animal)->Int` 成為 `(Cat)->Number` 的子型態。
- Kotlin 允許你為泛型類別作為整體（**宣告處可變性**）和特定用途的泛型型態（**使用處可變性**）指定可變性。
- 當確切的型態參數未知或不重要時，可以使用星型投影語法。

註釋和反射

本章涵蓋：

- 應用和定義註釋
- 在執行時使用反射來取得類別
- 一個 Kotlin 專案的真實案例

到目前為止，你已經看到了許多用於處理類別和函式的特性，但是它們都要求你指定程式碼中使用的類別和函式的確切名稱。為了呼叫一個函式，需要知道它的定義類別，以及它的名稱和參數型態。**註釋**（*annotation*）和**反射**（*reflection*）使你有能力處理事先不知道的任意類別。可以使用註釋將特定於函式庫的語義指派給這些類別，且反射允許你在執行時分析類別的結構。

應用註釋非常簡單，撰寫自己的註釋，尤其是撰寫處理它們的程式碼並不複雜。使用註釋的語法與 Java 完全相同，而宣告自己的註釋類別的語法有點不同。反射 API 的一般結構也類似於 Java，但細節不同。

為了示範如何使用註釋和反射，我們將引導你完成一個真實專案的實作：一個名為 JKid 的 JSON 序列化和反序列化函式庫。該函式庫使用反射，在執行時存取任意 Kotlin 物件的屬性，並且還基於 JSON 檔案中提供的資料建立物件。使用註釋可以自訂函式庫的序列化和反序列化特定類別和屬性的方式。

10.1 宣告和應用註釋

大多數現代 Java 框架廣泛地使用註釋，所以在處理 Java 應用程式時肯定會遇到它們。而 Kotlin 的核心概念也是一樣。註釋允許你將附加**詮釋資料**（*metadata*）與宣告關聯。詮釋資料可以透過與程式碼一起執行的工具、已編譯的類別檔案或執行時存取，具體取決於註釋的配置方式。

10.1.1 應用註釋

可以像在 Java 中一樣使用 Kotlin 中的註釋。要應用註釋，需要將它的名稱（以 @ 字元為字首）放在你要註釋的宣告開頭。可以註釋不同的程式碼元素，例如函式和類別。

舉例來說，如果使用 JUnit 框架（http://junit.org/junit4/），則可以使用 @Test 註釋標記測試方法：

```
import org.junit.*

class MyTest {
    @Test fun testTrue()
        { Assert.assertTrue(true)
    }
}
```

@Test 註釋指示 JUnit 框架呼叫此方法作為測試

舉一個更有趣的例子，來看看 @Deprecated 註釋。它在 Kotlin 中的含意與 Java 中的相同，但 Kotlin 使用 replaceWith 參數增強了它的含意，該參數允許你提供替換模式，以支援順利地過渡到新版本的 API。以下範例顯示如何為註釋提供參數（揚棄不用訊息和替換模式）：

```
@Deprecated("Use removeAt(index) instead.", ReplaceWith("removeAt(index)"))
fun remove(index: Int) { ... }
```

參數在括號中傳遞，就像在一般函式呼叫中一樣。有了這個宣告，如果有人使用 remove 函式，IntelliJ IDEA 不僅會顯示應該使用什麼函式（在這種情況下是 removeAt），還提供了一個快速修復以自動替換它。

註釋只能具有以下型態的參數：原始型態、字串、列舉、類別參考、其他註釋類別及其陣列。用於指定註釋引數的語法與 Java 稍有不同：

- **要將類別指定為註釋引數**，請在類別名稱後面加上 ::class：@MyAnnotation(MyClass::class)。

- **要將另一個註釋指定為引數**，請勿將 `@` 字元放在註釋名稱之前。舉例來說，前面範例中的 `ReplaceWith` 是一個註釋，但當將其指定為 `Deprecated` 註釋的引數時，不會使用 `@`。
- **要指定一個陣列作為參數**，請使用 `arrayOf` 函式：`@RequestMapping(path = arrayOf("/foo", "/bar"))`。如果註釋類別是在 Java 中宣告的，那麼名為 `value` 的參數會根據需要，自動轉換為可變參數的參數，因此可以在不使用 `arrayOf` 函式的情況下提供引數。

註釋參數需要在編譯時知道，因此你不能參考到任意屬性的參數。要使用一個屬性作為註釋引數，需要用一個 `const` 修飾詞來標記它，這個修飾詞告訴編譯器該屬性是一個**編譯時常數**（*compile-time constant*）。以下是 JUnit 的 `@Test` 註釋範例，它使用 `timeout` 參數指定測試的暫停時間（以毫秒為單位）：

```
const val TEST_TIMEOUT = 100L

@Test(timeout = TEST_TIMEOUT) fun testMethod() { ... }
```

如第 3.3.1 節所述，用 `const` 註釋的屬性需要在檔案的頂層或 `object` 中宣告，並且必須使用原始型態或 `String` 的值進行初始化。如果試著將一般屬性用作註釋引數，則會出現錯誤「Only ‘const val’ can be used in constant expressions.」。

10.1.2 註釋標的

在許多情況下，Kotlin 程式碼中的單個宣告會對應多個 Java 宣告，並且每個宣告都可以帶註釋。例如，一個 Kotlin 屬性對應於一個 Java 欄位、一個 getter，可能還有一個 setter 及其參數。在主建構式中宣告的屬性還有一個相對應的元素：建構式參數。因此，可能有必要指定哪些元素需要註釋。

可以利用**使用處標的**（*use-site target*）宣告指定要註釋的元素。使用處標的放置在 `@` 符號和註釋名稱之間，並用冒號與名稱分開。圖 10.1 中的 `get` 使註釋 `@` 規則適用於屬性 getter。

圖 10.1 用於指定使用處標的的語法

來看看使用這個註釋的例子。在 JUnit 中，可以指定在每個測試方法之前執行的規則。例如，標準 `TemporaryFolder` 規則用於建立測試方法結束時，刪除的檔案和資料夾。

要指定規則，請在 Java 中宣告使用 @Rule 註釋的 public 欄位或方法。但是，如果僅僅使用 @Rule 註釋你的 Kotlin 測試類別中的屬性 folder，會得到一個 JUnit 例外：「The @Rule 'folder' must be public.」。這是因為 @Rule 被應用到預設為 private 的欄位中。要將其應用於 getter，需要明確寫入 @get:Rule，如下所示：

```
class HasTempFolder {
    @get:Rule
    val folder = TemporaryFolder()

    @Test
    fun testUsingTempFolder() {
        val createdFile = folder.newFile("myfile.txt")
        val createdFolder = folder.newFolder("subfolder")
        // ...
    }
}
```

註釋 getter，而不是屬性

在 Java 中，如果註釋的屬性使用宣告的註釋，則於預設情況下將其應用於相對應的欄位。Kotlin 還允許你宣告的註釋可以直接應用於屬性。

支援的使用處標的的完整列表如下所示：

- property——Java 註釋不能用於此使用處標的。
- field——為該屬性產生的欄位。
- get——屬性 getter。
- set——屬性 setter。
- receiver——繼承函式或屬性的接收器參數。
- param——建構式參數。
- setparam——屬性 setter 參數。
- delegate——欄位儲存委託屬性的委託實例。
- file——包含檔案中宣告的頂層函式和屬性的類別。

任何帶有 file 標的的註釋都需要放在檔案的頂層、package 指令之前。通常應用於檔案的註釋之一是 @JvmName，它會更改相對應類別的名稱。第 3.2.3 節展示了一個例子：@file:JvmName("StringFunctions")。

請注意，與 Java 不同，Kotlin 允許你將註釋應用於任意表示式，不僅適用於類別和函式宣告或型態。最常見的範例是 @Suppress 註釋，可以使用它來在註釋表示式的程式碼中，抑制特定的編譯器警告。以下是一個註釋區域變數宣告，以禁止未經檢查的強制轉型警告的範例：

```
fun test(list: List<*>) {
    @Suppress("UNCHECKED_CAST")
    val strings = list as List<String>
    // ...
}
```

請注意，當在編譯器警告中按下 Alt-Enter，並從選單中選擇 Suppress 時，IntelliJ IDEA 會為你插入此註釋。

用註釋控制 Java API

Kotlin 提供了各種註釋來控制，如何將寫入 Kotlin 的宣告編譯為 Java 位元組碼並向 Java 呼叫端公開。其中一些註釋替換了 Java 語言的相對應關鍵字：舉例來說，@Volatile 和 @Strictfp 註釋可以直接替代 Java 的 volatile 和 strictfp 關鍵字。其他是用於改變 Kotlin 的宣告對 Java 呼叫端的可見性：

- @JvmName 更改從 Kotlin 宣告中產生的 Java 方法或欄位的名稱。
- @JvmStatic 可以應用於物件宣告或伴生物件的方法，以將它們公開為靜態 Java 方法。
- 在第 3.2.2 節中提到的 @JvmOverloads，指示 Kotlin 編譯器為具有預設參數值的函式產生多載。
- 可以將 @JvmField 應用於屬性，以將該屬性公開為沒有 getter 或 setter 的 Java 的 public 欄位。

你可以在其文件註釋和線上文件的 Java interop 部分中，找到更多有關這些註釋使用的詳細訊息。

10.1.3 使用註釋來自訂 JSON 序列化

註釋的經典範例之一，是自訂物件序列化。**序列化**（*Serialization*）是將物件轉換為可以透過網路儲存、或發送的二進位或文字表示的過程。而相反的過程，**反序列化**（*deserialization*）將這種表示轉換回物件。用於序列化的最常用格式之一，是 JSON。有很多用於將 Java 物件序列化為 JSON 廣泛使用的函式庫，包括 Jackson（https://github.com/FasterXML/jackson）和 GSON（https://github.com/google/gson）。就像任何其他 Java 函式庫一樣，它們與 Kotlin 完全相容。

在本章中，我們將為此目的實作一個純 Kotlin 的函式庫，稱為 JKid。因為它夠小，可以輕鬆地看完所有程式碼，所以我們鼓勵你在閱讀本章時一起看完它。

JKid 函式庫的程式碼和練習

完整的實作可以在本書的程式碼中看到，也可以透過 https://manning.com/books/kotlin-in-action 和 http://github.com/yole/jkid 取得。要研究函式庫實作和範例，請在 IDE 中將 ch10/jkid/build.gradle 作為 Gradle 專案打開。這些範例可以在 src/test/kotlin/examples 下的專案中找到。該函式庫並不像 GSON 或 Jackson 那樣功能全面或靈活，但它具有足夠的效能以供實際使用，如果它符合你的需求，歡迎你將其用於你的專案。

JKid 專案有一系列練習，你可以在閱讀完本章之後，透過練習來理解這些概念。在專案的 README.md 中可找到練習的描述，也可以在 GitHub 的專案頁面上讀取它。

讓我們從測試函式庫最簡單的範例開始：序列化和反序列化 `Person` 類別的實例。你將該實例傳遞給 `serialize` 函式，並回傳一個包含其 JSON 表示的字串：

```
data class Person(val name: String, val age: Int)

>>> val person = Person("Alice", 29)
>>> println(serialize(person))
{"age": 29, "name": "Alice"}
```

物件的 JSON 表示由**鍵 / 值**對（*key/value pairs*）組成：特定實例的屬性名稱及其值，如 `"age": 29`。

要從 JSON 表示中取得物件，請呼叫 `deserialize` 函式：

```
>>> val json = """{"name": "Alice", "age": 29}"""
>>> println(deserialize<Person>(json))
Person(name=Alice, age=29)
```

從 JSON 資料建立實例時，必須將類別明確指定為型態參數，因為 JSON 不儲存物件型態。在這種情況下，要傳遞 `Person` 類別。

圖 10.2 說明了一個物件和它的 JSON 之間相等關係。請注意，序列化的類別不僅可以包含基本型態或字串的值（如圖所示），還可以包含其他值物件類別的聚集和實例。

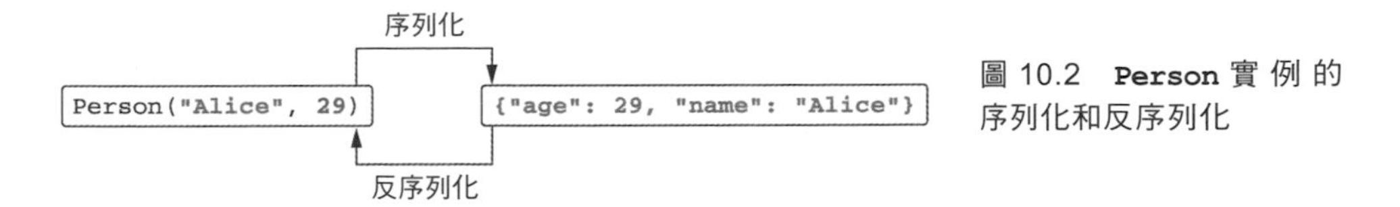

圖 10.2　**Person** 實例的序列化和反序列化

可以使用註釋來自訂物件序列化和反序列化的方式。將物件序列化為 JSON 時，在預設情況下，函式庫會試著序列化所有屬性，並將屬性名稱當作鍵。註釋允許你更改預設值。在本節中，我們將討論兩個註釋 `@JsonExclude` 和 `@JsonName`，稍後將在本章中看到它們的實作：

- `@JsonExclude` 註釋用於標記應從序列化和反序列化中排除的屬性。
- `@JsonName` 註釋允許你指定表示屬性的鍵 / 值對中的鍵，應該是給定的字串，而不是屬性的名稱。

請看下面的範例：

```
data class Person(
    @JsonName("alias") val firstName: String,
    @JsonExclude val age: Int? = null
)
```

註釋屬性 `firstName` 以更改用於在 JSON 中表示它的鍵。註釋屬性 `age` 以將其排除在序列化和反序列化之外。請注意，必須指定屬性 `age` 的預設值，否則將無法在反序列化過程中建立 `Person` 的新實例。圖 10.3 顯示了 `Person` 類別實例的表示如何變化。

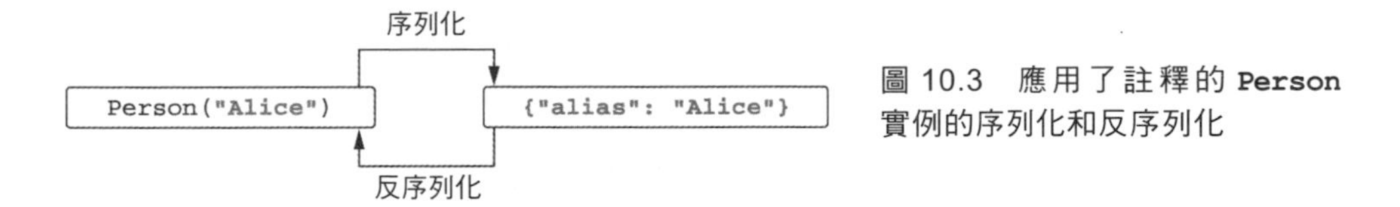

圖 10.3　應用了註釋的 **Person** 實例的序列化和反序列化

你已經看到 JKid 中提供的大多數功能：`serialize()`、`deserialize()`、`@JsonName` 和 `@JsonExclude`。現在開始來看到它的實作，先從註釋宣告開始。

10.1.4　宣告註釋

在本節中，將學習如何宣告註釋，以 JKid 的註釋作為範例。`@JsonExclude` 沒有任何參數，所以它的註釋具有最簡單的形式：

```
annotation class JsonExclude
```

語法看起來像一般的類別宣告，在 class 關鍵字之前加入了修飾詞 annotation。由於註釋類別僅用於定義與宣告和表示式關聯的詮釋資料結構，因此，它們不能包含任何程式碼。所以編譯器禁止為註釋類別指定主體。

對於具有參數的註釋，參數在類別的主建構式中宣告：

```
annotation class JsonName(val name: String)
```

使用一般的主建構式宣告語法。val 關鍵字對於註釋類別的所有參數都是必需的。

為了做比較，下面是如何在 Java 中宣告相同的註釋：

```
/* Java */
public @interface JsonName
    { String value();
}
```

請注意 Java 註釋如何具有名為 value 的方法，而 Kotlin 的註釋具有 name 屬性。value 方法在 Java 中是特殊的：當應用註釋時，需要為你指定的所有屬性（value 除外）提供明確的名稱。另一方面，在 Kotlin 中，應用註釋是一個一般的建構式呼叫。可以使用命名引數語法來使引數名稱明確化，或者可以忽略它們：@JsonName（name = "first_name"）意味著與 @JsonName("first_name") 相同，因為 name 是該參數的第一個參數 JsonName 建構式。但是，如果需要將 Java 中宣告的註釋應用於 Kotlin 元素，則需要對除了 value 的所有引數使用命名引數語法，Kotlin 也認為這是特殊的。

接下來，要討論如何控制註釋的使用，以及如何將註釋應用於其他註釋。

10.1.5 詮釋註釋：控制註釋的處理方式

就像在 Java 中一樣，Kotlin 註釋類別本身可以被註釋。可以應用於註釋類別的註釋稱為**詮釋註釋**（*meta-annotation*）。標準函式庫定義了其中的幾個，它們控制編譯器如何處理註釋。其他框架也有使用詮釋註釋——例如，許多依賴注入函式庫使用詮釋註釋標記，用於標識相同型態注入不同物件的註釋。

在標準函式庫中定義的詮釋註釋中，最常見的是 @Target。JKid 中的 JsonExclude 和 JsonName 的宣告，用它來指定這些註釋的有效標的。以下是它的應用方式：

```
@Target(AnnotationTarget.PROPERTY)
annotation class JsonExclude
```

@Target 詮釋註釋指定了可以應用註釋的元素的型態。如果不使用它，註釋將適用於所有宣告。這對 JKid 來說沒有意義，因為函式庫只處理屬性註釋。

AnnotationTarget 列舉的值列表給出了註釋的全部可能標的。它包括類別、檔案、函式、屬性、屬性存取器、型態、所有表示式等等。如果有需要：可以宣告多個標的：@Target(AnnotationTarget.CLASS, AnnotationTarget.METHOD)。

要宣告自己的詮釋註釋，請使用 ANNOTATION_CLASS 作為其標的：

```
@Target(AnnotationTarget.ANNOTATION_CLASS)
annotation class BindingAnnotation

@BindingAnnotation
annotation class MyBinding
```

請注意，不能將註釋與 Java 程式碼中的 PROPERTY 標的一起使用；為了使這樣的註釋能在 Java 中使用，可以新增第二個標的 AnnotationTarget.FIELD。在這種情況下，註釋將應用於 Kotlin 中的屬性和 Java 中的欄位。

@Retention 註釋

在 Java 中，你可能已經看到另一個重要的詮釋註釋 @Retention。可以使用它來指定你宣告的註釋，是否將儲存在 .class 檔案中，以及它是否可以在執行時透過反射來存取。Java 預設保留 .class 檔案中的註釋，但不會在執行時存取它們。大多數註釋需要在執行時出現，所以在 Kotlin 中，預設值是不同的：註釋具有 RUNTIME 保留。因此，JKid 註釋沒有明確指定的保留。

10.1.6　作為註釋參數的類別

已經看過如何定義一個將靜態資料作為參數的註釋，但有時需要不同的東西：將類別參考為宣告詮釋資料的能力。可以透過宣告具有類別參考，作為參數的註釋類別來實作。在 JKid 函式庫中，出現在 @DeserializeInterface 註釋中，它允許你控制具有介面型態的屬性的反序列化。你無法直接建立介面的實例，因此需要指定將哪個類別用作反序列化期間建立的實作。

下面是一個簡單的例子，展示了如何使用這個註釋：

```
interface Company {
    val name: String
}

data class CompanyImpl(override val name: String) : Company

data class Person(
    val name: String,
    @DeserializeInterface(CompanyImpl::class) val company: Company
)
```

每當 JKid 讀取 Person 實例的巢狀的 company 物件時，它會建立並反序列化 CompanyImpl 的實例，並將其儲存在屬性 company 中。為了指定這個，使用 CompanyImpl::class 作為 @DeserializeInterface 註釋的參數。通常要參考一個類別，可以使用它的名稱，然後使用 ::class 關鍵字。

現在來看看註釋是如何宣告的。它的單一引數是類別參考，如 @DeserializeInterface(CompanyImpl::class) 中所示：

```
annotation class DeserializeInterface(val targetClass: KClass<out Any>)
```

KClass 型態是 Kotlin 與 Java 的 java.lang.Class 型態的對應。它用於保存對 Kotlin 類別的參考；你會看到它可以讓你在本章後面的「Reflection」部分中對這些類別做些什麼。

KClass 的型態參數指定該參考可參考哪些 Kotlin 類別。例如，CompanyImpl::class 的型態為 KClass<CompanyImpl>，它是註釋參數型態的子型態（請參閱圖 10.4）。

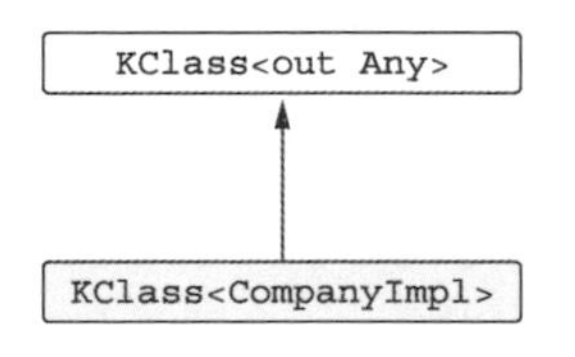

圖 10.4 註釋引數的型態 **CompanyImpl::class(KClass<CompanyImpl>)** 是註釋參數型態（**KClass<out Any>**）的子型態

如果在沒有 out 修飾詞的情況下撰寫 KClass<Any>，則無法將 CompanyImpl::class 作為參數傳遞：唯一允許的參數是 Any::class。out 關鍵字指定你允許參考繼承 Any 的類別，而不僅僅指向 Any。下一節展示了將泛型類別參考作為參數的更多註釋。

10.1.7 泛型類別作為註釋參數

預設情況下，JKid 會將非原始型態的屬性作為巢狀物件序列化。但是可以改變這種行為，並為某些值提供自己的序列化邏輯。

@CustomSerializer 註釋將自訂序列化類別的參考作為參數。序列化類別應該實作 ValueSerializer 介面：

```
interface ValueSerializer<T> {
    fun toJsonValue(value: T): Any?
    fun fromJsonValue(jsonValue: Any?): T
}
```

假設你需要支援日期的序列化，並且為此建立了自己的 DateSerializer 類別，實作了 ValueSerializer<Date> 介面。（這個類別在 JKid 程式碼中，作為範例提供：http://mng.bz/73a7）。以下是如何將其應用於 Person 類別的方法：

```
data class Person(
    val name: String,
    @CustomSerializer(DateSerializer::class) val birthDate: Date
)
```

現在來看看如何宣告 @CustomSerializer 註釋。ValueSerializer 類別是泛型的，並且定義了一個型態參數，所以無論何時參考該型態，都需要提供一個型態引數值。因為對使用此註釋的屬性型態一無所知，所以可以使用**星型投影**（*star projection*）作為參數（請參閱第 9.3.6 節）：

```
annotation class CustomSerializer(
    val serializerClass: KClass<out ValueSerializer<*>>
)
```

圖 10.5 檢查了 serializerClass 參數的型態並解釋了它的不同部分。你需要確保註釋只能參考實作 ValueSerializer 介面的類別。舉例來說，應該禁止撰寫 @CustomSerializer(Date::class)，因為 Date 沒有實作 ValueSerializer 介面。

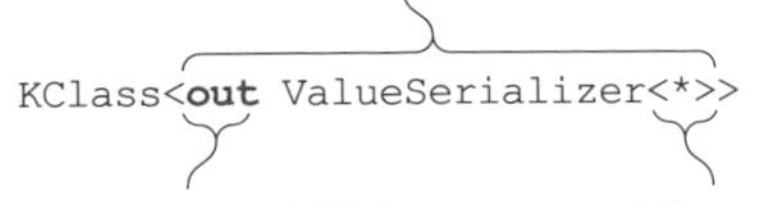
接收 DateSerializer::class 作為有效的參數，
但拒絕 Date::class
KClass<out ValueSerializer<*>>
接收任何實作 ValueSerializer 的類別，
而不僅僅是 ValueSerializer::class
允許 ValueSerializer
序列化任何值

圖 10.5 **serializerClass** 註釋參數的型態。只有對參考 **ValueSerializer** 的類別的參考才是有效的註釋引數

很狡猾，不是嗎？好消息是，每次需要使用類別作為註釋參數時，都可以應用相同的模式。你可以撰寫 `KClass<out YourClassName>`，並且如果 `YourClassName` 具有其自己的型態參數，請將它們替換為 *。

現在已經看到了在 Kotlin 中宣告和應用註釋的所有重要方面。下一步是了解如何存取儲存在註釋中的資料。為此，你需要使用**反射**（*reflection*）。

10.2 反射：在執行時檢查 Kotlin 物件

簡而言之，反射就是在執行時動態存取物件的屬性和方法的一種方式，而不必事先知道這些屬性是什麼。通常當你存取一個物件的方法或屬性時，程式碼參考一個特定的宣告，並且編譯器**靜態地**解析該參考，並確保該宣告存在。但是有時需要撰寫可以處理任何型態物件的程式碼，或者只有在執行時才知道要存取的方法和屬性的名稱。JSON 序列化函式庫是這類程式碼的一個很好的例子：它需要能夠將任何物件序列化為 JSON，因此它不能參考特定的類別和屬性。這也就是反射出現的地方。

在 Kotlin 中使用反射時，需要處理兩種不同的反射 API。第一種是在 `java.lang.reflect` 套件定義的標準 Java 反射。由於 Kotlin 類別被編譯為一般的 Java 位元組碼，因此 Java 的反射 API 可以很好地支援它們。這意味著使用反射 API 的 Java 函式庫與 Kotlin 程式碼完全相容。

第二個是 `kotlin.reflect` 套件中定義的 Kotlin 反射 API。它使你能夠存取 Java 世界中不存在的概念，例如屬性和可空的型態。但是目前它並沒有提供 Java 反射 API 的全面替代品，而且在某些情況下需要回到 Java 反射，這稍後會看到。需要注意的是，Kotlin 反射 API 不限於 Kotlin 類別：可以使用相同的 API 來存取以任何 JVM 語言撰寫的類別。

注意 »» 為了減少重要平台（如 Android）上的執行時函式庫大小，Kotlin 的反射 API 將打包到單獨的 .jar 檔案 kotlin-reflect.jar 中，預設情況下，該檔案不會添加到相依的新專案。如果使用 Kotlin 反射 API，則需要確保將該函式庫作為相依的加入。IntelliJ IDEA 可以檢測缺少的相依關係，並協助你把它加進來。該函式庫的 Maven group/artifact ID 是 `org.jetbrains.kotlin:kotlin-reflect`。

在本節中，將看到 JKid 如何使用反射 API。我們將先引導你完成序列化部分，因為它解釋起來更簡單，接著繼續進行 JSON 解析和反序列化。但首先讓我們仔細看看反射 API 的內容。

10.2.1 Kotlin 反射 API：KClass、KCallable、KFunction 和 KProperty

Kotlin 反射 API 的主要切入點是 KClass，它代表一個類別。KClass 是 java.lang.Class 的對應部分，可以使用它列舉和存取該類別中包含的所有宣告及其父類別等等。透過撰寫 MyClass::class 取得 KClass 的一個實例。要在執行時取得物件的類別，得先使用 javaClass 屬性取得它的 Java 類別，該屬性直接等同於 Java 的 java.lang.Object.getClass()。接著存取 .kotlin 繼承屬性，以從 Java 移至 Kotlin 反射 API：

```
class Person(val name: String, val age: Int)

>>> val person = Person("Alice", 29)
>>> val kClass = person.javaClass.kotlin
>>> println(kClass.simpleName)
Person
>>> kClass.memberProperties.forEach { println(it.name) }
age
name
```

回傳 KClass <Person> 的一個實例

這個簡單的例子印出類別的名稱和它的屬性名稱，並使用 .memberProperties 來收集類別中定義的所有非繼承屬性，以及它的所有父類別。

如果看到 KClass 的宣告，你會發現它包含了一堆用於存取類別內容的有用方法：

```
interface KClass<T : Any> {
    val simpleName: String?
    val qualifiedName: String?
    val members: Collection<KCallable<*>>
    val constructors: Collection<KFunction<T>>
    val nestedClasses: Collection<KClass<*>>
    ...
}
```

KClass 的許多其他有用功能，包括前面範例中使用的 memberProperties，都被宣告為繼承。你可以在標準函式庫參考手冊（http://mng.bz/em4i）查看 KClass（包括繼承）上的所有方法列表。

可能已經注意到，類別的所有成員的列表是 KCallable 實例的聚集。KCallable 是函式和屬性的父介面。它宣告了 call 方法，允許你呼叫相對應的函式或屬性的 getter：

```
interface KCallable<out R> {
    fun call(vararg args: Any?): R
    ...
}
```

可以在 vararg 列表中提供函式引數。以下程式碼說明如何使用 call 透過反射來呼叫函式：

```
fun foo(x: Int) = println(x)
>>> val kFunction = ::foo
>>> kFunction.call(42)
42
```

在第 5.1.5 節看到了 ::foo 語法，現在可以看到該表示式的值是反射 API 中 KFunction 類別的實例。要呼叫參考的函式，請使用 KCallable.call 方法。在這種情況下，你需要提供一個引數，如果試著使用不正確數量的引數（如 kFunction.call()）呼叫該函式，它將引發一個執行時的例外：「IllegalArgumentException: Callable expects 1 arguments, but 0 were provided.」。

但是在這種情況下，可以使用更具體的方法來呼叫該函式。::foo 表示式的型態是 KFunction1<Int, Unit>，它包含有關參數和回傳型態的訊息。1 表示該函式接受一個參數。要透過此介面呼叫該函式，請使用 invoke 方法。它接收固定數量的引數（在本範例中為 1），它們的型態與 KFunction1 介面的型態參數相對應。也可以直接呼叫 kFunction[6]：

```
import kotlin.reflect.KFunction2

fun sum(x: Int, y: Int) = x + y
>>> val kFunction: KFunction2<Int, Int, Int> = ::sum
>>> println(kFunction.invoke(1, 2) + kFunction(3, 4))
10
>>> kFunction(1)
ERROR: No value passed for parameter p2
```

現在無法使用不正確的參數數量呼叫 kFunction 上的 invoke 方法：它不會編譯。因此，如果你具有特定型態的 K 函式，並且具有已知參數和回傳型態，則最好使用其 invoke 方法。call 方法是一種泛型方法，適用於所有型態的函式，但不提供型態安全性。

KFunctionN 介面如何以及在哪裡定義？

諸如 KFunction1 之類別的型態表示具有不同數量參數的函式。每種型態都繼承了 KFunction，並增加了一個額外的成員 invoke 和相對應數量的參數。舉例來說，KFunction2 宣告 operator fun invoke(p1: P1, p2: P2): R，其中 P1 和 P2 表示函式參數型態，R 表示回傳型態。

6　第 11.3 節將解釋為什麼可能在沒有明確 invoke 的情況下呼叫 kFunction 的細節。

> 這些函式型態是**合成編譯器產生的型態**，並且你不會在 kotlin.reflect 套件中找到它們的宣告。意味著你可以使用一個介面來實作具有任意數量參數的函式。合成型態方法減少了 kotlin-runtime.jar 的大小，並避免了對可能的函式型態參數數量的人為限制。

你也可以在 KProperty 實例上呼叫 call 方法，它將呼叫屬性的 getter。但屬性介面為你提供了一種取得屬性值的更好方法：get 方法。

要存取 get 方法，需要為屬性使用正確的介面，具體取決於它如何宣告。頂層屬性由 KProperty0 介面的實例表示，該介面具有沒有引數的 get 方法：

```
var counter = 0
>>> val kProperty = ::counter
>>> kProperty.setter.call(21)
>>> println(kProperty.get())
21
```

透過反射呼叫 setter，傳遞 21 作為引數

透過呼叫「get」取得一個屬性值

成員屬性（*member property*）由 KProperty1 的實例表示，該實例具有單一參數 get 方法。要存取其值，必須提供你需要該值的物件實例。以下範例將對屬性的參考儲存在 memberProperty 變數中；那麼你可以呼叫 memberProperty.get(person) 來取得特定 person 實例的這個屬性的值。因此，如果 memberProperty 參考 Person 類別的 age 屬性，memberProperty.get(person) 就是一種動態取得 person.age 值的方法：

```
class Person(val name: String, val age: Int)

>>> val person = Person("Alice", 29)
>>> val memberProperty = Person::age
>>> println(memberProperty.get(person))
29
```

請注意，KProperty1 是一個泛型類別。memberProperty 變數的型態為 KProperty<Person, Int>，其中第一個型態參數表示接收器的型態，第二個型態參數表示屬性型態。因此只能使用正確型態的接收器呼叫 get 方法；呼叫 memberProperty.get("Alice") 將不會編譯。

另請注意，只能使用反射存取在頂層或類別中定義的屬性，而不能存取函式的區域變數。若你定義了一個區域變數 x，並試著使用 ::x 取得對它的參考，則將得到編譯錯誤，指出「References to variables aren't supported yet」。

圖 10.6 顯示了可用於在執行時存取程式碼元素的介面層次結構。由於所有宣告都可以註釋，因此表示執行時宣告的介面（如 KClass、KFunction 和 KParameter）

都會繼承 KAnnotatedElement。KClass 用於表示類別和物件。KProperty 可以表示任何屬性，而其子類別 KMutableProperty 表示一個可變屬性，可以使用 var 宣告該屬性。可以使用在 Property 和 KMutableProperty 中宣告的特殊介面 Getter 和 Setter 來使用屬性存取器作為函式——舉例來說，如果你需要檢索其註釋。存取器的兩個介面都繼承了 KFunction。為了簡單起見，我們省略了圖中 KProperty0 等屬性的特定介面。

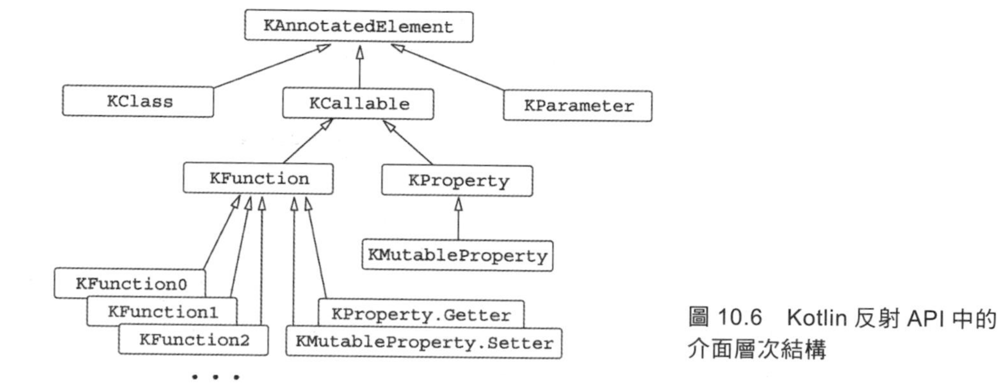

圖 10.6 Kotlin 反射 API 中的介面層次結構

現在已熟悉 Kotlin 反射 API 的基礎知識，接著來研究 JKid 函式庫的實作方式。

10.2.2 使用反射實作物件序列化

首先回顧一下 JKid 中的序列化函式宣告：

```
fun serialize(obj: Any): String
```

該函式接收一個物件並以字串的形式回傳其 JSON 表示。它將在一個 StringBuilder 實例中建置產生的 JSON。在序列化物件屬性及其值時，它會將它們加到此 StringBuilder 物件。為了使 append 呼叫更加簡潔，把實作放在一個繼承函式中給 StringBuilder。這樣可以方便地呼叫沒有限定詞的 append 方法：

```
private fun StringBuilder.serializeObject(x: Any) {
    append(...)
}
```

將函式參數轉換為繼承函式接收器是 Kotlin 程式碼中的常見模式，我們將在第 11.2.1 節中詳細討論它。請注意，serializeObject 不會繼承 StringBuilder API。它執行的操作在這個特定的程式碼之外是沒有意義的，所以它被標記為 private，以確保它不能在其他地方使用。它被宣告為一個延伸，以強調特定物件作為此程式碼區塊的主要物件，並使其更易於使用該物件。

因此，serialize 函式將所有工作委託給 serializeObject：

```
fun serialize(obj: Any): String = buildString { serializeObject(obj) }
```

正如在第 5.5.2 節看到的，buildString 建立了一個 StringBuilder，並讓你用 lambda 中的內容填充它。在這種情況下，其內容是由對 serializeObject(obj) 的呼叫所提供的。

現在來討論序列化函式的行為。在預設情況下，它會序列化物件的所有屬性。基本型態和字串將根據需要序列化為 JSON 數字、布林值和字串值。聚集將被序列化為 JSON 陣列。其他型態的屬性將被序列化為巢狀物件。正如在上一節中討論的那樣，可以透過註釋來自訂此行為。

來看一下 serializeObject 的實作，你可以在這裡實際觀察反射 API。

範例程式 10.1　序列化物件

```
private fun StringBuilder.serializeObject(obj: Any) {
    val kClass = obj.javaClass.kotlin                    // 取得該物件的 KClass
    val properties = kClass.memberProperties             // 取得該類別的所有屬性

    properties.joinToStringBuilder(
            this, prefix = "{", postfix = "}") { prop ->
        serializeString(prop.name)                       // 取得屬性名稱
        append(": ")
        serializePropertyValue(prop.get(obj))            // 取得屬性值
    }
}
```

這個函式的實作應該很清楚：你一個接一個地序列化每個類別的屬性。產生的 JSON 將如下所示：{ prop1: value1, prop2: value2 }。joinToStringBuilder 函式確保用逗號分隔屬性。serializeString 函式根據 JSON 格式的要求轉義特殊字元。serializePropertyValue 函式會檢查一個值是否是原始值、字串、聚集或巢狀物件，並相對應地序列化其內容。

在上一節中，我們討論了一種取得 KProperty 實例值的方法：get 方法。在這種情況下，你使用型態為 KProperty1<Person, Int> 的成員參考 Person::age，它可以讓編譯器知道接收器的確切型態和屬性值。然而在這個例子中，確切的型態是未知的，因為你列舉了一個物件類別的所有屬性。因此，prop 變數的型態為 KProperty1<Any, *>，prop.get(obj) 回傳 Any 型態的值。你沒有對接收器型態進行編譯時檢查，但由於你傳遞的是從中取得屬性列表的相同物件，因此接收器型態會是正確的。接下來，來看看如何實作調整序列化的註釋。

10.2.3 使用註釋自訂序列化

在本章之前，看到了允許自訂 JSON 序列化過程的註釋定義。尤其是我們討論了 `@JsonExclude`、`@JsonName` 和 `@CustomSerializer` 註釋。現在看看 `serializeObject` 函式如何處理這些註釋。

我們從 `@JsonExclude` 開始，這個註釋允許你從序列化中排除一些屬性。來看一下如何改變 `serializeObject` 函式的實作來支援它。

回想一下，要取得類別的所有成員屬性，可以在 `KClass` 實例上使用繼承屬性 `memberProperties`。但是現在任務變得更加複雜：使用 `@JsonExclude` 註釋的屬性需要被過濾掉。來看看是怎麼做的。

`KAnnotatedElement` 介面定義屬性 `annotations`，這是應用於程式碼中元素的所有註釋實例（具有執行時保留）的聚集。由於 `KProperty` 繼承了 `KAnnotatedElement`，因此，可以透過說 `property.annotations` 來存取屬性的所有註釋。

但是這裡的過濾不使用所有註釋；它需要找到一個特定的。輔助函式 `findAnnotation` 完成這項工作：

```
inline fun <reified T> KAnnotatedElement.findAnnotation(): T?
        = annotations.filterIsInstance<T>().firstOrNull()
```

如果存在這樣的註釋，則 `findAnnotation` 函式回傳指定為參數型態的註釋。它使用第 9.2.3 節中討論的模式，並使型態參數 `reified`，以便將註釋類別作為型態引數傳遞。

現在，你可以使用 `findAnnotation` 和 `filter` 標準函式庫函式一起過濾用 `@JsonExclude` 註釋的屬性：

```
val properties = kClass.memberProperties
        .filter { it.findAnnotation<JsonExclude>() == null }
```

下一個註釋是 @JsonName。提醒一下，我們將重複其宣告和使用範例：

```
annotation class JsonName(val name: String)

data class Person(
    @JsonName("alias") val firstName: String,
    val age: Int
)
```

在這種情況下，你不僅對其存在感興趣，也對其引數感興趣：應該用於 JSON 中註釋屬性的名稱。幸運的是，findAnnotation 函式在這裡有所幫助：

```
val jsonNameAnn = prop.findAnnotation<JsonName>()
val propName = jsonNameAnn?.name ?: prop.name
```

取得 @JsonName 註釋的實例（如果存在）

a 取得其「name」引數或使用「prop.name」作為備用選項

如果某個屬性未使用 @JsonName 註釋，那麼 jsonNameAnn 為 null，並且仍然使用 prop.name 作為 JSON 中屬性的名稱。如果該屬性已註釋，則使用指定的名稱。

來看看前面宣告的 Person 類別的實例的序列化。在 firstName 屬性的序列化過程中，jsonNameAnn 包含註釋類別 JsonName 的相對應實例。因此，jsonNameAnn?.name 回傳非空值 "alias"，作為 JSON 中的鍵。當 age 屬性被序列化時，找不到註釋，所以屬性名稱 age 被用作關鍵字。

讓我們結合到目前為止所討論的更改，並看看序列化邏輯的結果實作。

範例程式 10.2　使用屬性過濾序列化物件

```
private fun StringBuilder.serializeObject(obj: Any) {
    obj.javaClass.kotlin.memberProperties
            .filter { it.findAnnotation<JsonExclude>() == null }
            .joinToStringBuilder(this, prefix = "{", postfix = "}") {
                serializeProperty(it, obj)
            }
}
```

現在用 @JsonExclude 註釋的屬性被過濾掉了。我們還將負責屬性序列化的邏輯提取到一個單獨的 serializeProperty 函式中。

範例程式 10.3　序列化單一屬性

```
private fun StringBuilder.serializeProperty(
        prop: KProperty1<Any, *>, obj: Any
) {
```

```
    val jsonNameAnn = prop.findAnnotation<JsonName>()
    val propName = jsonNameAnn?.name ?: prop.name
    serializeString(propName)
    append(": ")

    serializePropertyValue(prop.get(obj))
}
```

屬性名稱根據前面討論的 @JsonName 註釋進行處理。

接下來，讓我們實作最後的註釋 @CustomSerializer。實作基於 getSerializer 函式，該函式回傳透過 @CustomSerializer 註釋註冊的 ValueSerializer 實例。舉例來說，如果宣告 Person 類別如下所示，並在序列化 birthDate 屬性時呼叫 getSerializer()，則它將回傳 DateSerializer 的一個實例：

```
data class Person(
    val name: String,
    @CustomSerializer(DateSerializer::class) val birthDate: Date
)
```

以下是如何宣告 @CustomSerializer 註釋的提醒，幫助你更好地理解 getSerializer 的實作：

```
annotation class CustomSerializer(
    val serializerClass: KClass<out ValueSerializer<*>>
)
```

以下是 getSerializer 函式的實作方式。

範例程式 10.4　檢索屬性的值序列化程式

```
fun KProperty<*>.getSerializer(): ValueSerializer<Any?>? {
    val customSerializerAnn = findAnnotation<CustomSerializer>() ?: return null
    val serializerClass = customSerializerAnn.serializerClass

    val valueSerializer = serializerClass.objectInstance
            ?: serializerClass.createInstance()
    @Suppress("UNCHECKED_CAST")
    return valueSerializer as ValueSerializer<Any?>
}
```

這是 KProperty 的延伸函式，因為該屬性是該方法處理的主要物件。它呼叫 findAnnotation 函式來取得 @CustomSerializer 註釋的實例（如果存在）。它的參數 serializerClass 指定你需要取得實例的類別。

這裡最有趣的部分是，你將類別和物件（Kotlin 的單例）作為 @CustomSerializer 註釋的值處理的方式，它們都由 KClass 類別表示。區別在於物件具有 objectInstance 屬性的非空值，可用於存取為該物件建立的單例模式實例。例如，DateSerializer 被宣告為一個物件，所以它的 objectInstance 屬性儲存單例模式 DateSerializer 實例。你將使用該實例序列化所有物件，並且不會呼叫 createInstance。

如果 KClass 表示一般類別，則透過呼叫 createInstance 建立一個新實例。該函式與 java.lang.Class.newInstance 類似。

最後，你可以在執行 serializeProperty 時使用 getSerializer。下面是該函式的最終版本。

範例程式 10.5　使用自訂序列器支援序列化屬性

```
private fun StringBuilder.serializeProperty(
        prop: KProperty1<Any, *>, obj: Any
) {
    val name = prop.findAnnotation<JsonName>()?.name ?: prop.name
    serializeString(name)
    append(": ")

    val value = prop.get(obj)
    val jsonValue =
            prop.getSerializer()?.toJsonValue(value)    ← 如果該屬性存在，則使用自訂序列化程式
            ?: value                                    ← 否則像以前一樣使用屬性值
    serializePropertyValue(jsonValue)
}
```

serializeProperty 使用序列化程式透過呼叫 toJsonValue，將屬性值轉換為 JSON 相容格式。如果該屬性沒有自訂序列化程式，則使用該屬性值。

現在已經看到了函式庫的 JSON 序列化部分的實作，我們將繼續看到解析和反序列化。反序列化部分需要相當多的程式碼，所以我們不會檢查所有的程式碼，但會看看實作的結構，並解釋如何使用反射來反序列化物件。

10.2.4　JSON 解析和物件反序列化

讓我們從故事的第二部分開始：實作反序列化邏輯。首先回想一下，像用於序列化的 API 一樣，API 包含一個函式：

```
inline fun <reified T: Any> deserialize(json: String): T
```

以下是其使用範例：

```
data class Author(val name: String)
data class Book(val title: String, val author: Author)

>>> val json = """{"title": "Catch-22", "author": {"name": "J. Heller"}}"""
>>> val book = deserialize<Book>(json)
>>> println(book)
Book(title=Catch-22, author=Author(name=J. Heller))
```

將要反序列化的物件的型態作為一個具體化的型態參數傳遞給 `deserialize` 函式，並取回一個新的物件實例。

反序列化 JSON 比序列化更加困難，因為除了使用反射來存取物件內部之外，它還涉及解析 JSON 字串輸入。JKid 中的 JSON 反序列器以相當傳統的方式實作，包含三個主要階段：詞法分析器（lexical analyzer），通常稱為 *lexer*；語法分析器或**解析器**；和反序列化組件本身。

詞法分析將由字元組成的輸入字串分割為單詞列表。有兩種單詞：**字元單詞**（*character token*），它們表示 JSON 語法中具有特殊含意的字元（逗號、冒號、小括號和大括號）；和**值單詞**（*value token*），它們對應於字串、數字、布林值和空常數。左括號（`{`）、字串值（`"Catch-22"`）和整數值（`42`）是不同單詞的範例。

解析器通常負責將簡單的單詞列表轉換為結構化表示。它在 JKid 中的任務是了解 JSON 的更高階結構，並將單個單詞轉換為 JSON 支援的語義元素：鍵值對、物件和陣列。

`JsonObject` 介面追蹤當前被反序列化的物件或陣列。解析器在發現當前物件的新屬性（簡單值、組合屬性或陣列）時呼叫相對應的方法。

範例程式 10.6 JSON 解析器回呼介面

```
interface JsonObject {
    fun setSimpleProperty(propertyName: String, value: Any?)

    fun createObject(propertyName: String): JsonObject

    fun createArray(propertyName: String): JsonObject
}
```

這些方法中的 `propertyName` 參數接收 JSON 密鑰。因此，當解析器遇到以物件作為其值的 `author` 屬性時，將呼叫 `createObject("author")` 方法。簡單的值屬性被回報為對 `setSimpleProperty` 的呼叫，實際的單詞值作為 `value` 引數傳遞。`JsonObject` 實作負責為屬性建立新的物件，並在外部物件中儲存對它們的參考。

圖 10.7 顯示了反序列化範例字串時，用於詞法和語法分析的每個階段的輸入和輸出。詞法分析再一次將輸入字串劃分為一系列單詞；那麼語法分析（解析器）會處理這個單詞列表，並在每個新的有意義的元素上呼叫 JsonObject 的適當方法。

反序列器然後為 JsonObject 提供一個實作，逐漸建置相對應型態的新實例。它需要找到類別屬性和 JSON 鍵（圖 10.7 中的 title、author 和 name）之間的對應關係，並建置巢狀的物件值（Author 的一個實例）；只有在它之後它才能建立所需類別的新實例（Book）。

圖 10.7 JSON 解析：詞法分析器、解析器和反序列器

JKid 函式庫旨在與資料類別一起使用，因此它將從 JSON 檔案載入的所有名稱 / 值對，作為參數傳遞給被反序列化類別的建構式。它不支援在建立物件實例後設置屬性。這意味著它需要將資料儲存在某個地方，同時從 JSON 中讀取資料，然後才能建立該物件。

在建立物件之前保存組件的要求，看起來與傳統的 Builder 模式類似，不同之處在於，建置器通常適合於建立特定型態的物件，並且解決方案需要是完全通用的。為了避免無聊，我們使用術語 *seed* 來實作。在 JSON 中，你需要建置不同型態的組合結構：物件、聚集和 map。類別 ObjectSeed、ObjectListSeed 和 ValueListSeed 負責適當地建置物件和複合物件列表或簡單值。map 的建置留給你作為練習。

基本的 Seed 介面繼承了 JsonObject，並在建置過程完成後提供了一個額外的 spawn 方法來取得產生的實例。它還宣告了用於建立巢狀物件和巢狀列表的 createCompositeProperty 方法（它們使用相同的基礎邏輯透過 seed 建立實例）。

範例程式 10.7　從 JSON 資料建立物件的介面

```
interface Seed: JsonObject {
    fun spawn(): Any?

    fun
        createCompositeProperty(
        propertyName: String,
        isList: Boolean
    ): JsonObject

    override fun createObject(propertyName: String) =
        createCompositeProperty(propertyName, false)
    override fun createArray(propertyName: String) =
        createCompositeProperty(propertyName, true)

    // ...
}
```

可以把 spawn 想像成一個類似 build 的方法——一種回傳結果值的方法。它回傳 ObjectSeed 的建置物件，以及 ObjectListSeed 或 ValueListSeed 的結果列表。我們不會詳細討論列表是如何反序列化的。我們將把注意力集中在建立物件上，這些物件更加複雜，並且可以用來展示一般想法。

但在此之前，我們來研究一下主要的 deserialize 函式，它完成反序列化一個值的所有工作。

範例程式 10.8　頂層反序列化函式

```
fun <T: Any> deserialize(json: Reader, targetClass: KClass<T>): T
    { val seed = ObjectSeed(targetClass, ClassInfoCache())
    Parser(json, seed).parse()
    return seed.spawn()
}
```

要開始解析，需要建立一個 ObjectSeed 來儲存被反序列化物件的屬性，然後呼叫解析器並將輸入流讀取器 json 傳遞給它。一旦到達輸入資料的結尾，你就可以呼叫 spawn 函式來產生結果物件。

現在我們來關注 ObjectSeed 的實作，它儲存了正在建置的物件的狀態。ObjectSeed 參考結果類別和一個 classInfoCache 物件，該物件包含有關該類別屬性的快取訊息，這個快取的訊息稍後將用於建立該類別的實例。ClassInfoCache 和 ClassInfo 是輔助類別，我們將在下一節討論。

範例程式 10.9 反序列化物件

```
class ObjectSeed<out T: Any>(
        targetClass: KClass<T>,
        val classInfoCache: ClassInfoCache
) : Seed {

    private val classInfo: ClassInfo<T> =
            classInfoCache[targetClass]

    private val valueArguments = mutableMapOf<KParameter, Any?>()
    private val seedArguments = mutableMapOf<KParameter, Seed>()

    private val arguments: Map<KParameter, Any?>
        get() = valueArguments +
                seedArguments.mapValues { it.value.spawn() }
    override fun setSimpleProperty(propertyName: String, value: Any?) {
        val param = classInfo.getConstructorParameter(propertyName)
        valueArguments[param] =
                classInfo.deserializeConstructorArgument(param, value)
    }

    override fun createCompositeProperty(
            propertyName: String, isList: Boolean
    ): Seed {
        val param = classInfo.getConstructorParameter(propertyName)
        val deserializeAs =
            classInfo.getDeserializeClass(propertyName)
        val seed = createSeedForType(
            deserializeAs ?: param.type.javaType, isList)
        return seed.apply { seedArguments[param] = this }
    }

    override fun spawn(): T =
            classInfo.createInstance(arguments)
}
```

快取建立 targetClass 實例所需的訊息

從建構式參數建置 map 到它們的值

記錄建構式參數的值，如果它是一個簡單的值

加載屬性的 DeserializeInterface 註釋的值（如果有的話）

根據參數型態建立 ObjectSeed 或 CollectionSeed ...

... 並將其記錄在 seedArguments map 中

建立 targetClass 的結果實例，傳遞引數 map

ObjectSeed 從建構式參數建置一個 map 到它們的值。兩個可變 map 用於：簡單值屬性的 valueArguments 和複合屬性的 seedArguments。在建置結果時，透過呼叫 setSimpleProperty 將新參數加到 valueArguments map，並透過呼叫 createCompositeProperty 將新參數加到 seedArguments map。新的複合種子以空狀態加入，然後使用來自輸入流的資料填充。最後，spawn 方法透過呼叫每個 spawn 來遞迴地建置所有巢狀種子。

請注意，spawn 方法主體中的呼叫 arguments 如何啟動複合（seed）引數的遞迴建置：arguments 的自訂 getter 呼叫每個 seedArguments 上的 spawn 方法。createSeedForType 函式分析參數的型態，並根據參數是否是某種聚集建立 ObjectSeed、ObjectListSeed 或 ValueListSeed。我們把調查它是如何

實作的練習留給你。接下來，看到 ClassInfo.createInstance 函式如何建立 targetClass 的一個實例。

10.2.5 最後的反序列化步驟：callBy() 和使用反射建立物件

需要了解的最後一部分是，建置結果實例並快取關於建構式參數訊息的 ClassInfo 類別，它用於 ObjectSeed。但在深入實作細節之前，來看看用於透過反射建立物件的 API。

你已經看到了 KCallable.call 方法，該方法透過取得參數列表來呼叫函式或建構式。這種方法在許多情況下效果很好，但有一個限制：它不支援預設參數值。在這種情況下，如果使用者試著使用具有預設參數值的建構式反序列化物件，那麼絕對不希望要求在 JSON 中指定這些參數。因此，需要使用另一種支援預設參數值的方法：KCallable.callBy。

```
interface KCallable<out R> {
    fun callBy(args: Map<KParameter, Any?>): R
    ...
}
```

該方法將參數 map 到將作為參數傳遞的相對應值。如果 map 中缺少參數，則盡可能使用其預設值。同樣很好，你不必將參數按正確的順序排列；可以從 JSON 中讀取名稱 / 值對，找到與每個參數名稱對應的參數，並將其值放入 map 中。

需要關心的一件事是，讓型態正確。args map 中值的型態需要與建構式參數型態對應；否則，會得到 IllegalArgumentException。這對於數字型態尤為重要：你需要知道參數是採用 Int、Long、Double 還是其他基本型態，並將來自 JSON 的數值轉換為正確的型態。為此，請使用 KParameter.type 屬性。

型態轉換透過用於自訂序列化的相同 ValueSerializer 介面工作。若某個屬性沒有 @CustomSerializer 註釋，則擷取其型態的標準實作。

範例程式 10.10 取得基於值型態的序列化程式

```
fun serializerForType(type: Type): ValueSerializer<out Any?>? =
        when(type) {
            Byte::class.java -> ByteSerializer
            Int::class.java -> IntSerializer
            Boolean::class.java -> BooleanSerializer
            // ...
            else -> null
        }
```

相對應的 ValueSerializer 實作執行必要的型態檢查或轉換。

範例程式 10.11　用於 Boolean 的序列化器

```
object BooleanSerializer : ValueSerializer<Boolean> {
    override fun fromJsonValue(jsonValue: Any?): Boolean {
        if (jsonValue !is Boolean) throw JKidException("Boolean expected")
        return jsonValue
    }

    override fun toJsonValue(value: Boolean) = value
}
```

callBy 方法為你提供了一種方法來呼叫物件的主建構式，並傳遞參數和相對應值的 map。ValueSerializer 機制確保 map 中的值具有正確的型態。現在讓我們看看如何呼叫 API。

ClassInfoCache 類別旨在減少反射操作的開銷。回想一下，用於控制序列化和反序列化過程（@JsonName 和 @CustomSerializer）的註釋應用於屬性而不是參數。當你反序列化一個物件時，你正在處理建構式參數，而不是屬性；並且為了檢索註釋，你需要找到相對應的屬性。在讀取每個鍵值對時執行此搜尋會非常緩慢，因此你每個類別都要執行一次並快取訊息。這是 ClassInfoCache 的整個實作。

範例程式 10.12　儲存快取的反射資料

```
class ClassInfoCache {
    private val cacheData = mutableMapOf<KClass<*>, ClassInfo<*>>()

    @Suppress("UNCHECKED_CAST")
    operator fun <T : Any> get(cls: KClass<T>): ClassInfo<T> =
            cacheData.getOrPut(cls) { ClassInfo(cls) } as ClassInfo<T>
}
```

你可以使用我們在第 9.3.6 節中討論過的相同模式：將值儲存在 map 中時刪除型態訊息，但 get 方法的實作可確保回傳的 ClassInfo<T> 具有正確的型態參數。請注意，使用 getOrPut：如果 cacheData map 已包含 cls 項目，則回傳該項目。否則，你可以呼叫傳遞的 lambda 來計算鍵的值，將值儲存在 map 中並回傳。

ClassInfo 類別負責建立標的類別的新實例並快取必要的資訊。為了簡化程式碼，我們省略了一些函式和簡單的初始化器。此外，你可能會注意到，生產程式碼不會提供帶有資訊訊息的例外（這對你的程式碼來說也是一個很好的模式），而不是 !!。

範例程式 10.13　建構式參數和註釋資料的快取

```
class ClassInfo<T : Any>(cls: KClass<T>) {
    private val constructor = cls.primaryConstructor!!

    private val jsonNameToParamMap = hashMapOf<String, KParameter>()
    private val paramToSerializerMap =
        hashMapOf<KParameter, ValueSerializer<out Any?>>()
    private val jsonNameToDeserializeClassMap =
        hashMapOf<String, Class<out Any>?>()

    init {
        constructor.parameters.forEach { cacheDataForParameter(cls, it) }
    }
    fun getConstructorParameter(propertyName: String): KParameter =
            jsonNameToParam[propertyName]!!

    fun deserializeConstructorArgument(
            param: KParameter, value: Any?): Any? {
        val serializer = paramToSerializer[param]
        if (serializer != null) return serializer.fromJsonValue(value)

        validateArgumentType(param, value)
        return value
    }

    fun createInstance(arguments: Map<KParameter, Any?>): T {
        ensureAllParametersPresent(arguments)
        return constructor.callBy(arguments)
    }

    // ...
}
```

在初始化時，此程式碼查找與每個建構式參數對應的屬性並檢索其註釋。它將資料儲存在三個 map 中：`jsonNameToParam` 指定與 JSON 檔案中每個鍵相對應的參數，`paramToSerializer` 儲存每個參數的序列化程式，而 `jsonNameToDeserializeClass` 儲存指定為 `@DeserializeInterface` 參數的類別（如果有）。然後 `ClassInfo` 可以透過屬性名稱提供建構式參數，並且呼叫程式碼使用該參數，作為參數變數 map 的關鍵字。

`cacheDataForParameter`、`validateArgumentType` 和 `ensureAllParametersPresent` 函式是該類別中的 private 函式。以下是 `ensureAllParametersPresent` 的實作；你可以自己瀏覽別人的程式碼。

範例程式 10.14　驗證提供了所需的參數

```
private fun ensureAllParametersPresent(arguments: Map<KParameter, Any?>) {
    for (param in constructor.parameters) {
            if (arguments[param] == null &&
                    !param.isOptional && !param.type.isMarkedNullable) {
            throw JKidException("Missing value for parameter ${param.name}")
        }
    }
}
```

該功能檢查你是否提供參數所需的全部值。請注意反射 API 如何幫助你。如果一個參數有一個預設值，那麼 `param.isOptional` 為 `true`，你可以省略一個參數；將使用預設的一個。如果參數型態為空（`type.isMarkedNullable` 可以告訴你），則 `null` 將被用作預設參數值。對於所有其他參數，你必須提供相對應的參數；否則，將擲出例外。反射快取確保搜尋自訂反序列化過程的註釋僅執行一次，而不是針對你在 JSON 資料中看到的每個屬性。

這完成了對 JKid 函式庫實作的討論。在本章的過程中，我們探討了在反射 API 之上實作的 JSON 序列化和反序列化函式庫的實作，並使用註釋來自訂其行為。當然，本章中展示的所有技術和方法也可以用於你自己的框架。

10.3 總結

- 在 Kotlin 中應用註釋的語法與 Java 幾乎相同。
- Kotlin 允許你將註釋應用於比 Java 更廣泛的標的，包括檔案和表示式。
- 註釋參數可以是原始值、字串、列舉、類別參考、另一個註釋類別的實例或其陣列。
- 如在 `@get:Rule` 中指定註釋的使用處標的，如果單個 Kotlin 宣告產生多個位元組碼元素時，允許你選擇應用註釋的方式。
- 將註釋類別宣告為具有主建構式的類別，其中所有參數都標記為 `val` 屬性且不帶主體。
- 詮釋註釋可用於指定註釋的標的、保留模式和其他屬性。
- 反射 API 允許你在執行時動態列舉和存取物件的方法和屬性。它具有代表不同型態宣告的介面，如類別（`KClass`），函式（`KFunction`）等。

- 要取得 KClass 實例，可以使用 ClassName::class（如果該類別是靜態已知的），並使用 obj.javaClass.kotlin 從物件實例中取得該類別。
- KFunction 和 KProperty 介面都繼承了 KCallable，它提供了通用的 call 方法。
- KCallable.callBy 方法可用於使用預設參數值呼叫方法。
- KFunction0、KFunction1 等是具有不同數量參數的函式，可以使用 invoke 方法呼叫這些參數。
- KProperty0 和 KProperty1 是具有不同數量接收器的屬性，它們支援 get 方法來檢索值。KMutableProperty0 和 KMutableProperty1 繼承這些介面以支援透過 set 方法更改屬性值。

11 特定域語言框架

本章涵蓋：

- 建置特定域語言
- 使用 lambda 和接收器
- 應用 `invoke` 公約
- 現有的 Kotlin DSL 例子

在本章中，將討論如何透過使用**特定域語言**（*domain-specific language*，*DSL*）來為你的 Kotlin 類別表達的設計和具有語言特點的 API。我們將探討傳統和 DSL 風格的 API 之間的區別，將會看到 DSL 風格的 API，如何應用於各式各樣的實際問題，如資料庫存取、HTML 產生、測試、撰寫建置腳本、定義 Android UI 布局，以及其他許多問題。

Kotlin DSL 設計依賴許多語言功能，其中有兩個我們還沒有完全探索。其中一個在第 5 章有簡要介紹過：帶有接收器的 lambda，它允許你透過在程式碼區塊中更改名稱解析規則來建立 DSL 結構。另一個是新的：`invoke` 公約，它使得在 DSL 程式碼中結合 lambda 和屬性指派更加靈活。我們將在本章詳細研究這些功能。

11.1 從 API 到 DSL

在深入討論 DSL 之前，讓我們更佳地了解正在嘗試解決的問題。最終，目標是實現最好可讀性和可維護性的程式碼。為了達到這個目標，僅僅關注個別的類別是不夠的。類別中的大多數程式碼與其他類別是互動的，因此需要查看這些互動所發生的介面——換句話說，就是類別的 API。

重要的是要記住，挑戰建置好的 API 並不僅限於函式庫的作者；相反地，它是每個開發人員都必須做的事情。正如一個函式庫提供了一個使用它的程式介面，應用程式中的每個類別，都提供了其他類別與之互用的可能性。確保這些互動易於理解，並且可以清晰地表達，這對於保持專案的可維護性非常重要。

在本書，您已經看到了許多 Kotlin 功能的例子，它們允許你為類別建置**簡潔的** *API*。簡潔的 API 是什麼意思？需要滿足兩點：

- 它需要清楚地告訴讀者程式碼中發生了什麼。這可以透過對名稱和概念的良好選擇來實現，這在任何語言中都很重要。
- 程式碼需要看起來簡潔，使用最少的禮節和沒有不必要的語法。實現這一目標是本章的重點。簡潔的 API 甚至可以與語言的內建功能區分開來。

Kotlin 功能的範例使你能夠建置簡潔的 API，包括延伸函式、中序呼叫、lambda 語法快捷方式和運算子多載。表 11.1 顯示了如何幫助減少程式碼中語句干擾的功能。

表 11.1　Kotlin 支援簡潔的語法

一般語法	簡潔語法	功能的使用
`StringUtil.capitalize(s)`	`s.capitalize()`	延伸函式
`1.to("one")`	`1 to "one"`	中序呼叫
`set.add(2)`	`set += 2`	運算子多載
`map.get("key")`	`map["key"]`	get 方法的公約
`file.use({ f -> f.read() } )`	`file.use { it.read() }`	括號外的 lambda

`sb.append("yes")`
`sb.append("no")`
	`with (sb) {`
	`  append("yes")`
	`  append("no")`
	`}`
		帶接收器的 lambda

在這一章中，我們將越過簡潔的 API，看看 Kotlin 對建置 DSL 的支援。Kotlin 的 DSL 建置在簡潔的語法特性上，並延伸了它們的能力，可以在多個方法呼叫中建立**結構**（*structure*）。因此，與使用單個方法呼叫建置的 API 相比，DSL 更具有表現力和愉悅性。

和其他語言功能一樣，Kotlin DSL 完全是**靜態型態的**（*fully statically typed*）。這意味著它有靜態型態的所有優點，例如編譯時錯誤的檢測和更好的 IDE 支援，在你使用 DSL 模式為 API 時仍然有效。

這裡有幾個例子展示了 Kotlin DSL 可以做什麼。這個表示式會倒轉時間，並回傳前一天的日期（就只是前一天的日期）：

```
val yesterday = 1.days.ago
```

這個函式產生一個 HTML 的表格：

```
fun createSimpleTable() = createHTML().
    table {
        tr {
            td { +"cell" }
        }
    }
```

在本章，您將了解這些範例是如何建置的。但在開始詳細討論之前，先來看看 DSL 是什麼。

11.1.1 特定域語言的概念

DSL 的一般概念幾乎與程式語言的概念一樣。我們將**通用程式語言**（*general-purpose programming language*）和一組足以解決任何可以用電腦解決問題的功能分開來；以及**特定域語言**（*domain-specific language*），專注於特定的任務或**領域**，並放棄與該領域無關的功能。

最常見的 DSL 毫無疑問是你熟悉的 SQL 和正規表示式。它們非常適合解決操作資料庫和文字字串的特定任務，但你不能使用它們來開發整個應用程式。（至少希望你不會這樣做，以正規表示式語言建置整個應用程式的想法，會讓我們不寒而慄。）

注意這些語言如何透過減少它們提供的函式，來有效地實現它們的目標。當你需要執行一個 SQL 敘述時，你不會先宣告一個類別或函式。相反地，每個 SQL 敘述中的第一個關鍵字，表示你需要執行的操作型態，並且每種型態的操作都有自己獨特的語法，和特定於手邊任務的關鍵字集。有了正規表示式語言，就會有更少的語法：程式直接描述要對應的文字，使用緊湊的標點語法來指定文字是如何變化的。透過這種緊湊的語法，DSL 可以比通用語言中的等效程式碼更簡潔地表達特定域的操作。

另一個重要的點是，DSL 往往是宣告式的，而不是通用語言，大多數都是命令式的。雖然**命令式語言**（*imperative language*）描述執行操作所需的步驟的精確順序，但**宣告式語言**（*declarative language*）描述了所需的結果，並將執行細節留給解釋它的引擎。這常常使執行更加有效率，因為在執行引擎中只實作了一次必要的最佳化；另一方面，命令式的方法要求每個操作的實作都要獨立地進行最佳化。

此型態的 DSL 有一個缺點：很難將它們與主應用程式結合在通用語言中。它們有自己的語法，不能直接嵌入到不同語言的程式中。因此，要呼叫 DSL 中所撰寫的程式，需要將其儲存在獨立的檔案中，或者將其嵌入到字串中。這使得在編譯時驗證 DSL 與主語言之間的正確互動，除錯 DSL 的程式，並在撰寫程式碼時提供 IDE 程式碼的輔助是非常重要的。另外，獨立的語法需要單獨的學習，並且常常使程式碼更難閱讀。

為了解決這個問題，同時保留了 DSL 的大部分其他好處，**內部** *DSL*（*internal DSL*）的概念最近變得流行起來。來看看這是什麼。

11.1.2 內部 DSL

相對於具有獨立語法的**外部** *DSL*（*external DSL*），內部 DSL 一部分程式是以通用語言撰寫的，使用的是完全相同的語法。實際上，內部 DSL 並不是完全獨立的語言，而是一種使用主要語言的特殊方式，同時保留了具有獨立語法的 DSL 的主要優勢。

為了比較這兩種方法，讓我們看看如何使用外部和內部 DSL 來完成相同的任務。假設有兩個資料庫表格：`Customer` 和 `Country`，每個 `Customer` 項目都參考了客戶所在的國家。任務是查詢資料庫，找到大多數客戶所在的國家。要使用的外部 DSL 是 SQL；內部框架由 Exposed 框架（https://github.com/JetBrains/Exposed）提供，該框架是用於資料庫存取的 Kotlin 框架。下面是使用 SQL 的方法：

```
SELECT Country.name, COUNT(Customer.id)
    FROM Country
    JOIN Customer
      ON Country.id = Customer.country_id
GROUP BY Country.name
```

```
ORDER BY COUNT(Customer.id) DESC
   LIMIT 1
```

直接在 SQL 中撰寫程式碼可能不是很方便：你必須為主要應用程式語言（在本例中是 Kotlin）和查詢語言之間的互動提供一種方法。通常所能做的事情就是將 SQL 放入字串中，並希望 IDE 能夠幫助你撰寫和驗證它。

作為比較，下面是 Kotlin 和 Exposed 建置的相同查詢：

```
(Country join Customer)
    .slice(Country.name, Count(Customer.id))
    .selectAll()
    .groupBy(Country.name)
    .orderBy(Count(Customer.id), isAsc = false)
    .limit(1)
```

可以看到兩個版本之間的相似之處。實際上，執行第二個版本會產生和執行手動撰寫的完全相同的 SQL 查詢。但是第二個版本是一般的 Kotlin 程式碼，`selectAll`、`groupBy`、`orderBy` 和其他，都是一般的 Kotlin 方法。此外，你不需要花費任何精力將資料從 SQL 查詢的結果，轉換為 Kotlin 物件，亦即將查詢執行結果直接作為原生 Kotlin 物件傳遞。因此，我們將此稱為內部 DSL：用於完成特定任務（建置 SQL 查詢）的程式碼實作，作為通用語言（Kotlin）的函式庫。

11.1.3 DSL 的結構

一般來說，DSL 和一般 API 之間沒有明確的界限；通常這個標準是主觀的，就像「我知道它是一種 DSL」。DSL 經常依賴於其他環境中廣泛使用的語言特性，比如中序呼叫和運算子多載。但是在 DSL 中經常出現一個特性，通常在其他 API 中不存在：**結構**（*structure*）或**語法**（*grammar*）。

典型的函式庫由許多方法組成，客戶端使用這個函式庫的方法是逐個呼叫這些方法。在呼叫序列中沒有固有的結構，在一個呼叫和下一個呼叫之間沒有任何程式碼。這種 API 有時被稱為**命令查詢** *API*（*command-query API*）。與此相反，DSL 中的方法呼叫存在於更大的結構中，以 DSL 的**語法**（*grammar*）來定義。在 Kotlin DSL 中，結構通常是透過 lambda 的巢狀或透過鏈接方法呼叫建立。你可以清楚地看到在前面的 SQL 範例：執行查詢需要組合描述所需結果集不同方面的方法呼叫，並且組合查詢比傳遞給所有參數的單個方法呼叫的查詢更易於閱讀。

這種語法讓我們可以把內部 DSL 稱為一種**語言**（*language*）。有如英語這樣的自然語言，句子是由單字組成的，而語法規則決定了這些詞如何相互結合。類似地，在

DSL 中，單個操作可以由多個函式呼叫組成，而型態檢查器確保呼叫以一種有意義的方式組合。實際上，函式名稱通常充當動詞（groupBy、orderBy），它們的參數充當名詞（Country.name）的角色。

DSL 結構的一個好處是，它允許你在多個函式呼叫之間，重複使用相同的上下文，而不是在每次呼叫中重複它。以下範例說明，顯示用於描述 Gradle 建置腳本中相依性關係的 Kotlin DSL（https://github.com/gradle/gradle-script-kotlin）：

```
dependencies {                          // 透過 lambda 巢狀結構
    compile("junit:junit:4.11")
    compile("com.google.inject:guice:4.1.0")
}
```

相反地，這是透過一般命令查詢 API 執行的相同操作。請注意，程式碼中有更多的重複：

```
project.dependencies.add("compile", "junit:junit:4.11")
project.dependencies.add("compile", "com.google.inject:guice:4.1.0")
```

鏈接方法呼叫是另一種在 DSL 中建立結構的方法。例如，它們通常用於測試框架中，將斷言拆為多個方法呼叫。這樣的斷言可以更容易閱讀，特別是你可以應用於中序呼叫語法。以下範例來自 kotlintest（https://github.com/kotlintest/kotlintest），這是 Kotlin 的第三方測試框架，我們將在第 11.4.1 節中更詳細地討論：

```
str should startWith("kot")    // 透過鏈接方法呼叫結構
```

注意，透過一般的 JUnit API 如何表達相同的範例是更嘈雜的，可讀性很低：

```
assertTrue(str.startsWith("kot"))
```

現在讓我們更詳細地看一下內部 DSL 的一個例子。

11.1.4 用內部 DSL 建置 HTML

本章開頭的一個問題是用於建置 HTML 頁面的 DSL。在本節將更詳細地討論它。這裡使用的 API 來自 kotlinx.html 函式庫（https://github.com/Kotlin/kotlinx.html）。下面是一個小片段，它建立了一個單元格的表格：

```
fun createSimpleTable() = createHTML().
    table {
        tr {
            td { +"cell" }
        }
    }
```

很明顯，HTML 與之前的結構相對應：

```
<table>
  <tr>
    <td>cell</td>
  </tr>
</table>
```

`createSimpleTable` 函式回傳一個包含此 HTML 片段的字串。

為什麼要用 Kotlin 程式碼建置這個 HTML，而不是把它寫成文字？首先，Kotlin 版本是安全型態的：你只能在 `tr` 中使用 `td` 標籤；否則，此程式碼將無法編譯。更重要的是，它是一般程式碼，你可以在其中使用任何語言結構。這意味著在定義表格時，可以在同一個地方動態地產生表格的單元格（例如，對應於 map 中的元素）：

```
fun createAnotherTable() = createHTML().table
    { val numbers = mapOf(1 to "one", 2 to "two")
    for ((num, string) in numbers) {
        tr {
            td { +"$num" }
            td { +string }
        }
    }
}
```

產生的 HTML 包含所需的資料：

```
<table>
  <tr>
    <td>1</td>
    <td>one</td>
  </tr>
  <tr>
    <td>2</td>
    <td>two</td>
  </tr>
</table>
```

HTML 是一種標籤語言的典型例子，它非常適合闡釋這個概念；但對於任何類似結構的語言（如 XML），你可以使用相同的方法。稍後將討論 Kotlin 中這些程式碼的工作原理。

既然知道 DSL 是什麼，以及為什麼你可能想要建置一個，讓我們看看 Kotlin 如何幫助你實現這一目標。首先，我們將更深入地研究**帶接收器的 *lambda* 表示式**：這是幫助建立 DSL 語法的關鍵特性。

11.2 建置結構化的 API：在 DSL 中使用接收器的 lambda

帶有接收器的 lambda 是一個強大的 Kotlin 功能，它允許你建置具有結構的 API。正如我們已經討論過的那樣，結構是將 DSL 與一般 API 區分開來的關鍵特徵之一。我們來仔細研究這個功能，看看使用它的一些 DSL。

11.2.1 帶有接收器和延伸函式型態的 lambda

在第 5.5 節中，我們簡單概述帶有接收器的 lambda 表示式，其中介紹了 `buildString`、`with`，以及 `apply` 標準函式庫函式。現在來看看它們是如何實作的，以 `buildString` 函式為例。此函式允許你建置一個字串，從多個內容加到 `StringBuilder` 的中間。

為了開始討論，讓我們定義 `buildString` 函式，以便它以一個普通的 lambda 作為參數。在第 8 章已知道如何做到這一點，所以這應該是熟悉的內容。

範例程式 11.1　定義以 lambda 作為參數的 `buildString()`

```
fun buildString(
        builderAction: (StringBuilder) -> Unit      ← 宣告一個函式型態的參數
): String {
    val sb = StringBuilder()
    builderAction(sb)                 ← 將 StringBuilder 作為參數傳遞給 lambda
    return sb.toString()
}

>>> val s = buildString {
...     it.append("Hello, ")          ← 使用「it」來參考 StringBuilder 實例
...     it.append("World!")
... }
>>> println(s)
Hello, World!
```

這段程式碼很容易理解，但看起來不太容易使用。請注意，你必須在 lambda 主體中，使用 `it` 來參考 `StringBuilder` 實例（你可以定義自己的參數名稱而不是 `it`，但仍然必須是明確的）。lambda 的主要目的是為 `StringBuilder` 填充文字，因此你希望擺脫重複的 `it.` 前導字，並直接呼叫 `StringBuilder` 方法，用 `append` 替換 `it.append`。

要做到這一點，需要將 lambda 轉換成**帶有接收器的** *lambda*。實際上，可以為 lambda 的特殊狀態提供一個參數，讓你直接參考它的成員，而不需要任何限定詞。下面的範例程式展示了該如何做到這一點。

範例程式 11.2　重新定義 buildString() 以接收帶有接收器的 lambda

```
fun buildString(
        builderAction: StringBuilder.() -> Unit      ← 用接收器宣告函式型態的參數
) : String {
    val sb = StringBuilder()
    sb.builderAction()      ← 將 StringBuilder 作為接收器傳遞給 lambda
    return sb.toString()
}

>>> val s = buildString {
...     this.append("Hello, ")      ← 「this」關鍵字參考 StringBuilder 實例
...     append("World!")      ← 或者，可以省略「this」並隱含式參考 StringBuilder
... }
>>> println(s)
Hello, World!
```

請注意範例程式 11.1 和範例程式 11.2 之間的區別。首先，想一下如何使用 `buildString` 的方式得到改進。現在將一個接收器作為參數傳遞給一個 lambda，所以可以在 lambda 的主體中拋棄 `it`。用 `append()` 替換對 `it.append()` 的呼叫。完整的形式是 `this.append()`，但正如一個類別的普通成員一樣，明確的 `this` 通常只用於消除歧意。

接下來，討論 `buildString` 函式的宣告是如何改變的。你使用**延伸函式型態**（*extension function type*）而不是一般函式型態來宣告參數型態。當你宣告一個延伸函式型態時，可以有效地將其中一個函式型態參數，從括號中取出並放在前面，與其他型態用點分開。在範例程式 11.2 中，用 `StringBuilder -> Unit.()` 替換 `(StringBuilder) -> Unit`。這種特殊的型態稱為**接收器型態**（*receiver type*），並且傳遞給 lambda 的型態的值成為**接收器物件**（*receiver object*）。圖 11.1 顯示了一個更複雜的延伸函式型態宣告。

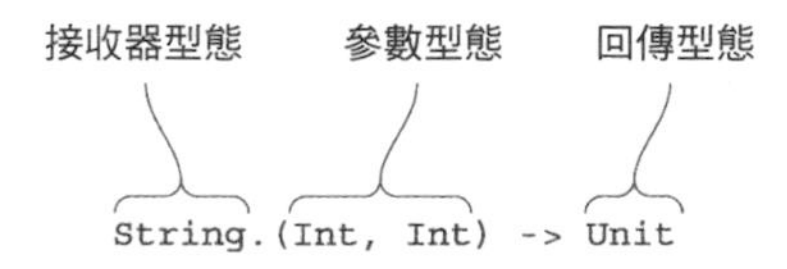

圖 11.1　一個延伸函式型態，帶有接收器型態為 `String` 和兩個 `Int` 型態的參數，並回傳 `Unit`

為什麼是**延伸**（*extension*）函式型態？無需明確限定詞存取外部型態成員的想法，可能會提醒你延伸函式，它允許你在程式碼定義類別的地方定義自己的方法。延伸函式和帶有接收器的 lambda 表示式都有一個**接收器物件**（*receiver object*），當呼叫

該函式時它必須提供，並且在主體內是有效的。實際上，延伸函式型態描述了可以作為延伸函式呼叫的程式碼區塊。

當你將其從一般函式型態轉換為延伸函式型態時，呼叫變數的方式也會發生變化。不要將物件作為參數傳遞，而是像呼叫延伸函式一樣呼叫 lambda 變數。當你有一個一般的 lambda 時，使用下面的語法將一個 StringBuilder 實例作為參數傳遞給它：builderAction(sb)。當使用接收器將它改為 lambda 時，程式碼就變成了 sb.builderAction()。重申一次，builderAction 不是在 StringBuilder 類別中宣告的方法；它是使用與呼叫延伸函式相同的語法呼叫的函式型態的參數。

圖 11.2 顯示了參數和 buildString 函式的參數之間的對應關係。它還說明了呼叫 lambda 主體的接收器。

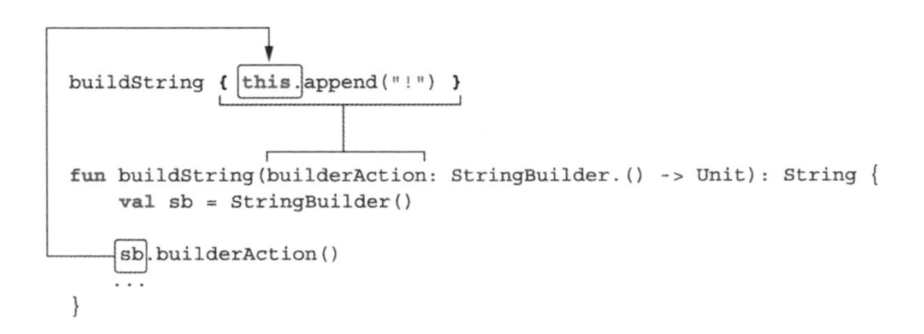

圖 11.2 **buildString** 函式的參數（帶接收器的 lambda）對應於延伸函式型態（**builderAction**）的參數。當 lambda 主體被呼叫時，接收器（**sb**）變成隱含式接收器（**this**）

也可以宣告一個延伸函式型態的變數，如下面的範例程式所示。一旦這樣做，就可以將它作為延伸函式呼叫，或者將它作為參數傳遞給一個需要帶有接收器的 lambda 函式的函式。

範例程式 11.3 在變數中儲存帶有接收器的 lambda

```
val appendExcl : StringBuilder.() -> Unit =
        { this.append("!") }                    ← appendExcl 是延伸函式型態的值

>>> val stringBuilder = StringBuilder("Hi")
>>> stringBuilder.appendExcl()                  ← 可以呼叫 appendExcl 作為延伸函式
>>> println(stringBuilder)
Hi!

>>> println(buildString(appendExcl))            ← 也可以傳遞 appendExcl 作為參數
!
```

注意，帶有接收器的 lambda 看起來與原始程式碼中的一般 lambda 完全相同。要查看 lambda 是否有一個接收器，你需要查看傳送 lambda 的函式：它的簽章將告訴你 lambda 是否有一個接收器，如果有，它的型態是什麼。舉例來說，當你可以查看 buildString 的宣告或查看其 IDE 中的文件，將會看到它帶有 StringBuilder.() -> Unit 型態的 lambda，並且在 lambda 的主體中完成，你可以呼叫沒有限定詞的 StringBuilder 方法。

標準函式庫中 buildString 的實作比範例程式 11.2 中的要短。它不是明確呼叫 builderAction，而是作為參數傳遞給 apply 函式（在第 5.5 節看到）。這允許你將函式折疊成一行：

```
fun buildString(builderAction: StringBuilder.() -> Unit): String =
        StringBuilder().apply(builderAction).toString()
```

apply 函式有效地接受了被呼叫的物件（在本例中是一個新的 StringBuilder 實例），並將其用作隱含式接收器，來呼叫被指定為參數的函式或 lambda（在本例中為 builderAction）。你以前也見過另一個有用的函式庫函式：with。我們來研究它們的實作：

```
inline fun <T> T.apply(block: T.() -> Unit): T {
    block()
    return this
}
```

相當於 this.block()；以「apply」作為接收器物件的接收器呼叫 lambda

回傳接收器

```
inline fun <T, R> with(receiver: T, block: T.() -> R): R =
    receiver.block()
```

回傳呼叫 lambda 的結果

基本上，所有 apply 和 with 都會在提供的接收器上呼叫延伸函式型態的參數。apply 函式被宣告為該接收器的延伸，而將它作為第一個參數。此外，apply 會回傳接收器本身，但回傳呼叫 lambda 的結果。

如果你不關心結果，這些函式是可交換的：

```
>>> val map = mutableMapOf(1 to "one")
>>> map.apply { this[2] = "two"}
>>> with (map) { this[3] = "three" }
>>> println(map)
{1=one, 2=two, 3=three}
```

在 Kotlin 中經常使用 with 和 apply 函式，希望你已經欣賞了它們在你的程式碼中的簡潔性。

我們已經回顧了帶有接收器的 lambda，並討論了延伸函式型態。現在來看看這些概念是如何在 DSL 環境中使用的。

11.2.2 在 HTML 建置器中使用帶有接收器的 lambda

用於 HTML 的 Kotlin DSL 通常被稱為 *HTML* **建置器**，它代表了一個更通用的**型態安全建置器**的概念。最初，建置器的概念普及於 Groovy 社群中（www.groovy-lang.org/dsls.html#_builders）。建置器提供了一種以宣告方式建立物件層次結構的方法，這對於產生 XML 或布局 UI 元件非常方便。

Kotlin 使用相同的想法，但 Kotlin 建置器是安全型態的。這使得它們更方便使用，更安全，並且在某種意義上比 Groovy 的動態建置器更具吸引力。我們來詳細了解 HTML 建置器在 Kotlin 中的工作方式。

範例程式 11.4 使用 Kotlin HTML 建置器產生簡單的 HTML 表格

```
fun createSimpleTable() = createHTML().
    table {
        tr {
            td { +"cell" }
        }
    }
```

這是一般的 Kotlin 程式碼，不是特殊的樣板語言或者類似的東西：`table`、`tr` 和 `td` 只是函式。每一個都是高階函式，取一個帶有接收器的 lambda 函式作為參數。

值得注意的是，這些 lambda **更改了名稱解析規則**。在傳遞給 `table` 函式的 lambda 函式中，可以使用 `tr` 函式建立 `<tr>` HTML 標籤。在此之外，`tr` 函式將無法被解析。同樣地，`td` 函式只能在 `tr` 中存取（注意 API 的設計如何強制你遵循 HTML 的語法）。

每個區塊中的名稱解析上下文，由每個 lambda 的接收器型態定義。傳遞給 `table` 的 lambda 具有一個特殊型態 `TABLE` 的接收器，它定義了 `tr` 方法。類似地，`tr` 函式希望將 lambda 延伸到 `tr`。下面的範例程式是對這些類別和方法的宣告的一個非常簡化的視圖。

範例程式 11.5 為 HTML 建置器宣告標籤類別

```
open class Tag

class TABLE : Tag {
    fun tr(init : TR.() -> Unit)     // ← tr 函式需要有型態為 TR 的接收器的 lambda
```

```
}
class TR : Tag {
    fun td(init : TD.() -> Unit)
}
class TD : Tag
```

td 函式需要有型態為 TD 的接收器的 lambda

TABLE、TR 和 TD 是不應該在程式碼中明確顯示的實用程式類別，這就是它們以大寫字母命名的原因。它們都延伸了 Tag 父類別。每個類別定義了用於建立標籤的方法：TABLE 類別定義了 tr 方法，而 TR 類別定義了 td 方法。

注意 tr 和 td 函式的 init 參數的型態：它們是延伸函式型態 TR.() -> Unit 和 TD.() -> Unit。它們分別確定了參數 lambda：TR 和 TD 中接收器的型態。

為了更清楚地說明此處發生的事情，可以重寫範例程式 11.4，使所有接收器都是明確的。提醒一下，可以存取 lambda 的接收器，那是作為 this@foo 的 foo 函式的引數。

範例程式 11.6　明確地呼叫 HTML 產生器的接收器

```
fun createSimpleTable() = createHTML().
    table {
        (this@table).tr {
            (this@tr).td {
                +"cell"
            }
        }
    }
```

this@table 有型態 TABLE

this@tr 有型態 TR

隱含式接收器 this@td 的型態 TD 在這裡可用

如果你嘗試使用普通的 lambda 而不是用接收器來建置產生器，那麼語法將變得像在本例中那樣不可讀：你必須使用它參考來呼叫標籤建立方法、或為每個 lambda 分配一個新的參數名稱。能夠使接收器為隱含式，和隱藏此參考使得建置器的語法很好，以及類似於原始的 HTML。

注意，如果一個帶有接收器的 lambda 被放置在另一個中，如範例程式 11.6 中所示，在外部 lambda 中定義的接收器在巢狀的 lambda 中仍然可用。例如，在作為 td 函式引數的 lambda 中，所有三個接收器（this@table、this@tr、this@td）都可用。但是，從 Kotlin 1.1 開始，你將能夠使用 @DslMarker 註釋來限制在 lambda 中外部接收器的可用性。

我們已經解釋了 HTML 建置器的語法，是如何基於帶有接收器的 lambda 表示式的概念的。接下來，讓我們討論如何產生所需的 HTML。

範例程式 11.6 使用在 kotlinx.html 函式庫中定義的函式。現在，將實作一個更簡單的 HTML 建置器函式庫版本：延伸 TABLE、TR 和 TD 標籤的宣告，並加入支援產生最後的 HTML。作為這個簡化版本的入口點，頂層 table 函式建立了一個 HTML 片段，其中 <table> 作為一個頂層標籤。

範例程式 11.7　產生 HTML 到一個字串

```
fun createTable() =
    table {
        tr {
            td {
            }
        }
    }

>>> println(createTable())
<table><tr><td></td></tr></table>
```

table 函式建立一個 TABLE 標籤的新實例，對其進行初始化（呼叫作為 init 參數傳遞的函式）並回傳它：

```
fun table(init: TABLE.() -> Unit) = TABLE().apply(init)
```

在 createTable 中，作為引數傳遞給 table 函式的 lambda 函式，包含了對 tr 函式的呼叫。可以重寫呼叫，使所有內容儘可能明確：table(init = { this.tr { … } })。tr 函式將在建立的 TABLE 實例上呼叫，就像已經撰寫的 TABLE().tr { … } 一樣。

在這個範例中，<table> 是一個頂層標籤，其他標籤巢狀在其中。每個標籤儲存對其子元素的參考列表。因此，tr 函式不僅應該初始化 TR 標籤的新實例，還應該將它加到外部標籤的子列表中。

範例程式 11.8　定義標籤產生器函式

```
fun tr(init: TR.() -> Unit) {
    val tr = TR()
    tr.init()
    children.add(tr)
}
```

這種初始化給定標籤，並將其加到外部標籤的子標籤的邏輯，對於所有標籤都是通用的，因此，你可以將其作為 Tag 父類別的 doInit 成員進行提取。doInit 函式負責兩件事：將參考儲存到子標籤，並呼叫作為引數傳遞的 lambda。然後不同的標籤就呼叫它：例如，tr 函式建立一個 TR 類別的新實例，然後將其與 init lambda

引數一起傳遞給 doInit 函式：doInit(TR(), init)。以下的範例程式顯示如何產生所需 HTML 的完整範例。

範例程式 11.9　簡單的 HTML 產生器的完整實作

```
open class Tag(val name: String) {
    private val children = mutableListOf<Tag>()   ← 儲存所有巢狀標籤

    protected fun <T : Tag> doInit(child: T, init: T.() -> Unit) {
        child.init()            ← 初始這個子標籤
        children.add(child)     ← 儲存對子標籤的參考
    }

    override fun toString() =
        "<$name>${children.joinToString("")}</$name>"   ← 以 String 形式回傳產生的 HTML
}

fun table(init: TABLE.() -> Unit) = TABLE().apply(init)

class TABLE : Tag("table") {
    fun tr(init: TR.() -> Unit) = doInit(TR(), init)   ← 建立、初始化，並向 TABLE 的子項加 TR 標籤的新實例
}
class TR : Tag("tr") {
    fun td(init: TD.() -> Unit) = doInit(TD(), init)   ← 為 TR 的子項加一個 TD 標籤的新實例
}
class TD : Tag("td")

fun createTable() =
    table {
        tr {
            td {
            }
        }
    }
>>> println(createTable())
<table><tr><td></td></tr></table>
```

每個標籤儲存巢狀標籤的列表，並相對應地呈現自己：它遞歸地呈現它的名稱和所有巢狀標籤。這裡不支援標籤和標籤屬性中的文字；對於完整的實作，你可以瀏覽上述的 kotlinx.html 函式庫。

請注意，標籤建立函式會將相對應的標籤，自行加到父項的子項列表中。這可以讓你動態地產生標籤。

範例程式 11.10　使用 HTML 產生器動態產生標籤

```
fun createAnotherTable() = table {
    for (i in 1..2) {
        tr {            ← 每次呼叫「tr」都會建立一個新的 TR 標籤，並將其加到 TABLE 的子項中
            td {
```

```
                }
            }
        }
    }
>>> println(createAnotherTable())
<table><tr><td></td></tr><tr><td></td></tr></table>
```

正如你所看到的，帶有接收器的 lambda 表示式，是建置 DSL 的一個很好的工具。因為你可以在程式碼區塊中更改名稱解析上下文，所以它們允許你在 API 中建立結構，這是區分 DSL 與普通方法呼叫序列的關鍵特徵之一。現在我們來討論將這個 DSL 集成到靜態型態程式語言中的好處。

11.2.3 Kotlin 建置器：支援抽象和重複使用

當在程式中撰寫一般程式碼時，有許多工具可以避免重複，並使程式碼更加美觀。此外，你可以將重複的程式碼提取到新函式中，並為其提供一目了然的名稱。對於 SQL 或 HTML 來說，這可能不容易，甚至不可能。但是使用 Kotlin 中的內部 DSL 來完成相同的任務，可以讓你將重複的程式碼區塊抽象為新函式並重複使用它們。

讓我們看一個來自 Bootstrap 函式庫（http://getbootstrap.com）的範例，它是一個流行的 HTML、CSS 和 JS 框架，用於在 web 上開發響應性的、移動的優先專案。我們將考慮一個特定的例子：在應用程式中加入下拉列表。要將這樣的列表直接加到 HTML 頁面，你可以複製必要的程式碼片段，並將其貼到所需的位置，在顯示列表的按鈕或其他元素下。你只需要為下拉選單加入必要的參考和它們的標題。最初的 HTML 程式碼（為了避免過多的模式屬性而簡化了一些）是這樣的。

範例程式 11.11　使用 Bootstrap 在 HTML 中建置下拉選單

```
<div class="dropdown">
    <button class="btn dropdown-toggle">
    Dropdown
    <span class="caret"></span>
  </button>
  <ul class="dropdown-menu">
    <li><a href="#">Action</a></li>
    <li><a href="#">Another action</a></li>
    <li role="separator" class="divider"></li>
    <li class="dropdown-header">Header</li>
    <li><a href="#">Separated link</a></li>
  </ul>
</div>
```

在 Kotlin 的 kotlinx.html，可以使用函式 `div`、`button`、`ul`、`li` 等來複製相同的結構。

範例程式 11.12　使用 Kotlin HTML 建置器建立下拉選單

```
fun buildDropdown() = createHTML().div(classes = "dropdown") {
    button(classes = "btn dropdown-toggle") {
        +"Dropdown"
        span(classes = "caret")
    }
    ul(classes = "dropdown-menu") {
        li { a("#") { +"Action" } }
        li { a("#") { +"Another action" } }
        li { role = "separator"; classes = setOf("divider") }
        li { classes = setOf("dropdown-header"); +"Header" }
        li { a("#") { +"Separated link" } }
    }
}
```

但可以做得更好。因為 div、button 等是一般函式，可以將重複的邏輯提取到單獨的函式中，從而提高程式碼的可讀性。結果可能如下所示。

範例程式 11.13　用輔助函式建置一個下拉選單

```
fun dropdownExample() = createHTML().dropdown {
    dropdownButton { +"Dropdown" }
    dropdownMenu {
        item("#", "Action")
        item("#", "Another action")
        divider()
        dropdownHeader("Header")
        item("#", "Separated link")
    }
}
```

現在，不必要的細節隱藏起來了，程式碼看起來好多了。讓我們來討論這個技巧是如何實作的，從 item 函式開始。該函式有兩個參數：參考和相應選單項目的名稱。函式程式碼應該加進一個新的列表項目：`li { a(href) { +name } }`。唯一的問題是，你怎麼能在函式的主體中呼叫 li ？它應該是一個延伸嗎？你確實可以將它延伸到 UL 類別，因為 li 函式本身就是 UL 的延伸。在範例程式 11.13 中，item 在隱含的 UL 型態的 this 上被呼叫：

```
fun UL.item(href: String, name: String) = li { a(href) { +name } }
```

定義 item 函式後，你可以在任何 UL 標籤中呼叫它，並新增 LI 標籤的一個實例。提取 item 後，你可以將原始版本更改為以下內容，而無需更改產生的 HTML 程式碼。

範例程式 11.14　使用 item 函式建置下拉選單

```
ul {
    classes = setOf("dropdown-menu")
   item("#", "Action")
   item("#", "Another action")
   li { role = "separator"; classes = setOf("divider") }
   li { classes = setOf("dropdown-header"); +"Header" }
   item("#", "Separated link")
}
```

可以在這裡使用「item」函式取代「li」

UL 上定義的其他延伸函式，以類似的方式新增，允許你替換剩下的 li 標籤。

```
fun UL.divider() = li { role = "separator"; classes = setOf("divider") }

fun UL.dropdownHeader(text: String) =
    li { classes = setOf("dropdown-header"); +text }
```

現在讓我們看看如何實作 dropdownMenu 函式。它使用指定的下拉選單類別建立一個 ul 標籤，並將帶有接收器的 lambda 作為用於填充標籤內容的引數。

```
dropdownMenu {
    item("#", "Action")
    ...
}
```

使用呼叫 dropdownMenu { … } 來替換 ul { … } 區塊，所以 lambda 中的接收器可以保持不變。dropdownMenu 函式可以將一個延伸的 lambda 作為引數傳遞給 UL，它允許你像以前那樣呼叫諸如 UL.item 之類別的函式。以下是函式的宣告：

```
fun DIV.dropdownMenu(block: UL.() -> Unit) = ul("dropdown-menu", block)
```

dropdownButton 函式以類似的方式實作。我們在這裡忽略它，但你可以在 kotlinx.html 函式庫的範例中找到完整的實作。

最後，來看看 dropdown 函式。這個不太重要，因為它可以在任何標籤上呼叫：下拉選單可以放在程式碼的任何地方。

範例程式 11.15　頂層函式用於建置下拉選單

```
fun StringBuilder.dropdown(
        block: DIV.() -> Unit
): String = div("dropdown", block)
```

這是一個簡化版本，如果要將 HTML 印出到字串，則可以使用該版本。kotlinx.html 中的完整實作，使用抽象的 TagConsumer 類別作為接收器，因此支援產生的 HTML 的不同目標。

這個例子說明了抽象和重複使用的方式如何幫助改進你的程式碼，並使其更易於理解。現在來看看另一個工具，它可以幫助你支援 DSL 中更靈活的結構：invoke 公約。

11.3 使用「invoke」公約的更靈活的巢狀區塊

invoke 公約允許你呼叫自定義型態的物件作為函式。你已經看到函式型態的物件可以被稱為函式；透過 invoke 公約，可以定義支援相同語法的自己的物件。

請注意，這不是日常使用的功能，因為它可用於撰寫難以理解的程式碼，如 1()。但在 DSL 中它有時非常有用。我們會告訴你為什麼，但首先來討論一下這個公約本身。

11.3.1 invoke 公約：可作為函式呼叫的物件

在第 7 章中，我們詳細討論了 Kotlin 的**公約**概念：特殊命名的函式，它們不是透過一般的方法呼叫語法，而是使用不同的、更簡潔的符號。作為提醒，我們討論的一個公約是 get，它允許你使用索引運算子存取物件。對於一個 Foo 型態的變數 foo，對 foo[bar] 的呼叫被轉換為 foo.get(bar)，提供相應的 get 函式被定義為 Foo 類別中的成員，或者作為 Foo 的延伸函式。

實際上，invoke 公約執行相同的操作，只是中括號被替換為小括號。定義了一個具有 operator 修飾詞的 invoke 方法的類別，可以稱為函式。下面有一個例子。

範例程式 11.16　在類別中定義 invoke 方法

```
class Greeter(val greeting: String) {
    operator fun invoke(name: String) {
        println("$greeting, $name!")
    }
}

>>> val bavarianGreeter = Greeter("Servus")
>>> bavarianGreeter("Dmitry")
Servus, Dmitry!
```

定義 Greeter 上的「invoke」方法

將 Greeter 實例作為函式呼叫

這段程式碼定義了 Greeter 中的 invoke 方法，它允許你像呼叫函式一樣呼叫 Greeter 的實例。表示式 bavarianGreeter("Dmitry") 被編譯為呼叫 bavarianGreeter.invoke("Dmitry") 的方法。這裡沒有疑問，它就像一般的公約：它提供了一種方法來替換冗長的表示式，並使用更簡潔、更清晰的表示式。

invoke 方法不限於任何特定的簽章。可以使用任意數量的參數和任何回傳型態來定義它，甚至可以使用不同的參數型態定義多個 invoke 多載。當你將該類別的實例作為函式呼叫時，可以將所有這些簽章用於該呼叫。來看看使用這個公約的實際情況，首先是在一般的程式設計環境中，接著是在 DSL 中。

11.3.2 invoke 公約及函式型態

你可能記得在本書的前面看到 invoke。在第 8.1.2 節中，我們使用安全呼叫語法和 invoke 方法名稱，呼叫一個可空的函式型態的變數 lambda?.invoke()。

現在已經知道了 invoke 公約，應該清楚的是，通常呼叫 lambda 的方式（透過在後面加上括號：lambda()）不過是這個公約的一個應用。除非行內，lambda 被編譯為實作函式介面（Function1 等）的類別，而這些介面使用對等數量的參數定義 invoke 方法：

```
interface Function2<in P1, in P2, out R> {        ← 這個介面表示一個只需要
    operator fun invoke(p1: P1, p2: P2): R           兩個引數的函式
}
```

當呼叫 lambda 作為函式時，由於該公約，操作被轉換為 invoke 方法的呼叫。為什麼這很有用？它為你提供了一種方法，可以將複雜的 lambda 程式碼分解為多個方法，同時仍然允許你將其與函式型態的參數一起使用。為此，你可以定義一個實作函式型態介面的類別。可以將基本介面指定為 FunctionN 型態，或者，如下面的範例程式所示，使用簡短的語法：(P1, P2) -> R。這個例子使用這樣的類別來過濾複雜情況下的問題列表。

範例程式 11.17　延伸函式型態並覆寫 invoke()

```
data class Issue(
    val id: String, val project: String, val type: String,
    val priority: String, val description: String
)

class ImportantIssuesPredicate(val project: String)          使用函式型態作為
        : (Issue) -> Boolean {                            ← 基本類別
```

實作「invoke」方法

```
    override fun invoke(issue: Issue): Boolean {
        return issue.project == project && issue.isImportant()
    }
    private fun Issue.isImportant(): Boolean {
        return type == "Bug" &&
                (priority == "Major" || priority == "Critical")
    }
}

>>> val i1 = Issue("IDEA-154446", "IDEA", "Bug", "Major",
...                "Save settings failed")
>>> val i2 = Issue("KT-12183", "Kotlin", "Feature", "Normal",
... "Intention: convert several calls on the same receiver to with/apply")
>>> val predicate = ImportantIssuesPredicate("IDEA")
>>> for (issue in listOf(i1, i2).filter(predicate)) {
...     println(issue.id)
... }
IDEA-154446
```

傳遞 predicate 給 filter()

在這裡，predicate 的邏輯過於複雜，無法放入單個 lambda 中，因此可以將它分成幾個方法，以便明確每個檢查的含意。將 lambda 轉換為實作函式型態介面，並覆寫 invoke 方法的類別，是執行這種重構的一種方法。這種方法的優點是，從 lambda 主體中提取的方法的範圍儘可能地小；它們只在 predicate 類別中可見。當在 predicate 類別和周圍程式碼中有很多邏輯時，這是有價值的，並且很有必要將不同的關注點簡潔地分開。

現在讓我們看看 invoke 公約，如何幫助你為 DSL 建立更靈活的結構。

11.3.3 DSL 的 invoke 公約：在 Gradle 中宣告相依性關係

讓我們回到用於配置模組相依性關係的 Gradle DSL 範例。以下是我們之前向你展示的程式碼：

```
dependencies {
    compile("junit:junit:4.11")
}
```

通常希望能夠同時支援巢狀區塊結構（如此處所示）和同一 API 中的扁平呼叫結構。換句話說，想允許以下兩種情況：

```
dependencies.compile("junit:junit:4.11")

dependencies {
    compile("junit:junit:4.11")
}
```

透過這樣的設計，DSL 的使用者可以在需要配置多個項目時使用巢狀區塊結構，當只有一件事情需要配置時，扁平呼叫結構可以使程式碼更加簡潔。

第一種情況是呼叫 dependencies 變數的 compile 方法。可以透過在 dependencies 上定義 invoke 方法來表達第二個符號，以便將 lambda 作為引數。這個呼叫的完整語法是 dependencies.invoke({…})。

dependencies 物件是 DependencyHandler 類別的一個實例，它定義了 compile 和 invoke 方法。invoke 方法將帶有接收器的 lambda 作為引數，並且此方法的接收器的型態也是 DependencyHandler。在 lambda 主體內發生的事情已經很熟悉了：你有一個 DependencyHandler 作為接收器，並且可以直接調用諸如 compile 等方法。以下最簡單的例子展示了如何實作 DependencyHandler 的這一部分。

範例程式 11.18　使用 invoke 來支援靈活的 DSL 語法

```
class DependencyHandler {
    fun compile(coordinate: String) {                      ← 定義一個一般的
        println("Added dependency on $coordinate")            命令 API
    }

    operator fun invoke(                                     定義「invoke」
            body: DependencyHandler.() -> Unit) {          ← 以支援 DSL API
        body()          ← 「this」成為 body 函式的
    }                      接收器：this.body()
}

>>> val dependencies = DependencyHandler()

>>> dependencies.compile("org.jetbrains.kotlin:kotlin-stdlib:1.0.0") Added
dependency on org.jetbrains.kotlin:kotlin-stdlib:1.0.0

>>> dependencies {
...     compile("org.jetbrains.kotlin:kotlin-reflect:1.0.0")
>>> }
Added dependency on org.jetbrains.kotlin:kotlin-reflect:1.0.0
```

當加入第一個相依性時，直接呼叫 compile 方法。第二個呼叫有效地轉換為以下內容：

```
dependencies.invoke({
    this.compile("org.jetbrains.kotlin:kotlin-reflect:1.0.0")
})
```

換句話說，你將 dependencies 作為函式呼叫並將 lambda 作為引數傳遞。lambda 參數的型態是帶有接收器的函式型態，接收器型態與 DependencyHandler 型態相同。invoke 方法呼叫 lambda。因為它是 DependencyHandler 類別的一個方法，所以該類別的一個實例可以作為隱含式接收器使用，所以在呼叫 body() 時不需要明確指定它。

一個相當小的程式碼，重新定義的 invoke 方法，大大增加了 DSL API 的靈活性。這種模式是通用的，你可以在最小修改的情況下，在你自己的 DSL 中重複使用它。

你現在熟悉 Kotlin 的兩項新功能，可以幫助你建置 DSL：帶有接收器的 lambda 表示式和 invoke 公約。來看看之前討論過的 Kotlin 特性在 DSL 環境中的作用。

11.4 實踐 Kotlin DSL

到目前為止，你已經熟悉建置 DSL 時使用的所有 Kotlin 功能。其中一些，如延伸和中序呼叫，現在你應該非常熟悉了。其他的，比如帶接收器的 lambda，在本章中首先被詳細討論。讓我們把所有這些知識用於調查一系列實用的 DSL 建置範例。我們將涵蓋相當多樣化的主題：測試、豐富的日期文字、資料庫查詢和 Android UI 建置。

11.4.1 鏈接中序呼叫：測試框架中的「should」

正如我們前面提到的，簡潔的語法是內部 DSL 的關鍵特徵之一，可以透過減少程式碼中標點符號的數量來實作。大多數內部 DSL 都歸結為方法呼叫序列，因此任何可以減少方法呼叫中的語法干擾的功能，在那裡都有很大的用處。在 Kotlin 中，這些功能包括呼叫 lambda 的簡寫語法，我們已經詳細討論過，以及**中序函式呼叫**（*infix function call*）。我們在第 3.4.3 節討論了中序呼叫；在這裡我們將重點討論它們在 DSL 中的使用。

來看一個使用 kotlintest（https://github.com/kotlintest/kotlintest，受 Scalatest 啟發的測試函式庫）的 DSL 的例子，你在本章前面看到了這個例子。

範例程式 11.19　用 kotlintest DSL 表達一個斷言

```
s should startWith("kot")
```

如果 s 變數的值不以「kot」開頭，則該呼叫將失敗，並顯示斷言。程式碼幾乎像英文一樣：「s 字串應該以此常數開始。」要完成此操作，請使用 infix 修飾詞宣告 should 函式。

範例程式 11.20　實作 should 函式

```
infix fun <T> T.should(matcher: Matcher<T>) = matcher.test(this)
```

should 函式需要一個 Matcher 實例，一個用於對值執行斷言的泛型介面。startWith 實作 Matcher，並檢查字串是否以給定的子字串開頭。

範例程式 11.21　定義 kotlintest DSL 的 matcher

```
interface Matcher<T> {
    fun test(value: T)
}
class startWith(val prefix: String) : Matcher<String> {
    override fun test(value: String) {
        if (!value.startsWith(prefix))
            throw AssertionError("String $value does not start with $prefix")
    }
}
```

請注意，在一般程式碼中，要將 startWith 類別名稱的第一個字母大寫，但 DSL 經常要求你偏離標準命名的公約。範例程式 11.21 顯示了在 DSL 文本中應用中序呼叫很簡單，它可以減少程式碼中的干擾量。更勝一籌的是，kotlintest DSL 可進一步支援降低干擾。

範例程式 11.22　kotlintest DSL 中的鏈接呼叫

```
"kotlin" should start with "kot"
```

乍看之下不像 Kotlin。為了理解它是如何做的，我們將中序呼叫轉換為一般呼叫。

```
"kotlin".should(start).with("kot")
```

這表明範例程式 11.22 是兩個中序呼叫的序列，且 start 是第一個呼叫的引數。實際上，start 指的是物件宣告，而 should 和 with 是使用中序呼叫符號的函式呼叫。

should 函式有一個特殊的多載，它使用 start 物件作為參數型態，並回傳中間包裝器，然後可以呼叫 with 方法。

範例程式 11.23　定義 API 以支援鏈接中序呼叫

```
object start

infix fun String.should(x: start): StartWrapper = StartWrapper(this)

class StartWrapper(val value: String) {
    infix fun with(prefix: String) =
        if (!value.startsWith(prefix))
            throw AssertionError(
                "String does not start with $prefix: $value")
}
```

請注意，在 DSL 之外，使用 object 作為參數型態很少有意義，因為它只有一個實例，並且可以存取該實例，而不是將其作為引數傳遞。在這裡，它是有意義的：該物件用於不將任何資料傳遞給該函式，而是用作 DSL 的語法的一部分。透過將 start 作為引數傳遞，你可以選擇 should 的正確多載，並取得 StartWrapper 實例作為結果。StartWrapper 類別具有 with 成員，將引數用作執行斷言所需的實際值。

該函式庫也支援其他配對器，並且它們都以英文形式閱讀：

```
"kotlin" should end with "in"
"kotlin" should have substring "otl"
```

為了支援這個，should 函式有更多的多載，像 end 一樣接收物件實例，並分別回傳 EndWrapper 和 HaveWrapper 實例。

這是 DSL 構造的一個相對棘手的例子，但結果非常好，所以有必要弄清楚這種模式的原理。中序呼叫和物件實例的組合，使你可以為你的 DSL 建置相當複雜的語法，並使用簡潔的語法來使用這些 DSL。當然，DSL 仍然是完全靜態型態的。函式和物件的錯誤組合不會被編譯。

11.4.2　在原始型態上定義延伸：處理日期

現在從這一章的開始部分來看看剩下的問題：

```
val yesterday = 1.days.ago
val tomorrow = 1.days.fromNow
```

要使用 Java 8 java.time API 和 Kotlin 實作這個 DSL，只需要幾行程式碼。下面是實作的相關部分。

範例程式 11.24 定義日期操作 DSL

```
val Int.days: Period
    get() = Period.ofDays(this)          ←「this」是指數值常數的值

val Period.ago: LocalDate
    get() = LocalDate.now() - this       ← 使用運算子語法呼叫 LocalDate.minus

val Period.fromNow: LocalDate
    get() = LocalDate.now() + this       ← 使用運算子語法呼叫 LocalDate.plus

>>> println(1.days.ago)
2016-08-16
>>> println(1.days.fromNow)
2016-08-18
```

days 是 Int 型態的延伸屬性。Kotlin 對可用作延伸函式接收器的型態沒有限制：可以輕鬆定義基本型態的延伸，並在常數上呼叫它們。days 屬性回傳一個 Period 型態的值，它是表示兩個日期之間間隔的 JDK 8 型態。

要完成句子並支援 ago 這個單字，你需要定義另一個延伸屬性，這次是 Period 類別。該屬性的型態是 LocalDate，表示日期。請注意，在前一個屬性實作中使用 -（減號）運算子不依賴任何 Kotlin 定義的延伸。LocalDate JDK 類別定義了名為 minus 的方法，其中有一個參數，對應 Kotlin 公約的 - 運算子，因此 Kotlin 會自動將運算子映射到該方法。可以在 GitHub（https://github.com/yole/kxdate）的 kxdate 函式庫中找到該函式庫的完整實作，它支援所有時間單位，不僅僅是幾天。

現在已經理解了這個簡單的 DSL 是如何做的，接下來繼續討論更具挑戰性的事情：資料庫查詢 DSL 的實作。

11.4.3 成員延伸函式：用於 SQL 的內部 DSL

已經看到延伸函式在 DSL 設計中發揮的重要作用。在本節中，將研究前面提到的另一個技巧：在類別中宣告延伸函式和延伸屬性。這樣的函式或屬性既是其包含類別的成員，也是同時對其他型態的延伸。我們稱這些函式和屬性為**成員延伸**（*member extension*）。

來看幾個使用成員延伸的範例，它們來自前面提到用於 SQL 的內部 DSL、Exposed 框架。然而，在討論這個問題之前，需要討論 Exposed 如何讓你定義資料庫結構。

為了使用 SQL 資料表，Exposed 框架要求你將它們宣告為延伸 Table 類別的物件。下面是一個簡單的 Country 資料表的兩個行的宣告。

範例程式 11.25　在 Exposed 宣告資料表

```
object Country : Table() {
    val id = integer("id").autoIncrement().primaryKey()
    val name = varchar("name", 50)
}
```

該宣告對應於資料庫中的資料表。為了建立這個資料表，你可以呼叫 `SchemaUtils.create(Country)` 方法，並根據宣告的資料表結構產生必要的 SQL 敘述：

```
CREATE TABLE IF NOT EXISTS Country
    ( id INT AUTO_INCREMENT NOT NULL,
    name VARCHAR(50) NOT NULL,
    CONSTRAINT pk_Country PRIMARY KEY (id)
)
```

與產生 HTML 一樣，可以看到原始 Kotlin 程式碼中的宣告，如何成為產生的 SQL 敘述一部分。

如果檢查 `Country` 物件中的屬性型態，你會看到它們具有必要型態引數的 `Column` 型態：`id` 具有 `Column<Int>` 型態、`name` 具有 `Column<String>` 型態。

Exposed 框架中的 `Table` 類別定義了可以為你的資料表宣告的所有行的型態，包括剛剛使用的行：

```
class Table {
    fun integer(name: String): Column<Int>
    fun varchar(name: String, length: Int): Column<String>
    // ...
}
```

`integer` 和 `varchar` 方法分別建立用於儲存整數和字串的新行。

現在讓我們看看如何指定行的屬性，這是成員延伸起作用的時候：

```
val id = integer("id").autoIncrement().primaryKey()
```

類似 `autoIncrement` 和 `primaryKey` 的方法用於指定每行的屬性。每個方法都可以在 `Column` 上呼叫，並回傳它被呼叫的實例，從而允許你鏈接方法。以下是這些函式的簡化宣告：

```
class Table {
    fun <T> Column<T>.primaryKey(): Column<T>          // 將此行設置為資料表中的主鍵
    fun Column<Int>.autoIncrement(): Column<Int>       // 只有整數值可以自動遞增
```

```
    // ...
}
```

這些函式是 Table 類別的成員，這意味著不能在這個類別的範圍之外使用它們。現在你知道為什麼將方法宣告為成員延伸是合理的：你限制了它們的適用範圍。無法在資料表的環境之外指定行的屬性：必要的方法無法解析。

在此處使用的延伸函式的另一個優點是可以限制接收機型態。雖然資料表中的任何行都可以作為其主鍵，但只有數字行可以自動遞增。可以透過在 Column<Int> 中宣告 autoIncrement 方法，作為延伸來在 API 中表達。嘗試將不同型態的行標示為自動遞增將無法編譯。

更重要的是，當你將一行標示為 primaryKey 時，此資訊將儲存在包含該行的表中。將此函式宣告為 Table 的成員，允許你直接將資訊儲存在表實例中。

成員延伸還是成員

成員延伸也有缺點：缺乏可延展性。它們屬於這個類別，所以你不能在一邊定義新的成員延伸。

例如，假設你想將對新資料庫的支援加到 Exposed，並且資料庫支援一些新的行屬性。為了實作這個目標，必須修改 Table 類別的定義，並為其中的新屬性加入成員延伸函式。如果不使用原始類別，則無法加入必要的宣告，因為你可以對一般（非成員）延伸進行新增，因為延伸無法存取可以儲存定義的 Table 實例。

讓我們來看看在簡單的 SELECT 查詢中，找到的另一個成員延伸函式。假設你已經宣告了兩個表格，Customer 和 Country，並且每個 Customer 項目儲存對該客戶來自的國家的參考。以下程式碼顯示居住在美國所有客戶的姓名。

範例程式 11.26　連接兩個 Exposed 資料表

```
val result = (Country join Customer)
    .select { Country.name eq "USA" }
result.forEach { println(it[Customer.name]) }
```

對應於此 SQL 程式碼：
WHERE Country.name = "USA"

select 方法可以在表上或兩個表的連接上呼叫。它的引數是一個 lambda，它指定選擇必要資料的條件。

eq 方法來自哪裡？我們現在可以說，這是一個以 "USA" 為引數的中序函式，並且你可以正確地猜出它是另一個成員延伸。

在這裡再次遇到 Column 上的延伸函式，它也是成員，因此只能在適當的上下文中使用：例如，指定 select 方法的條件時。select 和 eq 方法的簡化宣告如下：

```
fun Table.select(where: SqlExpressionBuilder.() -> Op<Boolean>) : Query

object SqlExpressionBuilder {
    infix fun<T> Column<T>.eq(t: T) : Op<Boolean>
    // ...
}
```

SqlExpressionBuilder 物件定義了很多表達條件的方法：比較值、檢查是否為空、執行算術運算等等。你永遠不會在程式碼中明確參考它，但是當它是一個隱含式接收器時，你會定期呼叫它的方法。select 函式將接收器作為 lambda 引數，SqlExpressionBuilder 物件是該 lambda 中的隱含式接收器。這允許你在 lambda 的主體中，使用此物件中定義的所有可能的延伸函式，例如 eq。

已經在 Column 上看到了兩種型態的延伸：應該用於宣告 Table 的那些延伸，以及用於比較條件中值的延伸。如果沒有成員延伸，則必須將所有這些函式宣告為 Column 的延伸或成員，這將允許你在任何情況下使用它們。成員延伸的方法為你提供了一種控制方法。

注意»» 在第 7.5.6 節中，討論了在 Expose 中使用的一些程式碼，同時討論了如何在框架中使用委託屬性。委託屬性經常出現在 DSL 中，Exposed 框架說明了這一點。我們不會在這裡重複討論委託屬性，因為已經詳述過了。但是如果想根據自己的需求建立 DSL 或改進 API 並使其更清潔，請牢記此功能。

11.4.4 Anko：動態建立 Android UI

在談論帶有接收器的 lambda 時，我們提到它們非常適合佈置 UI 元件。讓我們看看 Anko 函式庫（https://github.com/Kotlin/anko）如何幫助你為 Android 應用程式建置 UI。

首先，來看看 Anko 如何將熟悉的 Android API 包裝到類似 DSL 的結構中。以下範例程式定義了一個警告對話框，其中顯示了一些訊息和兩個選項（繼續或停止操作）。

範例程式 11.27　使用 Anko 顯示 Android 警告對話框

```
fun Activity.showAreYouSureAlert(process: () -> Unit) {
    alert(title = "Are you sure?",
        message = "Are you really sure?") {
```

```
        positiveButton("Yes") { process() }
        negativeButton("No") { cancel() }
    }
}
```

你有發現這個程式碼中的三個 lambda 表示式嗎？第一個是 alert 函式的第三個引數。其他兩個作為引數傳遞給 positiveButton 和 negativeButton。第一個（外部）lambda 的接收器具有 AlertDialogBuilder 型態。再次出現相同的模式：AlertDialogBuilder 類別的名稱不會直接顯示在程式碼中，但可以存取其成員，將元素加到警告對話框。範例程式 11.27 中使用的成員的宣告如下。

範例程式 11.28 宣告 alert API

```
fun Context.alert(
        message: String,
        title: String,
        init: AlertDialogBuilder.() -> Unit
)

class AlertDialogBuilder {
    fun positiveButton(text: String, callback: DialogInterface.() -> Unit)
    fun negativeButton(text: String, callback: DialogInterface.() -> Unit)
// ...
}
```

將兩個按鈕加到警告對話框。如果使用者點擊「Yes」按鈕，則會呼叫 process 操作。如果使用者不確定，操作將被取消。cancel 方法是 DialogInterface 介面的成員，所以它在這個 lambda 的隱含式接收器上被呼叫。

現在我們來看一個更複雜的例子，其中 Anko DSL 充當完全替代在 XML 的布局定義。下一個範例程式宣告了一個帶有兩個可編輯欄位的簡單表單：一個用於輸入電子郵件地址、另一個用於輸入密碼。最後，加入一個帶有點擊處理程式的按鈕。

範例程式 11.29 使用 Anko 定義一個簡單的活動

```
verticalLayout {
    val email = editText {
        hint = "Email"
    }
    val password = editText {
        hint = "Password"
        transformationMethod =
            PasswordTransformationMethod.getInstance()
    }
    button("Log In") {
        onClick {
```

宣告 EditText 視圖元素，並儲存對其的參考

此 lambda 中的隱含式接收器是 Android API 的一般類別：android.widget.EditText

呼叫 EditText.setHint("Password") 的簡短方法

呼叫 EditText.setTransformationMethod(...)

宣告新的按鈕…

…並定義按鈕被點擊時應該做什麼

```
            logIn(email.text, password.text)    ◀── 參考宣告過的 UI 元素
        }                                            來存取他們的資料
    }
}
```

帶接收器的 lambda 是一個很好的工具，它提供了一種簡潔的方式來宣告結構化的 UI 元素。在程式碼中宣告它們（與 XML 檔案相比）可以讓你提取重複的邏輯並重複使用它，正如在第 11.2.3 節中看到的那樣。你可以將 UI 和商業邏輯分離為不同的元件，但所有內容仍然是 Kotlin 程式碼。

11.5 總結

- 內部 DSL 是一種 API 設計模式（pattern），可以使用這種模式建置更多富有表現力的 API，其結構由多個方法呼叫組成。
- 帶有接收器的 lambda 使用巢狀結構，用以重新定義 lambda 主體中方法的解析方式。
- 帶有接收器的 lambda 參數的型態是延伸函式型態，當引發 lambda 時，呼叫函式提供接收器實例。
- 使用 Kotlin 內部 DSL 而不是外部樣板或標籤語言的好處是，能夠重複使用程式碼並建立抽象。
- 使用特殊命名的物件作為中序呼叫的參數，可以建立與英語完全相同的 DSL，且沒有額外的標點符號。
- 在基本型態上定義延伸，可為各種型態的文字建立可讀性的語法，比如日期。
- 使用 `invoke` 公約，可以呼叫任意物件，就像函式一樣。
- kotlinx.html 函式庫提供了用於建置 html 頁面的內部 DSL，可以很容易地延伸來支援各種前端開發框架。
- kotlintest 函式庫提供了一種內部 DSL，支援單元測試中可讀的斷言（assertion）。
- Exposed 函式庫提供了用於處理資料庫的內部 DSL。
- Anko 函式庫為 Android 開發提供了各種工具，包括用於定義 UI 布局的內部 DSL。

建置 Kotlin 專案

這個附錄解釋如何用 Gradle、Maven 和 Ant 建置 Kotlin 程式碼。它還介紹如何建置 Kotlin Android 應用程式。

A.1 用 Gradle 建置 Kotlin 程式碼

建立 Kotlin 專案的推薦系統是 Gradle。Gradle 是 Android 專案的標準建置系統，它也支援 Kotlin 可以使用的所有其他類型的專案。Gradle 有一個靈活的專案模型，由於它支援累加建置、長期建置過程（Gradle daemon）和其他進階的技術，它提供了出色的建置效能。

Gradle 團隊正致力於在 Kotlin 編寫 Gradle 建置腳本，這將允許你使用相同的語言編寫應用程式及其建置腳本。在撰寫本文時，這項工作仍在進行中；你可以在 https://github.com/gradle/gradle-script-kotlin 上找到更多的訊息。在本書中，我們將使用 Groovy 語法來進行 Gradle 建置腳本。

建置 Kotlin 專案的標準 Gradle 建置腳本是這樣的：

```
buildscript {
    ext.kotlin_version = '1.0.6'

    repositories {
        mavenCentral()
    }
    dependencies {
        classpath "org.jetbrains.kotlin:" +
                  "kotlin-gradle-plugin:$kotlin_version"
    }
}
```

指定要使用的 Kotlin 版本

在 Kotlin Gradle 插件中加入一個建置腳本相依性

```
apply plugin: 'java'
apply plugin: 'kotlin'        ← 應用 Kotlin Gradle 插件

repositories {
    mavenCentral()
}

dependencies {
    compile "org.jetbrains.kotlin:kotlin-stdlib:$kotlin_version"   ← 加入對 Kotlin 標準函式庫的相依性
}
```

腳本在以下位置尋找 Kotlin 檔案：

- src/main/java 和 src/main/kotlin 產生檔案。
- src/test/java 和 src/test/kotlin 測試檔案。

在大多數情況下，推薦的方法是將 Kotlin 和 Java 檔案儲存在同一個目錄中。特別是當你將 Kotlin 導入到現有專案中時，使用單個目錄可以減少將 Java 檔案轉換為 Kotlin 時的磨擦。

如果使用的是 Kotlin 反射，需要再加入一個相依性：Kotlin 反射函式庫。為此，在你的 Gradle 建置腳本的相依性部分加入以下內容：

```
compile "org.jetbrains.kotlin:kotlin-reflect:$kotlin_version"
```

A.1.1 使用 Gradle 建置 Kotlin Android 應用程式

與一般 Java 應用程式相比，Android 應用程式使用不同的建置過程，所以你需要使用不同的 Gradle 插件來建置它們。將以下行加到你的建置腳本中，而不是 `apply plugin: 'kotlin'`：

```
apply plugin: 'kotlin-android'
```

其餘設置與非 Android 應用程式相同。

如果更喜歡將 Kotlin 程式碼儲存在特定於 Kotlin 的目錄（如 src/main/kotlin）中，則需要註冊它們，以便 Android Studio 將它們識別為根目錄。可以使用以下程式碼片段來執行此操作：

```
android {
    ...

    sourceSets {
        main.java.srcDirs += 'src/main/kotlin'
```

```
    }
}
```

A.1.2 建置使用註釋處理的專案

許多 Java 架構，尤其是 Android 開發中使用的架構，都相依性於註釋處理在編譯時產生程式碼。要在 Kotlin 中使用這些架構，需要在建置腳本中啟用 Kotlin 註釋處理。可以透過加入以下的行來完成此操作：

```
apply plugin: 'kotlin-kapt'
```

如果有一個使用註釋處理的現有 Java 專案，並且正在向其中導入 Kotlin，則需要刪除 apt 工具的現有配置。Kotlin 註釋處理工具可處理 Java 和 Kotlin 類別，且具有兩個單獨的註釋處理工具是多餘的。要配置註釋處理所需的相依性關係，請使用 kapt 相依性關係配置：

```
dependencies {
    compile 'com.google.dagger:dagger:2.4'
    kapt 'com.google.dagger:dagger-compiler:2.4'
}
```

如果為 androidTest 或 test 使用註釋處理器，則相應的 kapt 配置將命名為 kaptAndroidTest 和 kaptTest。

A.2 用 Maven 建置 Kotlin 專案

如果更願意使用 Maven 建置專案，Kotlin 也支援這一點。建立 Kotlin Maven 專案的最簡單方法是使用 org.jetbrains.kotlin:kotlin-archetype-jvm 原型。對於現有的 Maven 專案，可以透過選擇 Kotlin IntelliJ IDEA 插件中的 Tools>Kotlin>Configure Kotlin in Project 來輕鬆加入支援 Kotlin。

要手動於 Kotlin 專案加入 Maven 支援，需要執行以下步驟：

1. 加入對 Kotlin 標準函式庫（group ID org.jetbrains.kotlin、artifact ID kotlin-stdlib）的相依性關係。
2. 加入 Kotlin Maven 插件（group ID org.jetbrains.kotlin、artifact ID kotlin-maven-plugin），並在 compile 和 test-compile 階段配置其執行。
3. 如果希望將程式碼中的 Kotlin 程式碼，保存為獨立於 Java 程式碼的程式碼目錄，請配置程式碼目錄。

由於空間原因，在這裡沒有顯示完整的 pom.xml 範例，但可以在 https://kotlinlang.org/docs/reference/usingmaven.html 的線上文件中找到它們。

在混合的 Java/Kotlin 專案中，你需要配置 Kotlin 插件，以便它在 Java 插件之前執行。這是必要的，因為 Kotlin 插件可以解析 Java 程式碼，而 Java 插件只能讀取 .class 檔案；所以，在 Java 插件執行之前，需要將 Kotlin 檔案編譯為 .class。可以在 http://mng.bz/73od 找到一個例子顯示如何配置。

A.3 用 Ant 建置 Kotlin 程式碼

要使用 Ant 建置專案，Kotlin 提供了兩個不同的任務：`<kotlinc>` 收集純 Kotlin 模組，而 `<withKotlin>` 是建置混合 Kotlin/Java 模組的 `<javac>` 任務的繼承。下面有一個使用 `<kotlinc>` 的最簡單的例子：

```
<project name="Ant Task Test" default="build">
    <typedef resource="org/jetbrains/kotlin/ant/antlib.xml"
             classpath="${kotlin.lib}/kotlin-ant.jar"/>
    <target name="build">
        <kotlinc output="hello.jar">
            <src path="src"/>
        </kotlinc>
    </target>
</project>
```

定義 <kotlinc> 任務

使用 <kotlinc> 建置單個目錄，並將結果打包成 jar 檔案

`<kotlinc>` Ant 任務自動加入標準函式庫相依性，所以你不需要加入任何額外的引數來配置它。它還支援將編譯後的 .class 檔案打包成 jar 檔案。

以下是使用 `<withKotlin>` 建置混合 Java/Kotlin 模組的範例：

```
<project name="Ant Task Test" default="build">
    <typedef resource="org/jetbrains/kotlin/ant/antlib.xml"
             classpath="${kotlin.lib}/kotlin-ant.jar"/>

    <target name="build">
        <javac destdir="classes" srcdir="src">
            <withKotlin/>
        </javac>
        <jar destfile="hello.jar">
            <fileset dir="classes"/>
        </jar>
    </target>
</project>
```

定義 <withKotlin> 任務

使用 <withKotlin> 任務啟用混合的 Kotlin/Java 編譯

將編譯後的類別打包成一個 jar 檔案

與 `<kotlinc>` 不同，`<withKotlin>` 不支援編譯類別的自動打包，所以這個例子使用一個單獨的 `<jar>` 來打包它們。

B 記錄 Kotlin 程式碼

本附錄涵蓋了為 Kotlin 程式碼編寫文件註解，以及為 Kotlin 模組產生 API 文件。

B.1 撰寫 Kotlin 文件註解

用於為 Kotlin 宣告編寫文件註解的格式與 Java 的 Javadoc 類似，稱為 KDoc。就像在 Javadoc 中一樣，KDoc 註解以 `/**` 開頭，並使用以 `@` 開頭的標籤來記錄宣告的特定部分。Javadoc 和 KDoc 之間的主要區別在於，用於寫註解的格式本身是 Markdown（https://daringfireball.net/projects/markdown），而不是 HTML。為了使寫文件註解變得更容易，KDoc 支援許多其他的慣例來引用文件元素，例如函式參數。

下面是一個函式的 KDoc 註解的簡單範例。

範例程式 B.1 使用 KDoc 註解

```
/**
 * Calculates the sum of two numbers, [a] and [b]
 */
fun sum(a: Int, b: Int) = a + b
```

要引用來自 KDoc 註解的宣告，請將它們的名稱括在括號中。該範例使用該語法來引用被記錄的函式的參數，但你也可以使用它來引用其他宣告。如果需要引用的宣告在包含 KDoc 註解的程式碼中導入，則可以直接使用其名稱。否則，你可以使用完全限定名稱。如果需要為鏈接指定自定義標籤，則使用兩對括號，並將標籤放在第一對中，將宣告名稱放在第二對中：`[an example][com.mycompany.SomethingTest.simple]`。

下面是一個稍微複雜的例子，顯示在註解中使用標籤的方式。

範例程式 B.2　在註解中使用標籤

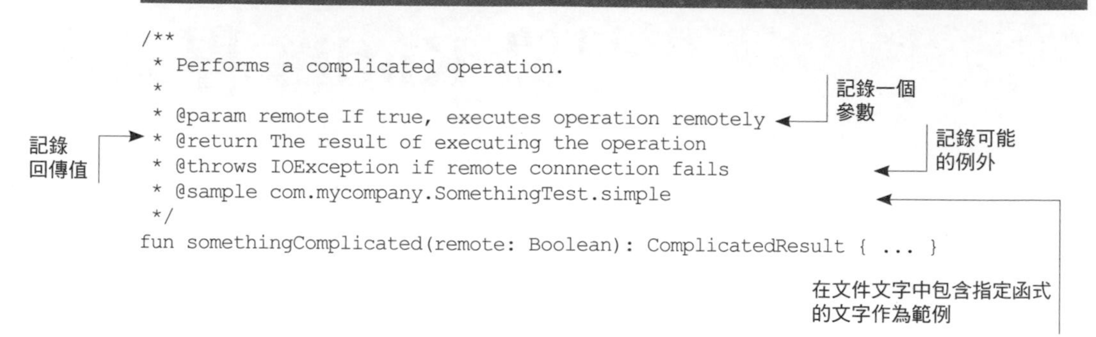

/**
* Performs a complicated operation.
*
* @param remote If true, executes operation remotely
* @return The result of executing the operation
* @throws IOException if remote connnection fails
* @sample com.mycompany.SomethingTest.simple
*/
fun somethingComplicated(remote: Boolean): ComplicatedResult { ... }
記錄一個參數
記錄回傳值
記錄可能的例外
在文件文字中包含指定函式的文字作為範例

使用標籤的一般語法與 Javadoc 中的完全相同。除了標準的 Javadoc 標籤之外，KDoc 還支援許多用於 Java 中不存在的概念的附加標籤，例如用於記錄擴展函式或屬性的接收器的 `@receiver` 標籤。可以在 http://kotlinlang.org/docs/reference/kotlin-doc.html 找到支援標籤的完整列表。

`@sample` 標籤可用於將指定函式的文字包含到文件文字中，作為使用 API 進行記錄的範例。標記的值是要包含的方法的標準名稱。

KDoc 中不支援一些 Javadoc 標籤：

- `@deprecated` 被替換為 `@Deprecated` 註解。
- 不支援 `@inheritdoc`，因為在 Kotlin 中，文件註解總是透過覆寫宣告自動繼承。
- `@code`、`@literal` 和 `@link` 被替換為相應的 Markdown 格式。

請注意，Kotlin 團隊首選的文件樣式是直接在文件註解文字中記錄函式的參數和回傳值，如範例程式 B.1 所示。僅當參數或回傳值具有複雜的語義，並且需要與主文件文字明確分離時，才推薦使用標籤，如範例程式 B.2 所示。

B.2　產生 API 文件

Kotlin 的文件產生工具稱為 Dokka：https://github.com/kotlin/dokka。就像 Kotlin 一樣，Dokka 完全支援跨語言的 Java/Kotlin 專案。它可以讀取 Java 程式碼中的 Javadoc 註解和 Kotlin 程式碼中的 KDoc 註解，並產生覆蓋模組的整個 API 的文件，而不管用於編寫每個類的語言。Dokka 支援多種輸出格式，包括純 HTML、Javadoc 風格的 HTML（對所有宣告使用 Java 語法並顯示如何從 Java 存取 API）以及 Markdown。

可以從命令行或作為 Ant、Maven 或 Gradle 建置腳本的一部分執行 Dokka。執行 Dokka 的推薦方式是將其加到模組的 Gradle 建置腳本中。以下是 Gradle 建置腳本中 Dokka 所需的最低配置：

```
buildscript {
    ext.dokka_version = '0.9.13'      <-- 指定要使用的 Dokka 的版本

    repositories {
        jcenter()
    }
    dependencies {
        classpath "org.jetbrains.dokka:dokka-gradle-plugin:${dokka_version}"
    }
}

apply plugin: 'org.jetbrains.dokka'
```

使用此配置，可以執行 `./gradlew dokka` 以 HTML 格式為你的模組產生文件。

可以在 Dokka 文件中找到有關指定其他產生選項的訊息（https://github.com/Kotlin/dokka/blob/master/README.md）。文件還顯示了 Dokka 如何作為獨立工具執行或結合到 Maven 和 Ant 建置腳本中。

Kotlin 的生態

儘管 Kotlin 年齡相對較小，但它已擁有廣泛的函式庫、架構和公用程式生態系統，其中大部分是由外部開發社群建立的。在本附錄中，我們將為你提供指導，幫助你探索這個生態系統。當然，書並不是描述快速成長的公用程式式集的完美媒介，因此我們要做的第一件事是向你指出一個線上資源，你可以在其中找到更多最新資訊：https://kotlin.link/。

再次提醒你，Kotlin 完全相容整個 Java 函式庫生態系統。當為你的問題尋找合適的函式庫時，你不應該將搜尋限制為使用 Kotlin 標準 Java 函式庫編寫的函式庫。現在我們來看看一些值得探索的函式庫。一些 Java 函式庫提供了 Kotlin 特有的繼承和更簡潔和慣用的 API，你應該盡可能使用這些繼承。

C.1 測試

除了與 Kotlin 配合使用的標準 JUnit 和 TestNG 之外，以下架構還提供了更具表現力的 DSL，為 Kotlin 撰寫測試：

- *KotlinTest*（https://github.com/kotlintest/kotlintest）——第 11 章提到的一個靈活的 ScalaTestinspired 測試架構，它支援多種不同的編寫測試的布局。
- *Spek*（https://github.com/jetbrains/spek）——Kotlin 的 BDD 式測試架構，最初由 JetBrains 開發，現在由社群維護。

如果對 JUnit 很滿意，並且只對更有表達力的 DSL 斷言感興趣，請看 *Hamkrest*（https://github.com/npryce/hamkrest）。如果在測試中使用模擬，一定要看看

Mockito-Kotlin（https://github.com/nhaarman/mockito-kotlin），它解決了一些模擬 Kotlin 類別的問題，並提供了一個更好的 DSL 模擬。

C.2 相依性注入

常見的 Java 相依性注入架構，比如 Spring、Guice 和 Dagger，可以和 Kotlin 一起使用。如果你對 Kotlin 原生解決方案感興趣，請看 *Kodein*（https://github.com/SalomonBrys/Kodein），它提供了一個很好的 Kotlin DSL 來配置相依性關係，並且具有非常高效的實施。

C.3 JSON 序列化

如果需要比第 10 章中描述的 JKid 函式庫更進一步的 JSON 序列化解決方案，那麼你有很多選擇。如果更喜歡使用 Jackson，*jackson-module-kotlin*（https://github.com/FasterXML/jackson-module-kotlin）提供深入的 Kotlin 集成，包括對資料類別的支援。對於 GSON，*Kotson*（https://github.com/SalomonBrys/Kotson）提供了一套很好的包裝器。如果你使用的是輕量級的純 Kotlin 解決方案，請看 *Klaxon*（https://github.com/cbeust/klaxon）。

C.4 HTTP 客戶端

如果需要在 Kotlin 中為 REST API 建置客戶端，請參閱 Retrofit（http://square.github.io/retrofit）。它是一個 Java 函式庫，也與 Android 相容，並且可以與 Kotlin 一起順利執行。對於較低級別的解決方案，請看 OkHttp（http://square.github.io/okhttp/）或 Fuel，一個純 Kotlin HTTP 函式庫（https://github.com/kittinunf/Fuel）。

C.5 網頁應用程式

如果正在開發伺服器端 Web 應用程式，那麼目前最成熟的選項是 Java 架構，如 Spring、Spark Java 和 vert.x。Spring 5.0 將包括對 Kotlin 支援和繼承。要在早期版本的 Spring 中使用 Kotlin，可以在 Spring Kotlin 專案（https://github.com/sdeleuze/spring-kotlin）中找到其他資訊和輔助函式。vert.x 還為 Kotlin 提供了官方支援：https://github.com/vert-x3/vertx-lang-kotlin/

對於純 Kotlin 解決方案，可以考慮以下選項：

- *Ktor*（https://github.com/Kotlin/ktor）——JetBrains 的一個研究專案，探索如何用慣用的 API 建置一個現代的、全功能的 Web 應用架構
- *Kara*（https://github.com/TinyMission/kara）——原始的 Kotlin 網路架構，JetBrains 和其他公司的產品皆有使用
- *Wasabi*（https://github.com/wasabifx/wasabi）——建置在 Netty 之上的 HTTP 架構，具有富有表現力的 Kotlin API
- *Kovert*（https://github.com/kohesive/kovert）——建置在 vert.x 之上的 REST 架構

對於產生 HTML 的需求，請看第 11 章中討論的 kotlinx.html（https://github.com/kotlin/kotlinx.html），或者，如果喜歡更傳統的方法，可以使用像 Thymeleaf 這樣的 Java 樣板引擎（www.thymeleaf.org）。

C.6 資料庫存取

除了傳統的 Java 選項（如 Hibernate）之外，還有許多針對資料庫存取需求的 Kotlin 特定選項。我們在 *Exposed*（https://github.com/jetbrains/Exposed）方面擁有最豐富的經驗，這是本書中幾次討論的 SQL 產生架構。https://kotlin.link 列出了一些替代方案。

C.7 實用公用程式和資料結構

當今最流行的新程式設計範例之一是**響應式程式設計**（*reactive programming*），Kotlin 非常適合它。RxJava（https://github.com/ReactiveX/RxJava）是 JVM 標準響應式程式設計函式庫，提供於 Kotlin 官方網站：https://github.com/ReactiveX/RxKotlin。

以下函式庫提供了可能在你的專案中發現的實用公用程式和資料結構：

- *funKTionale*（https://github.com/MarioAriasC/funKTionale）——實作廣泛的功能式程式設計基本指令（如部分函式應用程式）
- *Kovenant*（https://github.com/mplatvoet/kovenant）——實作 Kotlin 和 Android 的承諾

C.8 桌面應用程式設計

如果你現在在 JVM 上建置桌面應用程式，那麼最有可能使用 JavaFX。TornadoFX（https://github.com/edvin/tornadofx）為 JavaFX 提供了一套強大的 Kotlin 轉接器，使得 Kotlin 在桌面開發中變得自然。

Kotlin 實戰手冊

作　　者：Dmitry Jemerov, Svetlana Isakova
譯　　者：蔡明志
企劃編輯：蔡彤孟
文字編輯：王雅雯
設計裝幀：張寶莉
發 行 人：廖文良

發 行 所：碁峰資訊股份有限公司
地　　址：台北市南港區三重路 66 號 7 樓之 6
電　　話：(02)2788-2408
傳　　真：(02)8192-4433
網　　站：www.gotop.com.tw
書　　號：ACL052500
版　　次：2018 年 07 月初版
建議售價：NT$480

國家圖書館出版品預行編目資料

Kotlin 實戰手冊 / Dmitry Jemerov, Svetlana Isakova 原著；蔡明志譯. -- 初版. -- 臺北市：碁峰資訊, 2018.07
面；　公分
譯自：Kotlin in Action
ISBN 978-986-476-859-2(平裝)
1.系統程式　2.電腦程式設計
312.52　　107010606

讀者服務

- 感謝您購買碁峰圖書，如果您對本書的內容或表達上有不清楚的地方或其他建議，請至碁峰網站：「聯絡我們」\「圖書問題」留下您所購買之書籍及問題。（請註明購買書籍之書號及書名，以及問題頁數，以便能儘快為您處理）
http://www.gotop.com.tw
- 售後服務僅限書籍本身內容，若是軟、硬體問題，請您直接與軟體廠商聯絡。
- 若於購買書籍後發現有破損、缺頁、裝訂錯誤之問題，請直接將書寄回更換，並註明您的姓名、連絡電話及地址，將有專人與您連絡補寄商品。
- 歡迎至碁峰購物網
http://shopping.gotop.com.tw
選購所需產品。